TECHNISCH-PHYSIKALISCHE MONOGRAPHIEN

HERAUSGEGEBEN VON

PROF. DR. DR. H. C. PAUL GÖRLICH, JENA

BAND 32

WERKSTOFFE IM WISSENSCHAFTLICHEN GERÄTEBAU

EIGENSCHAFTEN UND WAHL DER KONSTRUKTIONSWERKSTOFFE SOWIE PROBLEME DER DIMENSIONSSTABILITÄT DER BAUTEILE

VON

DR.-ING. REINHARD BERNST, JENA

MIT 124 BILDERN UND 29 TABELLEN

LEIPZIG 1975
AKADEMISCHE VERLAGSGESELLSCHAFT
GEEST & PORTIG K.-G.

1. Auflage
VLN 276-105/11/75 · LSV 3015
Lektor: Roland Brauer
Printed in the German Democratic Republic
Gesamtherstellung: Röderdruck, Leipzig
Bestell-Nr. 669 737 6
EVP 39,– Mark

Vorwort

Infolge der ständig steigenden Genauigkeitsforderungen im wissenschaftlichen Gerätebau kommt dem gewählten Werkstoff mit seinen Eigenschaften und seinem Verhalten sowohl während der Fertigung als auch während des meist jahrzehntelangen Gebrauchs der Erzeugnisse eine für die Funktion und die Qualität entscheidende Bedeutung zu. Bei der Fertigung von Präzisionsteilen steht vielfach die Forderung nach hoher Dimensionsstabilität der Bauteile, die im wesentlichen durch das elastische Verhalten, die Volumenstabilität und das Verschleißverhalten des gewählten Werkstoffs bestimmt wird, im Vordergrund.

Das vorliegende Buch konzentriert sich auf die im wissenschaftlichen Gerätebau vorwiegend angewandten metallischen Konstruktionswerkstoffe und die Probleme der Dimensionsstabilität der daraus hergestellten Bauteile. Es fußt auf den Erfahrungen und Untersuchungen des Verfassers im Werkstofflabor des VEB Carl Zeiss Jena sowie den vielen in der Literatur verstreuten Erkenntnissen aus Forschung und Industrie. Das Buch trägt keinen Lehrbuchcharakter. Grundkenntnisse der Metallkunde werden vorausgesetzt, sind aber zum Verständnis des Stoffes nicht unbedingt erforderlich.

Die Fülle des Stoffes verlangt bereits bei dem Überblick über die metallischen Konstruktionswerkstoffe eine gewisse Einschränkung, indem nur die im wissenschaftlichen Gerätebau vorwiegend verarbeiteten Werkstoffe mit den diesen Industriezweig interessierenden Eigenschaften und Bearbeitungsproblemen besprochen werden.

Im Mittelpunkt dieser Arbeit stehen die Betrachtungen zur Dimensionsstabilität metallischer Bauteile. Aussagen über die Volumenstabilität der wichtigsten Werkstoffe in Abhängigkeit von ihrem Wärmebehandlungszustand und über die jeweiligen Ursachen für die Instabilität lassen zumindest größenordnungsmäßig eine Abschätzung der aus dieser Sicht zu erwartenden Dimensionsstabilität des Bauteiles zu und weisen den Weg zu volumenstabilisierenden Behandlungen der jeweiligen Werkstoffe. In dem dem Verschleiß und Verschleißschutz gewidmeten Kapitel werden vorrangig einige neuere, im wissenschaftlichen Gerätebau erfolgversprechende Verfahren und Verfahrensvarianten behandelt, da über die konventionellen Verfahren (z. B. der Wärmebehandlung) bereits ein umfangreiches Schrifttum vorliegt. Eine kurze Darstellung zum elastischen Verhalten metallischer Werkstoffe vervollständigt die Betrachtungen zur Dimensionsstabilität.

Der abschließende Hinweis auf einige anorganische nichtmetallische Werkstoffe soll auf die zunehmende Bedeutung dieser Werkstoffe in für sie nichttraditionellen Industriezweigen aufmerksam machen

Dieses Buch wendet sich an alle mit Werkstofffragen in Berührung kommenden Mitarbeiter — vor allem an die Konstrukteure und die Technologen — des wissenschaftlichen Gerätebaus und der in bezug auf Präzision und Qualität verwandten Industriezweige. Es soll den Leser mit den spezifischen Werkstoffproblemen im wissenschaftlichen Gerätebau vertraut machen und durch Vermittlung allgemeiner sowie spezieller Kenntnisse zu einem optimalen Werkstoffeinsatz sowohl hinsichtlich der Funktionssicherheit der Erzeugnisse als auch hinsichtlich einer effektiven Materialökonomie beitragen. Den Interessenten aus anderen Industriezweigen sowie den in Lehre, Forschung und Praxis stehenden Werkstoffachleuten, die sich mit der Problematik der Dimensionsstabilität auseinandersetzen müssen bzw. detaillierte Angaben erwarten, bietet das vorliegende Werk eine zusammenfassende Darstellung dieses Fachgebietes, obwohl bei dessen Umfang und dessen rascher Entwicklung bei weitem kein Anspruch auf Vollständigkeit erhoben werden kann.

Mein Dank gilt Herrn Prof. Dr. Dr. h. c. P. Görlich, Jena, für die Anregung zu dieser Arbeit, meinen Mitarbeitern im Werkstofflabor des VEB Carl Zeiss Jena für die Unterstützung, die zahlreichen Hinweise und fördernden Diskussionen sowie dem Verlag für die verständnisvolle Betreuung und schnelle Herausgabe.

Jena, im Sommer 1974 REINHARD BERNST

Inhalt

1. Einleitung

Jeder Industriezweig hat seine spezifischen grunglegenden Forderungen an die Eigenschaften der zu verarbeitenden Werkstoffe, die von Erzeugnis zu Erzeugnis und von Bauteil zu Bauteil noch konkretisiert und ergänzt werden müssen. Entsprechend den vorliegenden Forderungen wählt der Konstrukteur in Zusammenarbeit mit dem Technologen aus dem im Handel befindlichen Sortiment den geeigneten Werkstoff und die zur Optimierung seiner Eigenschaften dienenden Fertigungsverfahren des Beschichtens und des Stoffeigenschaftänderns (Änderung des Wärmebehandlungs- und Verformungszustandes) oder trägt seine Forderungen zur Entwicklung und Herstellung von Sonderwerkstoffen an die Metallurgie heran. Konzentriert

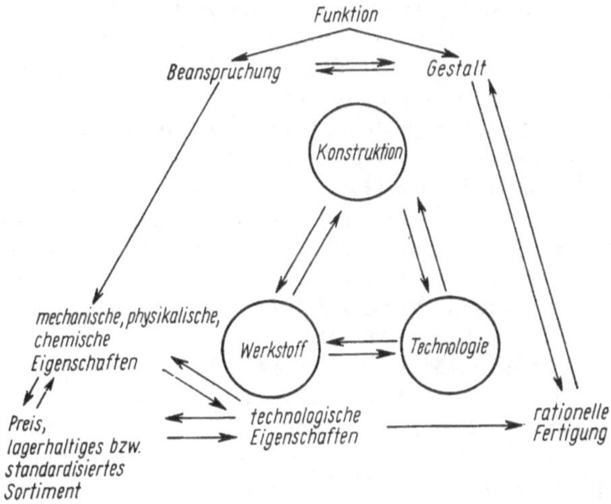

Bild 1.1. Werkstoffauswahl unter dem Aspekt der Einheit von Konstruktion, Technologie und Werkstoff

sich der Konstrukteur zunächst auf die Forderung solcher Eigenschaften, die die Funktion des Erzeugnisses unter allen in Betracht kommenden Beanspruchungsbedingungen garantieren, so darf er aber bei der endgültigen Fixierung des Werkstoffes die Forderung des Technologen nach Eigenschaften, die eine rationelle Fertigung gestatten, nicht außer acht lassen. Oft stehen diese Forderungen im Widerspruch zueinander und zwingen zu Kompromißlösungen.

Jede Werkstoffwahl hat unter dem Aspekt der Einheit von Konstruktion, Technologie und Werkstoff zu erfolgen (Bild 1.1). Der Konstrukteur legt auf Grund der zu erfüllenden Funktion des Bauteils Gestalt und Beanspruchung fest. Damit wird die für eine rationelle Fertigung beschränkte Formenwelt des Technologen mit der ideenreichen Formenwelt des Konstrukteurs konfrontiert. Beide müssen, sich gegenseitig befruchtend, die optimale Gestalt für Funktion und Fertigung finden. Jedes Fertigungsverfahren dient nur der Herstellung einer beschränkten Mannigfaltigkeit von Formen, denn innerhalb der möglichen Formen gibt es solche, die nur mit großem Aufwand realisierbar sind. Andererseits trägt aber auch jedes Verfahren den Keim zur Ausweitung seiner Formenwelt in sich. Funktion und Gestalt des Bauteils bestimmen seine Beanspruchung, die bereits den Kreis der geeigneten Werkstoffe einengt. Die endgültige Wahl des Werkstoffes hat unter der Voraussetzung, daß die mechanischen, physikalischen und chemischen Eigenschaften der zu erwartenden Beanspruchung genügen, unter Berücksichtigung des Preises, des standardisierten und des lagerhaltigen Sortiments sowie der technologischen Eigenschaften zu erfolgen. Letztere beeinflussen direkt die Fertigung und indirekt über diese rückwirkend die Gestalt des Bauteils. Damit schließt sich der Kreis der Wechselwirkungsbeziehungen zwischen Gestalt, Werkstoff und Fertigungstechnologie, in dem der Werkstoff entscheidende Impulse auslösen kann, aber auch bestimmte Fixwerte vorgibt.

Aus der in Bild 1.1 dargestellten Verflechtung ist abzuleiten, daß die Fertigungskosten vom zu verarbeitenden Werkstoff wesentlich beeinflußt werden — und zwar nicht nur über den Werkstoffpreis, sondern in starkem Maße auch über die mögliche Schnittgeschwindigkeit und vor allem über die anwendbare Fertigungstechnologie, die den erreichbaren Fertigstellgrad bestimmt. Die Fertigungskosten sind somit direkt von der Arbeitsproduktivität und einem Werkstoffaktor, der wesentliche technische und ökonomische Kennwerte enthält, abhängig.

Die Arbeitsproduktivität wird ihrerseits wieder von technischen, organisatorischen und sich unmittelbar aus den Produktionsverhältnissen ergebenden Faktoren bestimmt. Wesentliche technische Faktoren stellen die Schnittgeschwindigkeit v und der Fertigstellgrad Fg der technologischen Fertigungsvariante dar. Der Fertigstellgrad ist wie folgt definiert:

$$\mathrm{Fg} = \left(1 - \frac{m_u}{m_v}\right) 100\,\%;$$

m_u Masse der Späne nach dem Ur- oder Umformprozeß;
m_v Masse der Späne bei spanender Bearbeitung aus Vollmaterial.

Im folgenden soll ein Versuch unternommen werden, den Einfluß des gewählten Werkstoffes auf die Fertigungskosten über die wesentlichsten technischen Faktoren der Arbeitsproduktivität — Schnittgeschwindigkeit und Fertigstellgrad — sowie über einen den Werkstoff charakterisierenden Werkstoffaktor qualitativ darzustellen.

Zunächst ist ein Zusammenhang zwischen Arbeitsproduktivität AP,

Schnittgeschwindigkeit v und Fertigstellgrad Fg zu finden, der folgenden Randbedingungen genügen muß:
1. Bei Fg = 0 wird AP allein von v bestimmt.
2. Mit zunehmendem Fg wird der Einfluß von v geringer.
Diesen Bedingungen kann z. B. eine Beziehung der Form

$$\mathrm{AP} \sim A\,(100 - \mathrm{Fg})\,v^n + B \cdot \mathrm{Fg}^m$$

bis auf den Bereich kleiner Schnittgeschwindigkeiten genügen. Mit abnehmender Schnittgeschwindigkeit strebt die Arbeitsproduktivität (außer Fg = 100%), wie im Bild 1.2 nur schematisch angedeutet, dem Wert Null zu. Je nach Größe der Faktoren A und B sowie der Exponenten n und m ist der Einfluß der Schnittgeschwindigkeit und des Fertigstellgrades auf die Arbeitsproduktivität unterschiedlich. Die absolute Größe dieser Faktoren und Exponenten kann nur durch Auswertung umfangreicher praktischer Ergebnisse und Erfahrungen ermittelt werden.

Weiterhin ist eine sinnvolle Definition des Werkstoffaktors WF zu finden, die den Forderungen der einzelnen Industriezweige entsprechend verschieden sein kann. Für viele Anwendungsgebiete könnte der Werkstoffaktor für Konstruktionswerkstoffe lauten:

$$\mathrm{WF} = \frac{\text{zulässige Spannung}}{\text{Dichte} \cdot \text{Preis}}\,.$$

Diese Definition setzt eine in jedem Fall anzustrebende optimale Dimensionierung der Bauteile voraus, da andererseits lediglich volumenfüllende Masseanteile nur unnötige Kostenerhöhungen darstellen. Deshalb kann ein solcher Werkstoffaktor auch nicht nur den auf die Volumeneinheit bezogenen Preis allein beinhalten.

Sind bei Kenntnis des Fertigstellgrades, der Schnittgeschwindigkeit und des Werkstoffaktors auch keine absoluten Kostenermittlungen möglich, so lassen sich aber aus der in Bild 1.2 graphisch dargestellten Beziehung

$$\text{Kosten} \sim \frac{1}{\mathrm{AP} \cdot C \cdot \mathrm{WF}}$$

unter der Voraussetzung einer optimalen Dimensionierung der Bauteile relative Kostenvergleiche für verschiedene Fertigungsvarianten abschätzen. C ist dabei ein Faktor, der den werkstoffpreisbedingten Einfluß mindert oder verstärkt. Ausgehend von der Schnittgeschwindigkeit des verwendeten Werkstoffs werden über den Fertigstellgrad der gewählten technologischen Fertigungsvariante und den Werkstoffaktor die Kosten ermittelt. Da in diese Betrachtung weder Vorbereitungs- und Abschlußzeiten noch Werkzeugkosten, Anlagenkosten sowie eine Reihe anderer noch anfallender Kosten einbezogen werden und somit die Stückzahlabhängigkeit nicht berücksichtigt wird, besitzt sie nur für relativ große Stückzahlen Gültigkeit.

Diese Abschätzung läßt jedoch bei weitem keine umfassende Aussage über die absoluten Finalkosten zu, denn sie berücksichtigt nicht einmal alle kostenbeeinflussenden Faktoren technischer Natur. Zum Beispiel werden bei einer Umstellung von Stahl auf Aluminiumwerkstoffe die durch die Gewichtsverminderung verringerten Transportkosten und der auf Grund der wesentlich besseren Korrosionsbeständigkeit meist verminderte Aufwand bei der Oberflächenbehandlung nicht mit berücksichtigt. Diese Betrachtung läßt aber das Streben nach technologischen Verfahren der

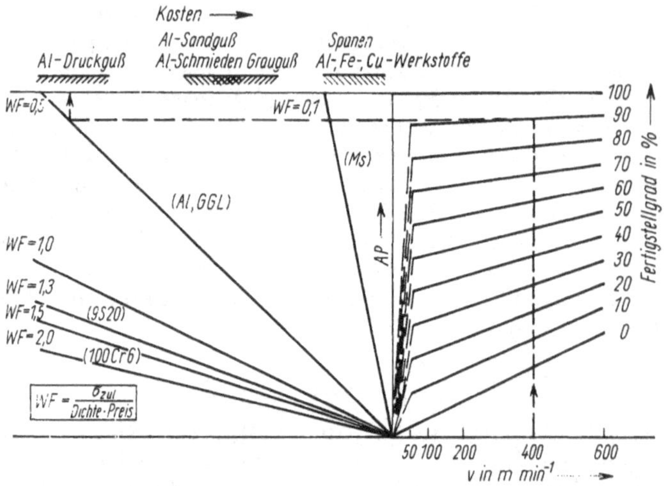

Bild 1.2. Direkter und indirekter Einfluß des Werkstoffs auf die Fertigungskosten

Ur- und Umformtechnik mit hohem Fertigstellgrad der Teile erkennen. Der Senkung der wirtschaftlichen Grenzstückzahl dieser Verfahren, von denen das Druckgießen, das Feingießen, die pulvermetallurgische Fertigung und das Gesenkschmieden breite Anwendung finden, kommt deshalb größte volkswirtschaftliche Bedeutung zu.

Der neben der Erhöhung des Fertigstellgrades zweite Weg zur Senkung der Fertigungskosten über eine Steigerung der Schnittgeschwindigkeit ist meist nur von sekundärer Bedeutung, da der Werkstoff in seiner Doppelfunktion als Werkzeug und als zu bearbeitender Gegenstand hinsichtlich der anwendbaren Schnittgeschwindigkeiten nicht beliebig verrückbare Grenzen setzt.

Die Wahl des Werkstoffs und seine Veredlung erfolgt im wissenschaftlichen Gerätebau immer mehr unter folgenden Aspekten:

Einsatz geeigneter Werkstoffe, die die Anwendung rationeller Fertigungsverfahren der Ur- und Umformtechnik mit hohem Fertigstellgrad der Teile erlauben;
Senkung der Masse der Erzeugnisse;

Bereitstellung von Werkstoffen und Technologien für die Fertigung dimensionsstabiler Präzisionsteile höchster Genauigkeit und Oberflächengüte;
Entwicklung und Einsatz von Verfahren zur Verschleißfestigkeitssteigerung von Präzisionsteilen, die weitgehend verzugsfrei arbeiten und auch eine relativ hohe Belastbarkeit der Bauteile zulassen.

Diese Gesichtspunkte berücksichtigen sowohl die die Effektivität des Produktionsprozesses bestimmenden technologischen Zielkriterien als auch die Hauptentwicklungstendenzen wissenschaftlicher Geräte, die durch den Übergang von der manuellen subjektiven Arbeit mit und an den Geräten zur automatisierten, objektiven, EDV-bezogenen Auswertung der Meßergebnisse charakterisiert sind. Das konventionelle wissenschaftliche Gerät mit vorwiegend statischen Meßforderungen ist in zunehmendem Maße in den dynamisch ablaufenden Meßprozeß überzuleiten. Mit den sich daraus ergebenden erhöhten Genauigkeitsforderungen wachsen auch die Forderungen an die verarbeiteten Werkstoffe. Die Genauigkeitsforderungen an die Bauteile der nächsten Entwicklungsperiode lauten zum Beispiel [1]:

Ebenheit von Führungen	$\leqq$ 1 µm auf 100 mm
	$\leqq$ 10 µm auf 1000 mm
Positionierung	$\leqq$ 0,5 µm
Bildebenenführung	$\leqq$ 0,2 µm
Steigungsfehler für Präzisionsschraubtriebe	$\leqq$ 8 µm auf 1000 mm
Glasteilungstechnologie/Länge	1 m $\pm$ 0,3 . . . 0,5 µm
/Kreis	$2\pi \pm 0{,}5'' \ldots 1''$
Ebenheit optischer Bauteile für Laser	$\frac{\lambda}{20} \triangleq 0{,}02$ µm für sichtbares Licht

Für die Fertigung von Präzisionsteilen, wie sie für den wissenschaftlichen Gerätebau typisch ist, werden im allgemeinen Werkstoffe gefordert, die sich durch folgende Eigenschaften auszeichnen:

hoher Elastizitätsmodul,
große Verschleißfestigkeit,
gute Volumenstabilität.

Bei dem immer breiter werdenden Erzeugnissortiment eines Industriezweiges, besonders aber des wissenschaftlichen Gerätebaus, ist es an sich selbstverständlich, daß die allgemeinen industriezweigspezifischen Forderungen bei weitem nicht ausreichen und von Fall zu Fall durch zusätzliche Forderungen ergänzt werden müssen. Zu ihnen zählen vor allem eine gute Bearbeitbarkeit zur Erzielung höchster Oberflächengüte, niedrigste bzw. auf andere Werkstoffe (z. B. Glas) abgestimmte thermische Ausdehnungskoeffizienten, besondere magnetische Eigenschaften, ausreichende Korrosionsbeständigkeit sowie das Fehlen von Schlacken, Lunkern, Poren, Rissen und anderer Fehlstellen in den Halbzeugen, besonders solcher, die auf Grund ihrer geringen Abmessungen mit den üblichen zerstörungsfreien Prüfverfahren nicht oder nur mit großem Aufwand erfaßt werden können.

Spricht man in letzter Zeit auch immer mehr von der Möglichkeit, in der Zukunft „Werkstoffe nach Maß" zu entwickeln und zu erzeugen, so bezieht sich diese Zielstellung auf eine oder einige wenige Eigenschaften, nicht aber auf einen Universalwerkstoff, der allen oder zumindest den meisten Eigenschaftsanforderungen genügt. Solche Universalwerkstoffe wird uns auch die Zukunft nicht bringen.

An einen Idealwerkstoff für den wissenschaftlichen Gerätebau müßten z. B. folgende Anforderungen gestellt werden:

Dichte < 5 g cm^{-3},
Elastizitätsmodul > 20000 kp mm^{-2},
Streckgrenze > 30 kp mm^{-2},
sehr gut spanend und spanlos formbar sowie polierbar,
korrosionsbeständig,
verschleißfest (oder durch verzugsfreie Behandlung Verschleißschutz möglich),
volumenstabil,
thermischer Ausdehnungskoeffizient $< 10 \cdot 10^{-6}$ grd^{-1},
Preis < 5 Mark pro kg.

Betrachtet man das zur Verfügung stehende Werkstoffangebot unter dem Aspekt der auf Seite 15 geforderten Eigenschaften, so eignen sich nur relativ wenige Werkstoffe für die Fertigung von Präzisionsteilen. Die vorwiegend angewandten Konstruktionswerkstoffe weisen bei weitem nicht die höchsten Elastizitätsmoduln auf, und bei vielen Werkstoffen ist die erreichbare Härte, obwohl sie kein alleiniges Kriterium für die Verschleißfestigkeit darstellt, nicht ausreichend (Bild 1.3). Eine vergleichende Betrachtung der Volumenstabilität der einzelnen Werkstoffe ist nicht möglich, da diese vor allem vom Werkstoffzustand, der wiederum durch den technologischen Fertigungsprozeß mehr oder weniger bestimmt wird, abhängig ist. Berücksichtigt man weiterhin die Forderung der Fertigung an die Bearbeitbarkeit, so bleiben immer nur einige wenige Werkstoffe übrig, die in die engere Wahl für ein bestimmtes Bauteil kommen.

Das im wissenschaftlichen Gerätebau verarbeitete Werkstoffsortiment ist sehr umfangreich, besonders wenn man die vielen Sonderwerkstoffe mit betrachtet. Auf dem Sektor der Konstruktionswerkstoffe hat sich in den letzten Jahrzehnten eine grundlegende Wandlung vollzogen. Die ursprünglich im feinmechanisch-optischen Gerätebau neben den Eisenwerkstoffen dominierenden Kupferwerkstoffe wurden mit der Entwicklung geeigneter Aluminiumwerkstoffe in zunehmendcm Maße durch diese wegen ihres geringeren Preises und ihrer guten Verarbeitbarkeit abgelöst. Im Streben nach rationellster Fertigung wurden aber auch immer mehr Bauteile, die zunächst den Eisenwerkstoffen vorbehalten waren, auf Grund vor allem der guten Ur- und Umformbarkeit der Aluminiumwerkstoffe aus diesen gefertigt. Die Aluminiumwerkstoffe beanspruchen deshalb heute den gleichen Volumenanteil wie die Eisenwerkstoffe, während der Anteil der

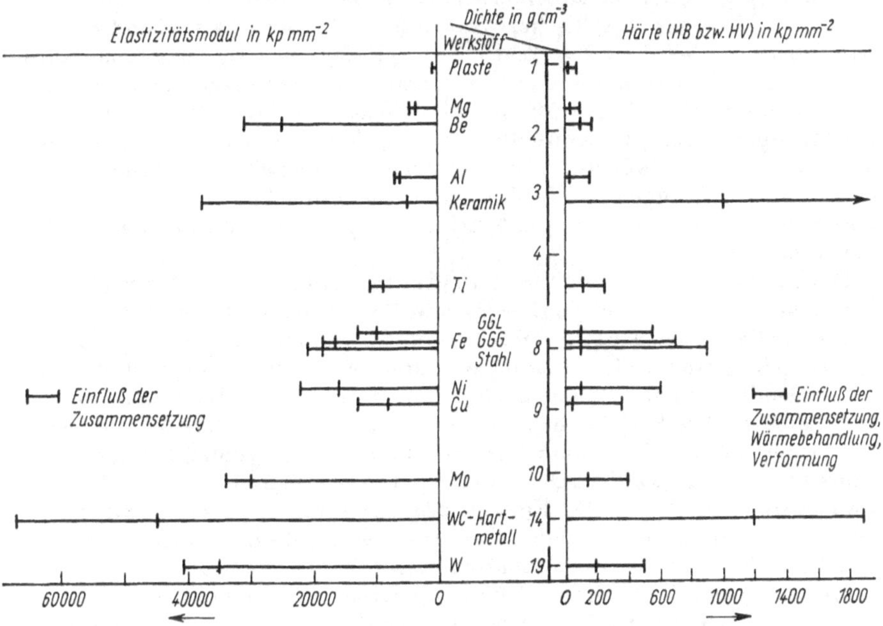

Bild 1.3. Elastizitätsmodul und Härte der wichtigsten Werkstoffgruppen

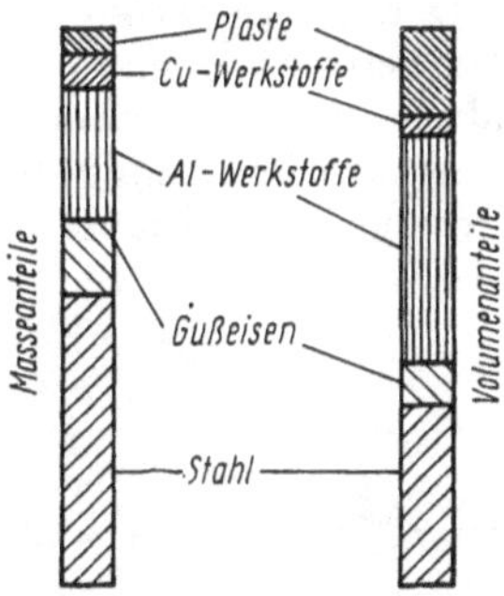

Bild 1.4. Anteile der wichtigsten Werkstoffgruppen am Gesamtverbrauch eines Großbetriebes des wissenschaftlichen Gerätebaus

Kupferwerkstoffe auf einen recht bescheidenen Wert gesunken ist (Bild 1.4). In zunehmendem Umfang finden auch Plastwerkstoffe im wissenschaftlichen Gerätebau sowohl für mechanische, elektrische und optische Bauelemente als auch für Verkleidungen, Bedienelemente und Verpackungszwecke Anwendung. Ihnen wurde bereits eine ausführliche Darstellung gewidmet [2], so daß in diesem Rahmen nahezu ausschließlich die Probleme des Einsatzes metallischer Werkstoffe im wissenschaftlichen Gerätebau behandelt werden. Zur Zeit noch unbedeutend ist, wenn man die optischen Gläser und die Kristalle ausklammert, der Einsatz nichtmetallischer anorganischer Werkstoffe im wissenschaftlichen Gerätebau, obwohl bereits einige konkrete Anwendungen von Naturstein (z. B. Granit für dimensionsstabile Maß- und Formverkörperungen) und von Glaskeramen (z. B. Lager in Waagen und Meßinstrumenten, große Spiegel [3]) vorliegen und sich weitere Anwendungsmöglichkeiten (z. B. von Fotokeramen [4]) andeuten.

Die in Bild 1.4 dargestellten Verhältnisse werden sich in der nächsten Zeit kaum wesentlich ändern. Die Eisenwerkstoffe — Stähle sowie Gußeisen mit Lamellen- oder Kugelgraphit — und die Aluminiumknet- und -gußlegierungen werden die meistangewandten Konstruktionswerkstoffe im wissenschaftlichen Gerätebau bleiben. Die Kupfer- und Magnesiumwerkstoffe dürften ihre Position behaupten, während einige andere Metalle, wie mit Sicherheit das Titan, wahrscheinlich aber auch Beryllium, beschränkte Anwendung finden werden. Der erweiterte Einsatz nichtmetallischer Werkstoffe wird sowohl von der Entwicklung auf diesem Werkstoffsektor als auch davon abhängen, inwieweit es uns gelingt, durch prinzipiell neue Lösungen die positiven Eigenschaften dieser Werkstoffe weitgehend ungeachtet ihrer negativen Eigenschaften zu nutzen. Während der Ausweitung des Plasteinsatzes vor allem durch die niedrigen Elastizitätsmoduln, die oft unzureichenden Festigkeitseigenschaften und die hohen thermischen Ausdehnungskoeffizienten der Plastwerkstoffe objektiv bedingte Grenzen gesetzt sind, steht einem breiteren Einsatz keramischer Werkstoffe besonders ihre Sprödigkeit und begrenzte Bearbeitbarkeit entgegen. Die Entwicklung und Verarbeitung von Verbundwerkstoffen wird im wissenschaftlichen Gerätebau mit Interesse verfolgt, eine Abschätzung des möglichen Einsatzes dieser Werkstoffe erscheint aber zur Zeit noch als verfrüht.

2. Die metallischen Konstruktionswerkstoffe des wissenschaftlichen Gerätebaus

Bei der Fertigung der für den wissenschaftlichen Gerätebau typischen Präzisionsteile dominieren eindeutig die metallischen Werkstoffe. In diesem Kapitel sollen deshalb die wichtigsten metallischen Konstruktionswerkstoffe und ihre Eigenschaften unter dem Gesichtspunkt ihres Einsatzes im wissenschaftlichen Gerätebau kurz behandelt werden, ohne dabei auch nur annähernd Vollständigkeit sowohl hinsichtlich der Anzahl der erwähnten Werkstoffgruppen und Einzelwerkstoffe als auch ihrer Eigenschaften anstreben zu wollen. Um den Rahmen dieses Buches nicht zu sprengen, werden weiterhin ungeachtet ihrer Bedeutung für den wissenschaftlichen Gerätebau die Werkstoffe der Elektro- und Vakuumtechnik sowie die Halbleiterwerkstoffe ausgeklammert, zumal eingehende Darstellungen dieser Werkstoffe, z. B. [1] und [2], bereits vorliegen.

2.1. Eisenwerkstoffe

2.1.1. Eisenknetwerkstoffe

Unter dem Begriff Eisenknetwerkstoffe sind alle technisch reinen Eisensorten sowie alle un-, niedrig- und hochlegierten Stahlmarken, die zu Halbzeugen verarbeitet werden, zusammengefaßt.

2.1.1.1. Weicheisen

Zu dieser Werkstoffgruppe zählen die Weicheisenmarken für allgemeine Verwendungszwecke nach TGL 101-18499 und die in TGL 15193 standardisierten unlegierten Eisenwerkstoffe für Relais. Es handelt sich in jedem Fall um unlegierte kohlenstoffarme Eisenwerkstoffe niedriger Festigkeit. Werden bei den Weicheisenmarken vorwiegend die gute Kaltumformbarkeit und ihre chemischen Eigenschaften genutzt, so sind die unlegierten Relaiseisenwerkstoffe RFe20 bis RFe140 allein auf besondere weichmagnetische Eigenschaften ausgerichtet. Die Zahl am Ende der Bezeichnung der Relaiseisenwerkstoffe gibt jeweils die höchstzulässige Koerzitivfeldstärke in 10^{-2} A cm^{-1} an.

Die magnetischen Eigenschaften der unlegierten Relaiseisenwerkstoffe hängen sowohl von der Reinheit des Werkstoffes als auch vom Eigenspannungszustand ab. Die Höchstwerte für die Koerzitivfeldstärke und die Alterung sowie die Mindestwerte der magnetischen Induktion in TGL 15193 gelten nur im fertiggeglühten Zustand. Das Fertigglühen der Teile soll nach Abschluß aller Umformprozesse und auch nach der spanenden Endbearbeitung 4 h bei 820 °C ± 10 grd in feuchtem Wasserstoff mit anschließender Ofenabkühlung (< 100 grd h^{-1}) bis 500 °C erfolgen. Diese Wärmebehandlung bewirkt sowohl durch Rekristallisation und Kornwachstum ein Entspannen der Teile als auch einen Reinigungseffekt infolge

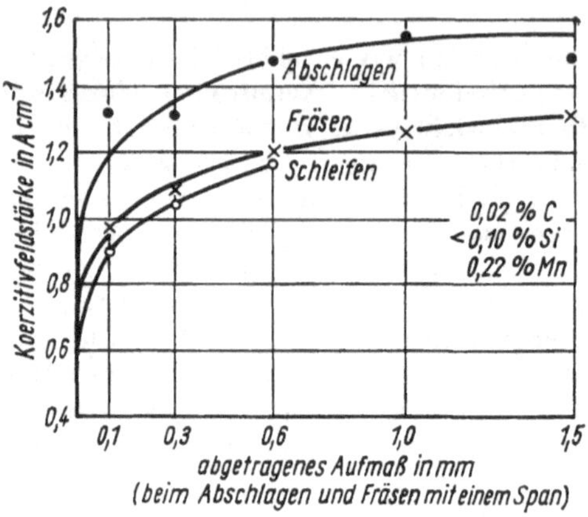

Bild 2.1. Zunahme der Koerzitivfeldstärke von Relaiseisen durch spanende Bearbeitung nach dem Schlußglühen

Entkohlung des Werkstoffs in der feuchten Wasserstoffatmosphäre. Jede nachfolgende spanende und besonders spanlose Bearbeitung erzeugt im Bauteil Eigenspannungen, die die weichmagnetischen Eigenschaften verschlechtern. Bild 2.1 zeigt, wie mit zunehmender Bearbeitung nach dem Schlußglühen die Koerzitivfeldstärke ansteigt. Bereits eine geringfügige Spanabnahme bewirkt eine beträchtliche Erhöhung der Koerzitivfeldstärke. Die im Bild 2.1 dargestellten Ergebnisse sind quantitativ nicht allgemeingültig. Die Koerzitivfeldstärke ist entsprechend der Spannungstheorie proportional der inneren Spannungen, deren Höhe aber nicht allein von der Bearbeitungsart, sondern im starken Maße auch von den Zerspanungsbedingungen abhängt.

2.1.1.2. Allgemeine Baustähle

Allgemeine Baustähle werden im wissenschaftlichen Gerätebau nur für solche Bauteile eingesetzt, an die keine hohen Forderungen hinsichtlich Oberflächengüte, d. h. an die Reinheit des Stahles, und Verschleißfestigkeit gestellt werden. Die aus diesen Werkstoffen gefertigten Bauteile werden in der Regel mit Ausnahme des Spannungsarmglühens keiner Wärmebehandlung unterzogen.

Die allgemeinen Baustähle sind nach TGL 7960 in Abhängigkeit von der Erschmelzungsart in drei Gütegruppen unterteilt. Tabelle 2.1 enthält die wichtigsten statischen und dynamischen Festigkeitseigenschaften. Für die Gütegruppen 2 und 3 werden zur Sicherung ausreichender Sprödbruchunempfindlichkeit bestimmte Kerbschlagzähigkeitswerte gewährleistet. Die Stahlmarken der Gütegruppe 3 sind besonders desoxydiert und gelten

Tabelle 2.1.
Festigkeitseigenschaften der allgemeinen Baustähle (nach TGL 7960)

Stahlmarke der Gütegruppe 1	2	3	Zugfestigkeit in kp mm^{-2}	Mindeststreckgrenze[1]) in kp mm^{-2}	Mindestbruchdehnung für $L_0 = 5 d_0$ in %	Biegewechselfestigkeit in kp mm^{-2}	Zug-Druck-Wechselfestigkeit in kp mm^{-2}	Verdrehwechselfestigkeit in kp mm^{-2}
St33			mindestens 33	keine Forderung	22			
St34	St34u-2[2]) St34hb-2[2]) St34b-2[2])	St34-3[2])	34...42	20...22	30			
St38 St38S[2])	St38u-2[2]) St38hb-2[2]) St38b-2[2])	St38-3[2])	38...47	22...24	25	17,5	12,5	10
St42	St42u-2 St42hb-2 St42b-2	St42-3[2])	42...52	24...26	23	19	13,5	11
St50	St50-2		50...62	28...30	19	24,5	18	14,5
		St52-3[2])	52...62	34...36	22			
St60	St60-2		60...72	32...34	14	28	20	16
St70	St70-2		70...85	35...37	10	31,5	22,5	19,5

[1]) Forderung dickenabhängig.
[2]) Eignung zum Schmelzschweißen gewährleistet.

als alterungsbeständig. Die Eignung zum Schmelschweißen ist für die Stahlmarken der Gütegruppen 2 und 3 bis zu einem Kohlenstoffgehalt von 0,22% gewährleistet.

Die in letzter Zeit entwickelten korrosionsträgen Baustähle nach TGL 28192 sind niedriglegierte schweißbare Stähle mit erhöhtem Widerstand gegen atmosphärische Korrosion. Sie enthalten Zusätze von Kupfer, Chrom und Phosphor, die beginnend mit der Ausbildung einer Schutzschicht einen aktiven atmosphärischen Korrosionsschutz bewirken. Bis zur Ausbildung der Schutzschicht rosten sie wie übliche Baustähle.

Die technischen Lieferbedingungen für die einzelnen Halbzeuge aus unlegierten Stählen und allgemeinen Baustählen sind in folgenden Standards enthalten:

TGL 9895 Allgemeine Baustähle, Grobbleche
TGL 9559 Feinblech aus weichen unlegierten Stählen
TGL 9560 Feinblech aus allgemeinen Baustählen
TGL 9553 Kaltgewalztes Band aus weichen unlegierten Stählen
TGL 9896 Stabstahl, Bandstahl, Profilstahl aus allgemeinen Baustählen, warm gewalzt
TGL 15151 Walzdraht aus allgemeinen Baustählen
TGL 9413 Nahtlose Stahlrohre aus unlegierten Stählen
TGL 9414 Nahtlose Präzisionsstahlrohre aus unlegierten Stählen
TGL 14508 Blankstahl und Profilstahl

2.1.1.3. Automatenstähle

Automatenstähle sind mit in der Matrix praktisch unlöslichen Elementen legierte Stähle guter Zerspanbarkeit, die zur wirtschaftlichen spanabhebenden Fertigung, besonders von Kleinteilen auf Automaten, entwickelt wurden. Als Legierungszusätze werden vor allem Schwefel, aber auch Blei, Tellur, Wismut oder Selen, meist in Verbindung mit Schwefel, zugegeben, die im Stahl spanbrechende Einschlüsse, im wesentlichen Mangansulfide, bilden. Diese Mangansulfide unterbrechen die metallische Matrix und führen somit zu einem kurzen Brechen der Späne beim Spanen. Das Blei lagert sich in der Regel an die Mangansulfide an und wirkt so mehr als Schneidenschmiere und weniger als zusätzlicher Spanbrecher. Durch diese Gefügeausbildung erlauben die Automatenstähle gegenüber anderen Stählen bei größerer Standzeit der Werkzeuge, besserer Oberflächengüte der Teile und günstiger Spanausbildung die Anwendung erhöhter Schnittgeschwindigkeiten. An diese absichtlich vor allem mit Mangansulfiden verunreinigten und damit auch versprödeten Stähle können aber keine besonderen Anforderungen hinsichtlich Kaltzähigkeit, Warmfestigkeit und Dauerfestigkeit gestellt werden. Sie sind nur begrenzt kaltumformbar und zum Kaltstauchen nicht geeignet.

Die TGL 12529 unterscheidet zwischen unberuhigten Automatenstählen, halbberuhigten und beruhigten Automaten-Einsatzstählen sowie beruhigten Automaten-Vergütungsstählen. Der unberuhigte Automatenstahl 9S20 läßt sich zwar sehr gut zerspanen, besonders im Kern auf Grund des dort infolge Seigerung erhöhten Schwefelgehaltes, eignet sich aber wegen seiner Neigung zur Weichfleckigkeit nicht zum Einsatzhärten. Für Teile des wissenschaftlichen Gerätebaus, die oft kompliziert gestaltet einer hohen Oberflächengüte und zum großen Teil auch einer verschleißfesten Oberfläche bedürfen, empfiehlt sich die Anwendung der gut spanbaren und einsatzhärtbaren halbberuhigten Stähle 9SMn28 und 9SMn28Pb, wobei letzterer durch den Zusatz von 0,15 bis 0,30% Blei im Vergleich zu 9S20 eine beträchtliche Steigerung der Schnittgeschwindigkeit erlaubt. Die beruhigten Automaten-Einsatzstähle 10S20 und 15S20 finden für im Einsatz zu härtenden Teile Verwendung, wenn höhere Ansprüche an die Zähigkeit

Tabelle 2.2.
Richtwerte für die Schnittgeschwindigkeiten und die Festigkeitseigenschaften für Längsproben von Automatenstählen

Stahlmarke	Schnittgeschwindigkeit in m min^{-1}	Nennmaß in mm	Festigkeitseigenschaften (nach TGL 12 529) für Längsproben: Zugfestigkeit in kp mm^{-2} für die Lieferzustände			Mindeststreckgrenze in kp mm^{-2} für die Lieferzustände			Mindestbruchdehnung in % für die Lieferzustände			Höchsthärte HB für den Lieferzustand
			U, SH, N + SH	K, N + K	V + SH	U, SH, N + SH	K, N + K	V + SH	U, SH, N + SH	K, N + K	V + SH	G + SH
		<10	37 ..54	55...80		22	42		25	7		
9S20	60...80	10...16	37...54	50...75		22	40		25	8		
10S20	40...50	16...40	37...54	47...72		21	36		25	9		140
		40...63	37...54	40...65		20	30		25	10		
		63...100	36...50			18			25			
		<10	39...58	57...82		24	45		23	6		
9SMn28	55...70	10...16	39...58	52...77		24	42		23	7		
9SMn28Pb	80...100	16...40	39...58	47...72		23	38		23	8		155
		40...63	39...58	42...67		22	31		23	9		
		63...100	37...53			20			23			
		<10	50...67	65...90	63...78	30	50	43	17	6	13	
35S20	30...40	10...16	50...67	60...85	63...78	30	41	43	17	7	14	
		16...40	50...67	55...75	59...74	29	32	37	17	8	16	172
		40...63	50...65	52...72	55...70	28	29	33	17	9	17	
		63...100	49...64			26			17			

Lieferzustände: U – unbehandelt
N – normalgeglüht
G – weichgeglüht
V – vergütet
K – kaltgezogen
SH – geschält

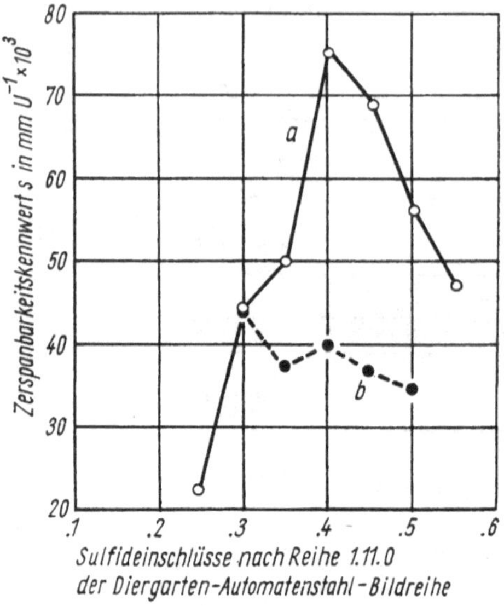

a) Schmelzen ohne größere Oxideinschlüsse;
b) Schmelzen mit Oxideinschlüssen:
1.12.3 und größer
1.13.3 und größer
1.14.3 und größer

Bild 2.2. Zerspanbarkeit von 9S20 in Abhängigkeit von der Sulfidausbildung (nach [4]).

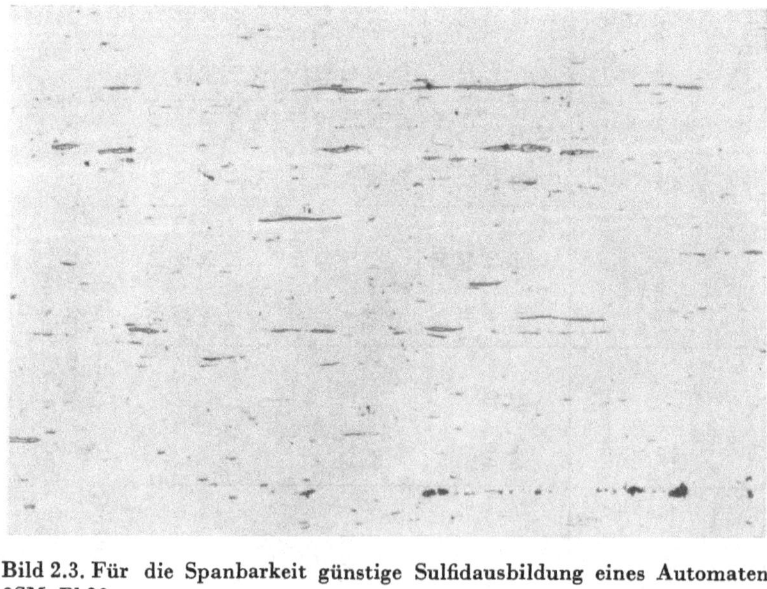

Bild 2.3. Für die Spanbarkeit günstige Sulfidausbildung eines Automatenstahles 9SMnPb23.
100:1

erfüllt werden sollen, als sie die halbberuhigten Automatenstähle erreichen. Durch ihre harten Silikat- und Tonerdeeinschlüsse bedingt lassen sie jedoch nur geringere Schnittgeschwindigkeiten zu.

Die Verwendung der Automaten-Vergütungsstähle anstelle üblicher Vergütungsstähle empfiehlt sich für Teile mit hohem Zerspanungsanteil am Fertigungsprozeß, wenn keine besonders hohen Ansprüche an die Zähig-

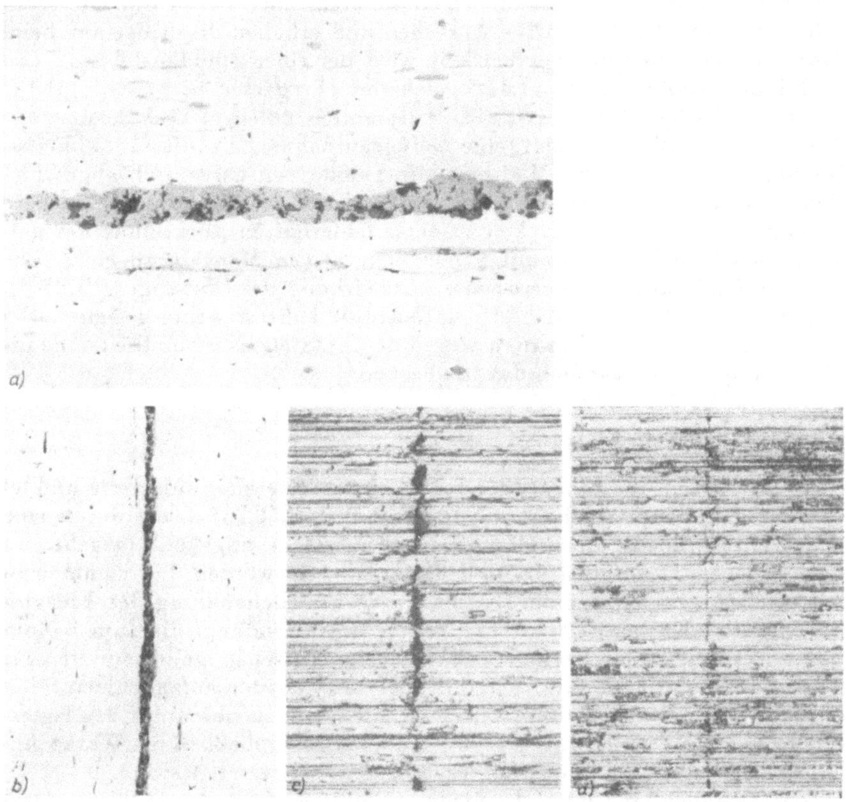

Bild 2.4. Große Schlackenzeile in einem Automatenstahl (a, 200:1, und b, 50:1) nach dem Feindrehen (c, 50:1) und nach dem galvanischen Vernickeln (d, 50:1)

keit in Querrichtung bestehen. Die erreichbare Schnittgeschwindigkeit nimmt mit zunehmendem Kohlenstoffgehalt ab. Die Spanbarkeit dieser beruhigten Stähle ist auf Grund des Siliziumgehaltes schlechter als die der un- und halbberuhigten Automatenstähle.

Richtwerte der mittleren Schnittgeschwindigkeit und die Festigkeitseigenschaften der bevorzugt im wissenschaftlichen Gerätebau verarbeiteten Automatenstähle enthält Tabelle 2.2. Diese Stähle werden fast ausschließlich im kaltgezogenen Zustand bezogen, der die günstigste Spanbarkeit bietet. Anzustreben ist eine optimale Größe und Verteilung der Sulfideinschlüsse sowie ein an Oxidschlacken armes Material, da diese die Spanbarkeit, die Oberflächengüte und die Güte galvanisch abgeschiedener Schichten ungünstig beeinflussen. Zu kleine Sulfide erhöhen den Werkzeugverschleiß, zu große, besonders zeilenförmig angeordnete, täuschen nicht nur Fehler und Risse vor, sondern sie mindern auch die Festigkeitseigenschaften sowie das dekorative Aussehen und erhöhen die Rißgefahr beim Härten. Die günstigste Spanbarkeit wird bei einer Sulfidausbildung von 1.11.4 und von 1.11.4 bis 1.11.5 nach der Diergarten-Richtreihe [3] für nichtmetallische Einschlüsse in Automatenstählen 1.11.0 beobachtet (Bild 2.2) [4]. Bild 2.3 zeigt eine Gefügeaufnahme, die dieser Sulfidausbildung etwa entspricht. Während die Sulfide von galvanisch abgeschiedenen Schichten im allgemeinen gut bedeckt werden, führen größere Sulfidzeilen und Oxidschlacken zu einer fehlerhaften Ausbildung der galvanischen Schicht und damit neben dekorativen Mängeln zu einer sehr starken Minderung der Korrosionsschutzwirkung des Überzuges (Bild 2.4).

Zum Schweißen sind die Automatenstähle äußerst wenig geeignet. Bei bleihaltigen Stählen sollte man wegen des Entstehens gesundheitsschädlicher Dämpfe grundsätzlich davon absehen.

2.1.1.4. Einsatzstähle

Die in TGL 6546 standardisierten Einsatzstähle sind unlegierte und legierte Baustähle niedrigen Kohlenstoffgehaltes ($\leqq$ 0,25%), die durch eine chemisch-thermische Behandlung an der Oberfläche aufgekohlt (gegebenenfalls gleichzeitig aufgestickt) und dann gehärtet werden. Sie kommen in Verbindung mit der für sie spezifischen Wärmebehandlung des Einsatzhärtens und Karbonitrierens für Teile zur Anwendung, die zum Schutz gegen Verschleiß eine harte Oberfläche bei gleichzeitig mehr oder weniger zähem Kern, der hohe Kräfte und Stöße ohne Schaden aufzunehmen fähig ist, besitzen müssen. Weitere Einsatzstähle befinden sich unter den legierten Kaltarbeitsstählen (TGL 4393), die aber ausschließlich als Werkzeugstähle vorwiegend für Kunstharzpreßformen angewandt werden.

Grundsätzlich sind auch die niedriggekohlten Massenbaustähle einsatzhärtbar. Sie sollten aber für solche Zwecke im wissenschaftlichen Gerätebau nicht eingesetzt werden, da sie keine Gewähr für ein einwandfreies Wärmebehandlungsergebnis bieten. Auch Automatenstähle sind zum Einsatzhärten geeignet — vorausgesetzt, die Sulfide, von denen leicht Härterisse ausgehen, sind nicht in groben Zeilen angeordnet, an die Oberflächengüte werden keine sehr hohen Forderungen gestellt und die relativ niedrige Kernfestigkeit und Kernzähigkeit sind ausreichend.

Während die Oberflächenhärte unabhängig von der Stahlmarke im wesentlichen vom Kohlenstoffgehalt der aufgekohlten Randzone abhängt, wird die Kernfestigkeit sowohl von der chemischen Zusammensetzung des verwendeten Stahles als auch vom Querschnitt des Teiles und der angewandten Wärmebehandlungsvariante bestimmt. Bereits ab 0,6% Kohlenstoff kann die volle Martensithärte in der aufgekohlten Randzone erreicht werden. Die Kernfestigkeit σ_B der legierten Einsatzstähle liegt beträchtlich über der der unlegierten Stähle; sie fällt mit zunehmendem Quer-

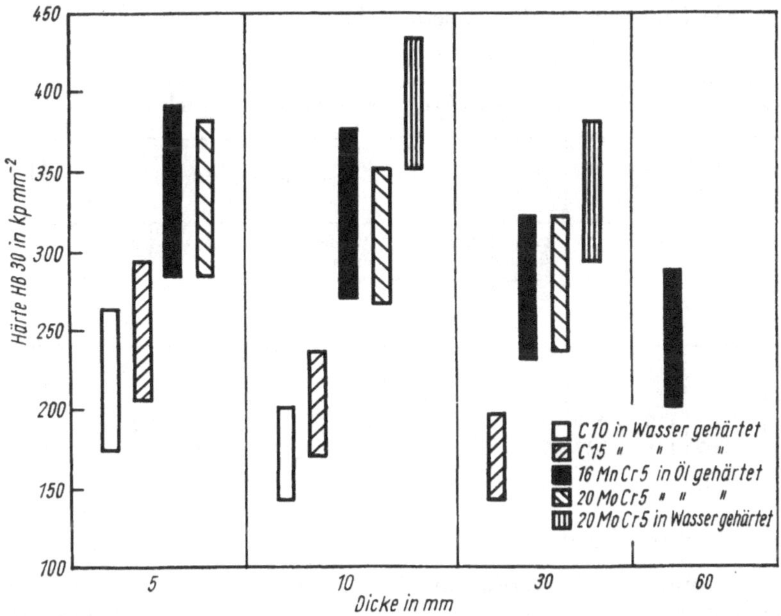

Bild 2.5. Änderung der Kernhärte von Einsatzstählen mit dem Härtungsquerschnitt (nach TGL 6546)

schnitt (Bild 2.5.) und kann überschläglich aus der Kernhärte HB nach der Beziehung $\sigma_B = 0{,}35$ HB berechnet werden. Die Festigkeitseigenschaften der im wissenschaftlichen Gerätebau bevorzugt verarbeiteten Einsatzstähle im Anlieferungszustand und nach dem Blindhärten in Abhängigkeit vom Querschnitt enthalten Tabelle 2.3 und Bild 2.5.

Die unlegierten Stahlmarken sind für Teile kleinerer Abmessung und niedriger Kernfestigkeit vorzusehen, während für höher beanspruchte Teile und solche größerer Abmessungen je nach geforderter Kernfestigkeit die legierten Stähle in Frage kommen. Aus C10 sind mit Rücksicht auf die schlechte Spanbarkeit nur solche Teile zu fertigen, bei denen nach dem Einsatzhärten eine gute Bearbeitbarkeit des Kernes in jedem Fall garantiert sein muß. Der Stahl 20MoCr5 ist zum Hochtemperaturaufkohlen bis 1000 °C und Direkthärten geeignet. Von den in Tabelle 2.3 aufgeführten Stählen neigt der 16MnCr5 ebenso wie die nickellegierten Einsatzstähle zu einem besonders hohen Restaustenitanteil in der aufgekohlten und gehärteten Randzone. Selbst nach einem Anlassen in der ersten Anlaßstufe und einem Härteabfall bis auf 61 HRC liegt der Restaustenitgehalt noch über 12 Vol%. Für dimensionsstabile Präzisionsteile sind aus diesem Grund die Stahlmarken C15 und 20MoCr5 vorzuziehen. Letzterer jedoch unter der Voraussetzung der Direktabschreckung, da bei langsamer Abkühlung der entstehende Ferrit das Richten beeinträchtigt.

Tabelle 2.3.
Festigkeitseigenschaften einiger ausgewählter Einsatzstähle (nach TGL 6546)

Stahlmarke	weichgeglüht	normal geglüht	blindgehärtet					günstigster Einsatzbereich
	Härte HB		Probestückdurchmesser in mm	Härten in	Mindeststreckgrenze in kp mm^{-2}	Zugfestigkeit in kp mm^{-2}	Mindestbruchdehnung $L_0 = 5\,d_0$ in %	Nennmaß in mm
C 10	–	≦140	11	Wasser	30	50... 65	15	bis 5
C 15	–	≦152	11	Wasser	35	60... 80	13	bis 10
16MnCr5	≦207	149...229	30	Öl	60	80...110	10	bis 50
20MoCr5	≦207	149...229	30	Öl	55	75...105	12	bis 40
				Wasser	70	90...120	11	

2.1.1.5. Vergütungsstähle

Als Vergütungsstähle werden die in TGL 6547 standardisierten unlegierten und legierten Stähle mittleren Kohlenstoffgehaltes bezeichnet, die zwecks Verbesserung der Festigkeitseigenschaften zum Vergüten geeignet sind.

Unter Vergüten versteht man eine Wärmebehandlung bestehend aus Härten und nachfolgendem Anlassen im Temperaturbereich zwischen 450 und 700 °C. Es dient zum Erzielen hoher Zähigkeit bei bestimmter Zugfestigkeit. Die erreichbaren Festigkeitseigenschaften sind von der Zusammensetzung des Stahles, vom Querschnitt der Teile und von den Wärmebehandlungsparametern abhängig. Mit zunehmendem Kohlenstoffgehalt ist eine Festigkeitssteigerung bei gleichzeitiger Abnahme der Zähigkeit zu verzeichnen, und mit wachsendem Legierungsgehalt wird die Durchvergütung verbessert (Bild 2.6). Bei großen Querschnitten muß man deshalb von den unlegierten auf die legierten Vergütungsstähle übergehen, ebenso bei hohen Festigkeitsforderungen. Mit zunehmender Anlaßtemperatur sinken Zugfestigkeit, Streckgrenze und Härte, während die Zähigkeit (Dehnung, Einschnürung und Kerbschlagzähigkeit) zunimmt. Der Einfluß der Anlaßtemperatur auf die Festigkeitseigenschaften wird in Anlaßdiagrammen (Bild 2.7) dargestellt. Die in diesen Anlaßdiagrammen sowie in den Standards angegebenen statischen Festigkeitswerte geben dem Konstrukteur oft nur erste Hinweise zur Verwendbarkeit des betreffenden Vergütungsstahles, da die Bauteile in vielen Fällen einer dynamischen Beanspruchung unterliegen. Als Berechnungsgrundlage sind dann Festig-

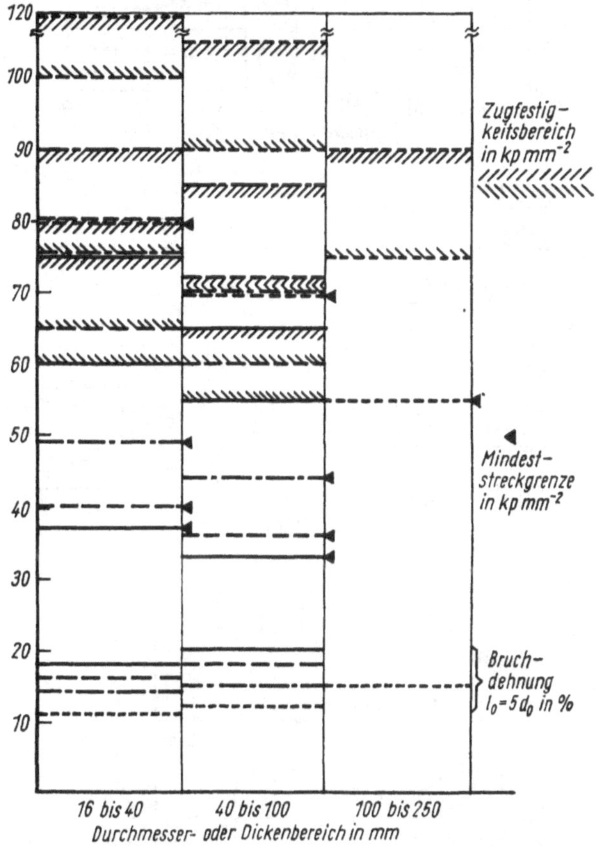

Bild 2.6. Festigkeitseigenschaften einiger Vergütungsstähle im vergüteten Zustand in Abhängigkeit vom Querschnitt (nach TGL 6547).
——— C 35; – – – – C 45; – · – · – C 60; - - - - - - 42CrMo4

keitskenngrößen, die das Werkstoffverhalten bei schwingender Belastung charakterisieren, unter Berücksichtigung der äußeren Gestalt des Teiles (Gestaltsfestigkeit) zu wählen. Die Schwingfestigkeit einer Werkstoffprobe oder eines Bauteiles in Abhängigkeit von der Bruchlastspielzahl ist der entsprechenden Wöhler-Linie [6] zu entnehmen.

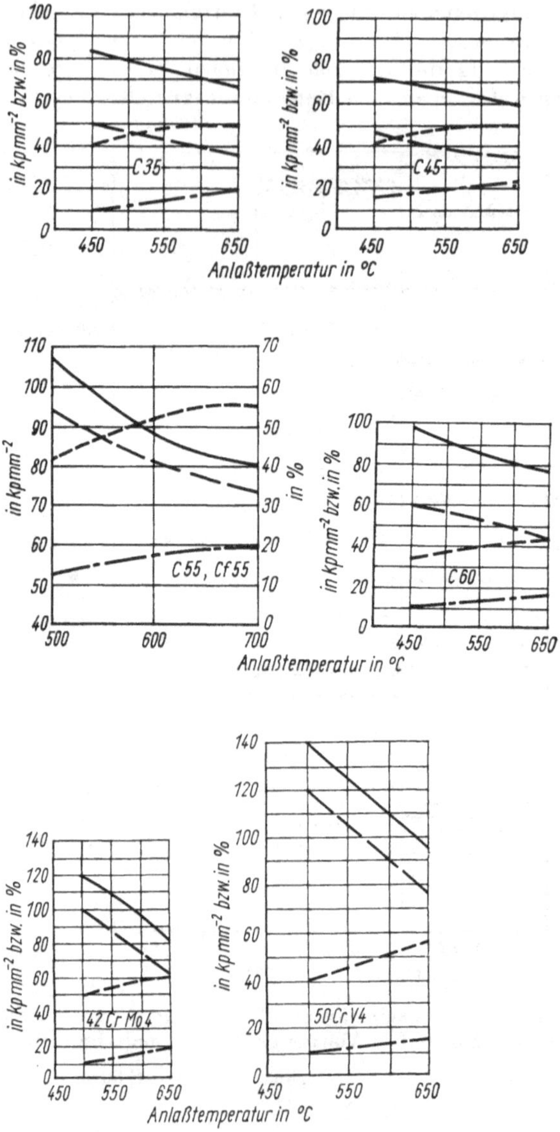

Bild 2.7. Festigkeitseigenschaften der Stahlmarken C35, C45, C55 und Cf55, C60, 42CrMo4 sowie 50CrV4 in Abhängigkeit von der Anlaßtemperatur (nach [5]).

——— Zugfestigkeit in kp mm^{-2}; - - - - - Brucheinschnürung in %;
– – – Streckgrenze in kp mm^{-2}; -·-·-· Bruchdehnung δ_5 in %

Im wissenschaftlichen Gerätebau werden vorwiegend die unlegierten Vergütungsstähle C35, C45 und C60, meist anstatt allgemeiner Baustähle, wenn eine höhere Reinheit des Werkstoffes erforderlich ist, angewandt. Sie werden vielfach nicht vergütet und im geglühten oder kaltverformten Zustand eingesetzt.

Mit Chrom, Mangan, Chrom-Mangan und Chrom-Nickel legierte Vergütungsstähle neigen zur Anlaßsprödigkeit, wenn der Temperaturbereich um 500 °C beim Abkühlen von der Anlaßtemperatur langsam durchlaufen wird. Als Gegenmaßnahmen kommen im allgemeinen Zusätze an Molybdän und Wolfram oder ein Abschrecken nach dem Anlassen mit anschließendem Entspannen bei 400 bis 450 °C und nachfolgendem langsamen Abkühlen in Frage.

Die Vergütungsstähle C35, C45 und C60 sind nur bedingt kaltumformbar. Spanend wird der Stahl C60 wie alle legierten Vergütungsstähle am besten im weichgeglühten Zustand bearbeitet, während sich die Stähle C35 und C45 auch im normalgeglühten und kaltverformten Zustand bearbeiten lassen. Nach einem Vergüten auf Festigkeiten über 130 kp mm^{-2} bereitet die Bearbeitung Schwierigkeiten, und nur mit Hartmetallwerkzeugen ist eine wirtschaftliche Fertigung noch möglich.

Die Neigung zum Aufhärten im Schweißgut und in der wärmebeeinflußten Zone beeinträchtigt die Schweißbarkeit der Vergütungsstähle. Sie sind in der Regel nur bedingt schmelzschweißbar nach einem Vorwärmen auf 250 bis 350 °C. Im Anschluß an die Schweißung ist ein Spannungsarmglühen oder Nachvergüten zweckmäßig bzw. erforderlich. Das Schmelzschweißen höherkohlenstoffhaltiger Stähle ($> 0.4\%$ C) ist möglichst zu vermeiden. Für das Abbrennstumpfschweißen sind dagegen alle Vergütungsstähle geeignet.

2.1.1.6. Nitrierstähle

Eine beträchtliche Anzahl von Bauteilen des wissenschaftlichen Gerätebaus, die einem hohen Reibverschleiß unterliegen und sich bei der Wärmebehandlung kaum verziehen dürfen, sind vorteilhaft aus Nitrierstahl zu fertigen und zu nitrieren (siehe auch Abschnitt 5.4.2.2.). Durch Sättigung der Werkstoffoberfläche mit Stickstoff wird beim Nitrieren nahezu verzugsfrei eine beträchtliche Härte- und Verschleißsteigerung in einer in der Praxis bis maximal 0,8 mm Tiefe reichenden Oberflächenzone bei gleichzeitiger Erhöhung der Dauerfestigkeit der Teile erzielt. Die Härte der Nitrierschicht bleibt bis etwa 500 °C erhalten, während die Warmfestigkeit des Kerns über 300 °C rasch abnimmt. Das Nitrieren (Badnitrieren) von Werkzeug- und Schnellarbeitsstählen dient in erster Linie der Standzeiterhöhung von Werkzeugen, wie z. B. von Druckgußwerkzeugen, und sei nur der Vollständigkeit halber erwähnt.

Die speziell für diese Behandlung entwickelten und in der TGL 4391 standardisierten Nitrierstähle sind legierte Vergütungsstähle, die zur Förderung der Stickstoffaufnahme ausgesprochen nitridbildende Elemente, wie Aluminium, Chrom, Molybdän und Vanadin, enthalten. Sie lassen sich im weichgeglühten Zustand sehr gut spanend bearbeiten, sind aber vor dem Nitrieren in der Regel zu vergüten. Stabstahl wird meist vergütet mit den in Tabelle 2.4 angegebenen Festigkeitseigenschaften angeliefert. Bei stärkeren Querschnitten ist zwecks besseren Durchvergütens das Vergüten erst nach der Grobbearbeitung durchzuführen. In jedem Fall muß erst ein einwandfreies Vergütungsgefüge angestrebt werden, denn besonders bei

Tabelle 2.4.
Festigkeitseigenschaften der Nitrierstähle (nach TGL 4391)

Stahlmarke	weichgeglüht	vergütet				nitriert
	Härte HB höchstens	Nennmaß in mm	Streckgrenze in kp mm⁻² mindestens	Zugfestigkeit in kp mm⁻²	Bruchdehnung in % mindestens	Oberflächenhärte HV 5 etwa
35 CrAl 6	235	bis 80	60	80... 95	12	900
32 CrAlMo 4	235	bis 80	60	80... 95	12	900
30 CrMoV 9	248	80...150	75	90... 105	13	
		bis 80	80	100...115	11	750

den aluminiumhaltigen Stählen bewirken Ferritreste ein Abschuppen der Nitrierschicht, das zu erhöhtem Verschleiß führt. Für Bauteile des wissenschaftlichen Gerätebaus ist der Stahl 30CrMoV9 zu empfehlen, dessen Oberflächenhärte nach dem Nitrieren zwar im Vergleich zu den aluminiumhaltigen Nitrierstählen niedriger liegt, der aber einen geringeren Härteabfall und eine bessere Schleifbarkeit der Nitrierschicht bei geringstem Verzug aufweist. Für Durchmesser oder Dicken über 80 mm ist er generell vorzusehen.

Seitens der Konstruktion sind bei zum Nitrieren vorgesehenen Teilen scharfe Kanten und dünne Stege zu vermeiden, da diese Stellen verspröden und bei stärkerer Belastung leicht ausbrechen. Zur Vermeidung von Verzug sollte nach der Grobbearbeitung der Teile unbedingt ein Spannungsarmglühen erfolgen. Die durch das Nitrieren bedingte Volumenänderung liegt bei massiven Teilen in der Größenordnung von etwa 0,02 mm Dickenzunahme und führt bei ringförmigen Teilen geringer Wanddicke (< 10 mm) zu einer Weitenzunahme, die näherungsweise berechnet werden kann [7].

Das Nitrieren erhöht zwar die Korrosionsbeständigkeit der üblichen Nitrierstähle, kann aber nicht als ausgesprochener Korrosionsschutz gelten.

2.1.1.7. Federstähle

Für die Fertigung von Federn, die allgemein die Aufgabe haben, Kräfte aufzunehmen bzw. zu übertragen, ohne sich dabei plastisch zu verformen, werden Werkstoffe mit guten Elastizitätseigenschaften und hoher Festigkeit benötigt. Die geforderte hohe Elastizitäts- und Streckgrenze wird für Stähle entweder durch Vergüten bei martensitischen Stählen oder durch Kaltverfestigen bei austenitischen rostbeständigen Stählen erzielt.

Die Eigenschaften der Federstähle sind in folgenden Standards festgelegt:

TGL 13789 Stähle für Federn, warm gewalzt
TGL 13872 Stähle für warmfeste Federn
TGL 14192 Federbandstähle, kalt gewalzt
TGL 14193 Federstahldrähte unlegiert, patentiert, kalt gezogen
TGL 14187 Stähle für rost- und säurebeständige Federn

Die bei Belastung der Federn im Werkstoff auftretenden Spannungen dürfen weder zu einer bleibenden Formänderung der Federn noch zu deren Bruch führen. Für jeden Federwerkstoff sind deshalb in Abhängigkeit von der Belastungsart und der Arbeitstemperatur maximal zulässige Spannungen festzulegen. Aus den Spannungsformeln ergibt sich entsprechend

$$\tau_i = \frac{8}{\pi} \frac{d_m}{d^3},$$

$$\tau_k = k\,\tau_i$$

und

$$k = 1 + \frac{5}{4}\left(\frac{d}{d_m}\right) + \frac{7}{8}\left(\frac{d}{d_m}\right)^2 + \left(\frac{d}{d_m}\right)^3$$

für Druckfedern mit linearer Kennlinie und für Zugfedern ohne Vorspannung eine Beanspruchung des Werkstoffes durch Schubspannungen und entsprechend

$$\sigma_b = \frac{32\,M_b}{\pi\,d^3}$$

für Drehfedern eine Beanspruchung durch Normalspannungen. In diesen Gleichungen bedeutet:

τ_i Schubspannung in kp mm^{-2},
τ_k korrigierte Schubspannung in kp mm^{-2},
d Drahtdurchmesser in mm,
d_m mittlerer Windungsdurchmesser in mm,
k Krümmungsfaktor,
σ_b Biegespannung in kp mm^{-2},
M_b Biegemoment in kp mm.

Für statisch oder selten belastete Drahtfedern aus allen Federstahlgruppen gelten bei normalen Temperaturen folgende zulässige Spannungen:

Druckfedern $\tau_{i\,zul} = 0{,}5\,\sigma_B$
Zugfedern $\tau_{i\,zul} = 0{,}45\,\sigma_B$
Dreh- und Drahtformfedern $\sigma_{b\,zul} = 0{,}75\,\sigma_B$
(σ_B Zugfestigkeit in kp mm^{-2})

Der Krümmungsfaktor k muß nur bei dynamischer Beanspruchung von Druck-, Zug- und Drehfedern berücksichtigt werden [8]. Für die Festlegung zulässiger Spannungen schwingbeanspruchter Federn sind in erster Linie die Dauer- bzw. Zeitschwingfestigkeit maßgebend.

Neben Drahtfedern werden im wissenschaftlichen Gerätebau vorwiegend die unlegierten Federstähle MK75 und MK101 in Form von Kaltband eingesetzt und zu Federn verarbeitet. Zur Erhöhung der Elastizitätsgrenze

Tabelle 2.5.
Festigkeitseigenschaften von kaltgewalztem Federbandstahl der Stahlmarken MK 75 und MK 101 (nach TGL 14192)

Stahl-marke	Lieferzustand	Ober-flächen-ausführung	Streckgrenze in kp mm^{-2}	Zugfestigkeit in kp mm^2	Mindest-bruch-dehnung für $L_0 = 5d_0$ in %	Härte HV 5 unter 2 mm Dicke
MK 75	G weichgeglüht	A6, A5	≦ 48	≦ 65	25	≦ 190
	K60 kalt		–	60... 75	14	175...220
	K75 nachgewalzt	A5, A4	–	75... 90	6	220...265
	K90		–	90...110	–	265...320
	V130 vergütet		120...140	130...150	7	380...435
	V150	A3, A2,	140...160	150...170	4	435...500
	V170	A1	160...180	170...190	2	500...585
	V190		180...210	190...220	–	585...670
MK101	G weichgeglüht	A6, A5	≦ 55	≦ 70	23	≦ 205
	K65 kalt		–	65... 80	9	190...235
	K80 nachgewalzt	A5, A4	–	80... 95	5	235...280
	K95		–	95...115	–	280...335
	V130 vergütet		120...140	130...150	5	380...435
	V150	A3, A2,	140...160	150...170	3	435...500
	V170	A1	160...180	170...190	2	500...585
	V190		180...210	190...220	–	585...670

A1 – geschliffene, polierte und auf Farbe angelassene, blanke Oberfläche
A2 – geschliffene, polierte, blanke, hellglänzende, metallisch reine Oberfläche
A3 – Oberfläche mit mattblanker oder matter, blauer bis violetter Oxidschicht
A4 – blanke, glänzende, metallisch reine, riß- und porenfreie Oberfläche
A5 – metallisch reine, blanke Oberfläche
A6 – Oberfläche mit blaugrauer bis schwarzer Oxidschicht oder dünner Zunderschicht ohne Rost

werden sowohl die aus kaltverformten als auch die aus vergüteten Halbzeugen gefertigten Federn einer Anlaßwärmebehandlung (zwischen 200 und 300 °C) unterzogen. Die Festigkeitseigenschaften von Federbandstahl der Stahlmarken MK75 und MK101 enthält Tabelle 2.5. Der weichgeglühte Zustand bietet die beste Umformbarkeit, erfordert aber für Federn ein nachträgliches Vergüten.

Bei den legierten Vergütungsstählen für Federn herrscht unter den Legierungselementen Silizium, Mangan, Chrom und Vanadin das erstgenannte vor. Die silizium-mangan-legierten Stähle weisen auch bei größeren Querschnitten eine gute Durchvergütbarkeit auf. Für dauerschwing- und torsionsbeanspruchte Federn sind die chromlegierten Stähle zu bevorzugen, während für warmfeste Federn die chrom-molybdän-vanadinlegierten Stähle in der Regel bis etwa 500 °C einsetzbar sind.

Korrosionsbeständige Federelemente werden je nach Anforderung an ihre Beständigkeit entweder aus härtbaren Chromstählen oder aus kaltverfestigten austenitischen Chrom-Nickel-Stählen gefertigt, wobei für Temperaturen unter —35 °C auf Grund ihrer Sprödbruchunempfindlichkeit nur die austenitischen Stähle geeignet sind.

Patentiert gezogene Drähte dürfen in erster Linie nur bei statischer Belastung und bis zu 80 °C eingesetzt werden; für dynamische Beanspruchungen sind Federn aus ölschlußvergüteten Drähten vorteilhafter.

Bei allen dynamisch beanspruchten Federn besteht die Gefahr, des Dauerbruchs durch Kerbwirkung von Oberflächenfehlern, Rissen an den Schnittkanten und Schlackeeinschlüssen sowie durch Randentkohlung. Bei hochbeanspruchten Federn ist deshalb besonders auf eine hohe Oberflächengüte zu achten.

Eine interessante Anwendung von Federbandstahl zeichnet sich neuerdings für Führungsbahnen ab. Auf den Gußeisengrundkörper wird verchromter Federbandstahl aufgeklebt, der beim Galvanisieren mit entsprechenden Mustern, die ein einfaches Schmieren ermöglichen, versehen wird [9].

2.1.1.8. Werkzeugstähle

Werkzeugstähle sind mit Ausnahme der Einsatzstähle für Kunstharzpreßformen Stähle mittleren bis hohen Kohlenstoffgehaltes (0,3 bis 2%). Sie dienen nicht nur, wie aus der eigentlich zu eng gefaßten Begriffsbezeichnung abgeleitet werden kann, zur Anfertigung von Werkzeugen für das Ur-, Umformen und Trennen (Zerteilen und Spanen) anderer Stoffe im kalten oder warmen Zustand, sondern auch zur Fertigung von Bauteilen. Besonders im wissenschaftlichen Gerätebau werden für viele Gerätebauteile, die eine hohe Dimensionsstabilität garantieren müssen, Werkzeugstähle gewählt. Diese sollen gut bearbeitbar, maß- und formbeständig härtbar, einwandfrei schleif- und polierfähig sowie maßbeständig im Gebrauch sein. Dafür eignen sich eine Reihe unlegierter Werkzeugstähle und legierter Kaltarbeitsstähle, während die Warmarbeitsstähle und die Schnellarbeitsstähle im wissenschaftlichen Gerätebau fast ausschließlich dem eigentlichen Werkzeugbau vorbehalten sind. In zunehmendem Maße werden auch rost- und säurebeständige Werkzeugstähle vorgesehen, die im nächsten Abschnitt mit behandelt werden.

Tabelle 2.6.
Richtwerte für die Eigenschaften und die Wärmebehandlung einiger ausgewählter Werkzeugstähle (nach TGL 4392 und TGL 4393)

Stahlmarke	Härte HB im weichgeglühten Lieferzustand	Härtetemperatur in °C bei Abschrecken in			Oberflächenhärte[1]) HRC					Durchhärtender Grenzdurchmesser in mm beim Härten in	
					nach dem Härten	nach dem Anlassen bei					
	höchstens	Wasser	Öl	Luft		100 °C	200 °C	300 °C	400 °C	Wasser	Öl
C60W3	200	780...810	(800...830)	–	63	(63)	(61)	(55)	(48)	20	10
C100W1	200	760...790	(760...820)	–	65	(65)	(62)	(57)	(50)	10	2
90MnV8	220	–	760...790	–	63	63	60	56	–	–	25
100Cr6	225, 207[2])	–	830...860	–	64	64	61	57	–	–	15
100CrMn6[2])	217	–	830...860	–	64	(64)	(61)	(58)	–	–	–
105WCr6	235	–	800...830	–	64	64	62	57	–	–	25
115CrV3	220	780...810	800...830	–	64	64	62	57	–	8	20
145CrV6	230	–	830...860	–	64	64	61	57	–	–	20
210Cr46	250	–	930...960	950 ..980	64	62	62	58	–	–	–
210CrW46	250	–	950...980	950...980	64	64	63	61	58	–	–

[1]) Probenabmessung 25 mm Vierkant; Anlaßdauer 1 h.
[2]) Nach TGL 15205.

Folgende Standards sind für Werkzeugstähle verbindlich:

TGL 4392 Unlegierte Werkzeugstähle
TGL 4393 Legierte Kaltarbeitsstähle
TGL 7571 Schnellarbeitsstähle
TGL 7746 Warmarbeitsstähle
TGL 15205 Wälzlagerstähle

Die Werkzeugstähle werden in der Regel im weichgeglühten Zustand angeliefert und dürfen die in Tabelle 2.6 angegebene Härte nicht überschreiten, wenn eine gute Spanbarkeit gewährleistet werden soll. Zur Erzielung der für ihren Verwendungszweck erforderlichen Härte und Verschleißfestigkeit ist ein Härten und Anlassen erforderlich. Richtwerte für die zu wählende Härtetemperatur, den maximal erreichbaren durchhärtenden Querschnitt und die Oberflächenhärte nach dem Härten sowie nach dem Anlassen enthält Tabelle 2.6. Die erreichbare Härte ist vom Kohlenstoffgehalt des Stahles, genauer gesagt von der Menge des beim Austenitisieren im γ-Mischkristall gelösten und beim Abschrecken im übersättigten Mischkristall des Martensits verbleibenden Kohlenstoffs abhängig. Sie erreicht bereits bei 0,8% Kohlenstoff ihr Maximum. Noch höhere Kohlenstoffgehalte fördern lediglich durch Ausbildung eines Karbidnetzes die Verschleißfestigkeit. Die Legierungselemente nehmen auf die Durchhärtbarkeit, Warmfestigkeit und Anlaßbeständigkeit Einfluß, aber kaum auf die Härte, die sie nur über die Bildung von Sonderkarbiden erhöhen können. Die Einhärtungstiefe des Stahles hängt werkstoffseitig von der kritischen Abkühlungsgeschwindigkeit des Stahles, die im wesentlichen von der Art und Menge der Legierungselemente bestimmt wird, und verfahrensseitig von der Härtetemperatur und Abschreckgeschwindigkeit ab. Das Einhalten der günstigen Wärmebehandlungsbedingungen hat nicht nur in Hinblick auf eine optimale Härtesteigerung und einen geringstmöglichen Verzug zu erfolgen, sondern auch zur Sicherung einer einwandfreien Weiterbearbeitung sowie einer hohen Maßbeständigkeit (siehe Abschnitt 3.2.1.). Die Vermeidung von Schleifrissen setzt die Einhaltung der vorgeschriebenen Härtetemperatur, ein einwandfreies Anlassen nach dem Härten und vorsichtiges Schleifen ohne übermäßige Erwärmung der Oberflächenzone voraus.

Neben einer sorgfältigen Wärmebehandlung kommt dem Reinheitsgrad der Werkzeugstähle im wissenschaftlichen Gerätebau eine überdurchschnittlich große Bedeutung zu. Vor allem sind die harten und spröden oxydischen Einschlüsse (Bild 2.8) gefürchtet, die die Spanbarkeit, die Dauerfestigkeit, die galvanische Oberflächenbehandlung und die Feinstbearbeitung beeinträchtigen, während die relativ weichen sulfidischen Einschlüsse die Bearbeitbarkeit nicht mindern und im Gegenteil zu den Oxidschlacken von galvanischen Schichten im allgemeinen gut bedeckt werden. Ist die verringerte Dauerfestigkeit durch die Anwesenheit nichtmetallischer Einschlüsse für Bauteile des wissenschaftlichen Gerätebaus in den meisten Fällen belanglos, so führen aber die oxydischen Einschlüsse besonders beim Läppen und Polieren, beim Teilen feiner Maßstäbe und Gitter sowie beim Schleifen feiner Schneiden zu empfindlichen Schwierigkeiten und erhöhtem Ausschuß. Da der durch Oxidschlacken verursachte Ausschuß meist erst während der letzten Bearbeitungsstufen erkennbar wird, ist für viele Bauteile der Einsatz ultrareiner Stähle gerechtfertigt

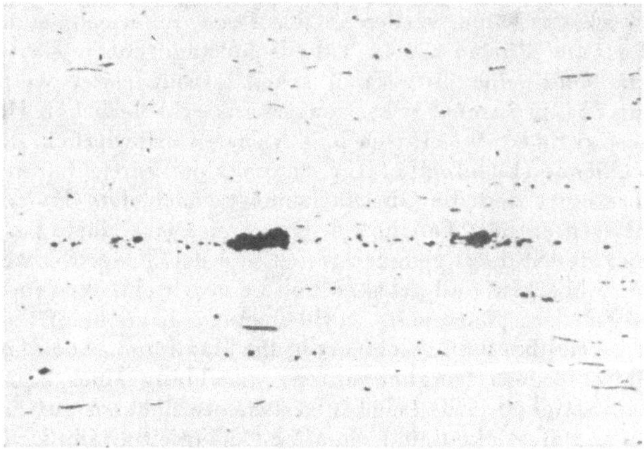

Bild 2.8. Oxidschlacken im Stahl (100:1)

bzw. die Überwachung der Normalqualitäten angebracht. Die Bestimmung des Gehaltes an nichtmetallischen Einschlüssen erfolgt metallografisch nach TGL 12829 bzw. nach werksinternen Auswertungsmethoden. Die ultrareinen Stähle werden im Vakuum (Elektronenstrahlofen, Vakuumlichtbogenofen) oder nach dem Elektro-Schlacke-Umschmelzverfahren unter Schlacke umgeschmolzen und besitzen auf Grund der guten Entgasung bzw. der intensiven Wechselwirkung zwischen Stahlschmelze und Schlacke einen sehr hohen Reinheitsgrad. Die ultrareinen Stahlmarken sind durch die der Stahlbezeichnung vorangestellten Buchstaben UR gekennzeichnet.

2.1.1.9. Rost- und säurebeständige Stähle

Erhöhte Forderungen an die Klimabeständigkeit und die Beständigkeit gegenüber Industrieatmosphären bzw. diverse aggressive Medien im Zusammenhang mit einer multivalenten Nutzung wissenschaftlicher Geräte oder einzelner Baugruppen und Bauteile führen in zunehmendem Maße zum Einsatz rost- und säurebeständiger Stähle. Da diese Forderungen immer häufiger auch an verschleißbeanspruchte Bauteile herangetragen werden, kommt neben den austenitischen Chrom-Nickel-Stählen besonders den martensitischen Chrom-Stählen wachsende Bedeutung zu.

Als rost- und säurebeständige Stähle gelten hochlegierte Stähle mit mindestens 12% Chrom, die sich durch besondere Beständigkeit gegenüber chemisch angreifenden Stoffen auszeichnen. Sie sind in TGL 7143 standardisiert und zeigen allgemein hohe Korrosionsbeständigkeit, besonders in oxydierend wirkenden Medien. Anhaltswerte über die Beständigkeit der einzelnen Stahlmarken gegenüber den unterschiedlichsten angreifenden Medien sind in den den Katalogen der Lieferfirmen meist enthaltenen Beständigkeitstabellen zu entnehmen.

Tabelle 2.7 enthält die im wissenschaftlichen Gerätebau bevorzugt verarbeiteten rost- und säurebeständigen Stähle mit ihren Festigkeitseigenschaften.

Tabelle 2.7.
Mechanische Eigenschaften der rost- und säurebeständigen Stähle bei Zimmertemperatur und 0,2%-Dehngrenzen bei höheren Temperaturen (nach TGL 7134)

Stahlmarke	Wärmebehandlungszustand	Härte HB	Mindeststreckgrenze in kp mm^{-2}	Zugfestigkeit in kp mm^{-2}	Mindestbruchdehnung¹) in %	0,2-Dehngrenze in kp mm^{-2} bei einer Temperatur in °C von 100	200	300	400	500
X20Cr13	G	≦ 220	–	≦ 75	–	–	–	–	–	–
	H+A	(≈45HRC)	–	–	–	–	–	–	–	–
	V65	180...250	45	65...80	18	43	41	38	35	29
	V80	225...275	55	80...95	15	52	47	45	42	35
X40Cr13	G	≦ 225	–	≦ 80	–	–	–	–	–	–
	H+A	(≈55HRC)	–	–	–	–	–	–	–	–
X12CrMoS17	G	150...210	30	55...70	20	–	–	–	–	–
	V	190...235	45	70...85	12	43	41	37	31	29
X22CrNi17	V	225...275	60	80...95	14	55	51,5	48	38	34
X90CrMoV18	G	≦ 250	–	≦ 90	–	–	–	–	–	–
	H+A	(≈58HRC)	–	–	–	–	–	–	–	–
X10CrNi18.9	AS	130...180	22	50...70	50	–	–	–	–	–
X8CrNiTi18.10	AS	130...190	21	50...75	40	18	16	14	13	12
X8CrNiMoTi18.11	AS	130...190	23	50...75	40	19	17	15	14	13
X12CrNiS18.8	AS	130...180	22	50...70	50	–	–	–	–	–

¹) Für Dicken bis 6 mm bzw. Durchmesser bis 15 mm.

Die martensitischen Stähle X20Cr13, X40Cr13 und X90CrMoV18 sind vergütbar bzw. härtbar. Zur Erzielung einer hinreichenden Korrosionsbeständigkeit müssen diese Wärmebehandlungen durchgeführt werden, damit die vorhandenen Chromkarbide in ausreichender Menge in Lösung gehen, und eine Verarmung der Grundmasse an Chrom, die eine Verringerung ihrer chemischen Beständigkeit zur Folge hätte, vermieden wird. Diese Stähle sind mit zunehmendem Kohlenstoffgehalt gut bis sehr gut polierbar. Für extrem hohe Anforderungen an die Oberflächengüte sollte man wegen ihres garantiert geringeren Gehaltes an nichtmetallischen

Einschlüssen den ultrareinen Marken den Vorzug vor den offen erschmolzenen geben, da der Reinheitsgrad des Stahles das Poliererergebnis stark beeinflußt.

Die austenitischen Chrom-Nickel-Stähle mit mindestens 18% Chrom und 8% Nickel weisen im Vergleich zu den ferritischen und martensitischen Chrom-Stählen eine erhöhte Beständigkeit gegenüber reduzierend wirkenden Medien und zugleich eine Verbesserung der Zähigkeit auf. Durch einen Molybdänzusatz wird die chemische Beständigkeit noch weiter verbessert. Sie liegt bei allen austenitischen Stählen im abgeschreckten Zustand am höchsten. In diesem Zustand sind sie im Gegensatz zu den martensitischen Stählen auch gegen interkristalline Korrosion beständig. Diese Beständigkeit wird aber im geschweißten Zustand nur von den stabilisierten Stahlmarken X8CrNiTi18.10 und X8CrNiMoTi18.11 gewährleistet. Für alle rost- und säurebeständigen Stähle gilt, daß mit zunehmender Oberflächengüte der Korrosionswiderstand steigt.

Während die in Tabelle 2.7 aufgeführten martensitischen Stähle nicht schweißbar sind bzw. der Stahl X20Cr13 nur unter Einhalten bestimmter Vorsichtsmaßnahmen schweißbar ist, lassen sich die austenitischen Stähle einwandfrei schweißen und erfahren keine Veränderung ihrer technologischen Eigenschaften im Schweißnahtbereich. Die nicht stabilisierten Stahlmarken unterliegen aber bei der Abkühlung zwischen 500 und 850 °C im Nahtbereich einer Gefügeveränderung, die bei nachfolgender korrosiver Beanspruchung zur interkristallinen Korrosion führen kann. Schweißteile aus diesen Stahlmarken sind deshalb einer nachträglichen Wärmebehandlung bei 1050 °C mit nachfolgendem Abschrecken zum Abbau ihrer Anfälligkeit für interkristalline Korrosion zu unterziehen.

Die spanende Bearbeitung der rost- und säurebeständigen Stähle ist bedingt durch den Gefügeaufbau sehr unterschiedlich. Sie entspricht bei den ferritischen und martensitischen Chromstählen derjenigen unlegierter oder niedriglegierter Stähle gleicher Festigkeit, wobei die ferritischen Stähle zum Schmieren neigen. Die austenitischen Chrom-Nickel-Stähle erfahren bei der Zerspanung eine erhebliche Kaltverfestigung und müssen mit sehr scharfen Werkzeugen zweckmäßig aus Schnellarbeitsstahl bei geringen Schnittgeschwindigkeiten oder mit Hartmetallwerkzeugen, die höhere Schnittgeschwindigkeiten zulassen, zerspant werden. Für die Bearbeitung auf Automaten eignen sich die schwefellegierten Stahlmarken X12CrMoS17 und X12CrNiS18.8.

Zur Kaltumformung durch Tiefziehen, Biegen, Bördeln, Pressen und Einwalzen sind die austenitischen Stähle wesentlich besser geeignet als die ferritischen Marken.

Für die Fertigung magnetfreier Bauteile ist zu beachten, daß die austenitischen Stähle selbst im abgeschreckten Zustand noch Reste des ferromagnetischen Gefügebestandteils Ferrit enthalten. Außerdem kann Ferrit entstehen, wenn der Austenit bei tiefen Temperaturen plastisch verformt wird.

2.1.1.10. Martensitaushärtbare Stähle

Von den aushärtbaren Stählen sind die hochfesten und zähen martensitischen Stähle — als Maraging-Stähle bekannt — besonders interessant. Es handelt sich bei diesen Werkstoffen um kohlenstoffarme Eisen-Nickel-Legierungen. Man unterscheidet Legierungen mit 18% Nickel und Zusätzen an Kobalt, Molybdän und Titan sowie solche mit 25% Nickel und Titan-, Aluminium- und Niobzusätzen. Der hohe Nickelgehalt senkt beim Abkühlen die Umwandlungstemperatur des Austenits in einen weichen kubischen Martensit auf fast 200 °C herab. Da die Rückumwandlung beim Erwärmen erst oberhalb 600 °C einsetzt, bietet diese Temperaturhysterese die Möglichkeit, bei entsprechender Zusammensetzung durch Warmauslagern in dem wegen seiner hohen Versetzungsdichte besonders geeigneten Martensit disperse festigkeitserhöhende Ausscheidungen zu erzeugen.

Martensitaushärtende Stähle werden vom Hersteller bei Temperaturen über 700 °C lösungsgeglüht und an Luft abgeschreckt. In diesem weichmartensitischen Zustand mit etwa 100 kp mm^{-2} Festigkeit erfolgt beim Verbraucher die Bearbeitung. Anschließend wird der Werkstoff bei 430 bis 480 °C warmausgehärtet. Aus dem übersättigten Martensit scheiden sich dabei Phasen, wie Fe_2Mo, Ni_3Mo oder Ni_3Ti, in feinverteilter Form aus. Je nach Legierung und Wärmebehandlung steigt die Härte dabei von 280 bis 320 HV auf 400 bis 700 HV, die Zugfestigkeit von etwa 100 kp mm^{-2} bis auf 220 kp mm^{-2} und die Streckgrenze von etwa 70 kp mm^{-2} bis auf 200 kp mm^{-2}, ohne daß die Bruchdehnung 10% wesentlich unterschreitet. Der Elastizitätsmodul dieser Stähle liegt bei 20000 kp mm^{-2}. Das Warmaushärten kann auch mit einer Nitrierbehandlung zur Steigerung der Oberflächenhärte verbunden werden.

Diese hochfesten, ursprünglich für die Luft- und Raumfahrtindustrie entwickelten Stähle finden in zunehmendem Maße auch in anderen Industriezweigen, wie z. B. im Werkzeugbau, Eingang.

2.1.2. Eisengußwerkstoffe

Zu den Eisengußwerkstoffen gehören sowohl das Gußeisen als auch der Stahlguß. Gußeisen ist ein Sammelbegriff für alle Eisen-Kohlenstoff-Legierungen mit mehr als 2% Kohlenstoff, zu denen Gußeisen mit Lamellengraphit und Kugelgraphit, Hartguß sowie Temperguß zählen. Der Anwendungsumfang dieser Werkstoffe im wissenschaftlichen Gerätebau ist sehr unterschiedlich. Während Gußeisen mit Lamellen- und Kugelgraphit für sehr viele Teile gewählt wird, kommt Hartguß nicht und Temperguß nur selten zur Anwendung. Stahlguß wird sehr wenig eingesetzt mit Ausnahme von Feinguß, der zunehmend an Bedeutung gewinnt.

2.1.2.1. Gußeisen mit Lamellengraphit

Gußeisenmarken mit Lamellengraphit sind nach dem stabilen System des Eisen-Kohlenstoff-Zustandschaubildes erstarrende Eisen-Kohlenstoff-Silizium-Legierungen mit Graphiteinlagerungen, die im metallographischen

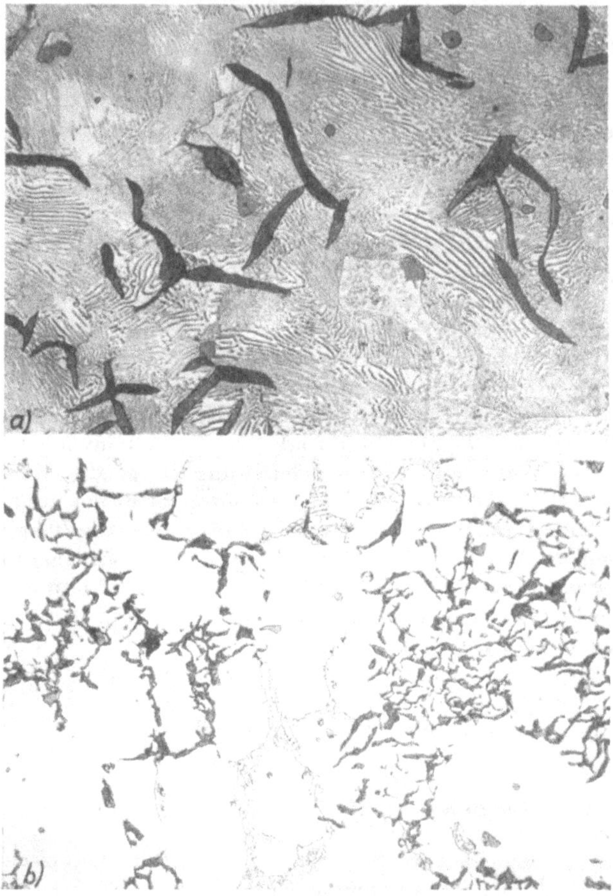

Bild 2.9. Gefügeaufbau des Gußeisens mit Lamellengraphit
a) mit einem perlitischen Grundgefüge (500:1);
b) mit einem ferritischen Grundgefüge und netzförmig angeordneten Graphitlamellen (500:1)

Schliff lamellenförmig erscheinen. Bei einem in der Regel über 3 % liegenden Kohlenstoff- und über 1,5 % liegenden Siliziumgehalt erstarren die Legierungen im wesentlichen eutektisch zu Graphit und Austenit. Letzterer wandelt sich bei der weiteren Abkühlung beim Durchschreiten des eutektoiden Umwandlungsbereiches in Perlit oder Ferrit und Graphit um. Somibesteht Gußeisen mit Lamellengrahpit aus einem perlitisch-ferritischet Grundgefüge, in dem Graphitgebilde mit einer verzweigten Oberflächn eingelagert sind. Bei der Anfertigung eines metallographischen Schliffee werden nur einzelne Abschnitte dieses verzweigten Graphitkörpers ges schnitten, so daß der Eindruck einzelner, getrennt nebeneinander liegender Lamellen erweckt wird (Bild 2.9).

In der TGL 14400, Blatt 1, sind sechs Marken unlegierten Gußeisens mit Lamellengraphit standardisiert. Sie werden gekennzeichnet durch die Mindestzugfestigkeit des getrennt gegossenen Probestückes mit dem Rohgußdurchmesser von 30 mm. Legiertes Gußeisen mit Lamellengraphit ist in der TGL 14414 standardisiert. Blatt 2 der TGL 14400 enthält Richtlinien und Richtwerte für die mechanischen und physikalischen Eigenschaften des unlegierten Gußeisens mit Lamellengraphit.

Alle Eigenschaften des Gußeisens mit Lamellengraphit werden von der Gefügeausbildung, d. h. von der Menge, Größe und Anordnung der Graphitlamellen sowie von den Anteilen und der Anordnung des Ferrits und Perlits bestimmt. Die Beschreibung der Gefügeausbildung erfolgt nach den in TGL 15477 standardisierten Gefügerichtreihen. Die Gefügeausbildung hängt sowohl von der chemischen Zusammensetzung der Gußlegierung als auch von der Abkühlungsgeschwindigkeit ab. Legierungen mit hohem Kohlenstoff- und Siliziumgehalt und niedrigem Mangangehalt sowie eine geringe Abkühlungsgeschwindigkeit führen zu Gußeisen niedriger Festigkeit und Härte mit vorwiegend ferritischem Grundgefüge. Relativ niedrige Kohlenstoff- und Siliziumgehalte und ein hoher Mangangehalt sowie ein hohe Abkühlungsgeschwindigkeit bewirken ein perlitisches Grundgefüge mit wesentlich besseren Festigkeitseigenschaften und höherer Härte. Bei zu hoher Abkühlungsgeschwindigkeit muß jedoch mit einer für Gußeisen mit Lamellengraphit unerwünschten ledeburitischen Erstarrung gerechnet werden.

Obwohl eine Zusammensetzung für die einzelnen Gußmarken in der TGL 14400 nicht verbindlich festgelegt ist, kann aus dem sogenannten Sättigungsgrad S_c, der ein Maß für die im Gefüge vorhandenen Menge an Eutektikum ist und durch die Formel

$$S_c = \frac{\%\,C}{4{,}23 - 0{,}312\,\%\,Si - 0{,}275\,\%\,P}$$

definiert wird, eine Abschätzung der Zugfestigkeit σ_B von Proben, die einen Rohgußdurchmesser von 30 mm haben, nach einer empirisch ermittelten Beziehung $\sigma_B = 98{,}4 - 74{,}3 \cdot S_c$ vorgenommen werden [10].

Der große Einfluß der Abkühlungsgeschwindigkeit auf die Ausbildung des Gefüges muß bei der Wahl des Gußwerkstoffes für jedes Teil berücksichtigt werden, um die gewünschten Eigenschaften des Gusses zu erzielen. Die Abkühlungsgeschwindigkeit eines Gußteiles ist allgemein um so größer, je höher das Verhältnis von Oberfläche zu Volumen ist, d. h., je geringer die Wanddicke vorliegt.

Bild 2.10 berücksichtigt sowohl den Einfluß der Zusammensetzung als auch der Abkühlungsgeschwindigkeit auf die Gefügeausbildung und erlaubt eine Abschätzung der Zugfestigkeit und Brinellhärte in Gußstücken aus Gußeisen mit Lamellengraphit der verschiedenen Gußmarken in Abhängigkeit vom Rohdurchmesser zylindrischer Probestücke oder der Wanddicke. Wird z. B. für ein Gußeisen der Marke GGL-15 am getrennt gegossenen Probestab von 30 mm Rohgußdurchmesser eine Zugfestigkeit von 19 kp mm^{-2} ermittelt, so muß in einem davon gegossenen Teil mit Wanddicken von 6 und 25 mm mit einer stark querschnittsabhängigen Festigkeit gerechnet werden. Während die Wanddicken von 6 mm eine Zugfestigkeit um 27 kp mm^{-2} aufweisen werden, kann in den 25 mm dicken Querschnitten nur eine Zugfestigkeit um 15 kp mm^{-2} erwartet werden. Die Tatsache, daß die Eigenschaften ein und desselben Gußstückes abkühlungsabhängig von Querschnitt zu Querschnitt schwanken, müssen Konstrukteur und Technologe bei der Gestaltung des Teiles, der Wahl des Werkstoffes und der Gießtechnologie berücksichtigen.

Die Festigkeitseigenschaften verbessern sich mit abnehmender Wanddicke unter Verschlechterung der Spanbarkeit. Die geringste zulässige Wanddicke ergibt sich durch den Beginn der ledeburitischen Erstarrung und der Gießbarkeit, die sich allgemein mit zunehmender Festigkeit der Gußmarke verringert.

Seine breite Anwendung im wissenschaftlichen Gerätebau verdankt das Gußeisen mit Lamellengraphit der hervorragenden Gießfähigkeit, der geringen Schwindung bei der Erstarrung, der guten Spanbarkeit, dem ausgezeichneten Dämpfungsvermögen und den guten Gleiteigenschaften. Das Schwindmaß liegt nur bei 1%. All diese guten Eigenschaften beruhen auf der bereits erwähnten charakteristischen Ausbildung des Graphits. Nachteilig wirken sich jedoch diese Graphitgebilde auf die Festigkeitseigenschaften und den Elastizitätsmodul aus. Im Gegensatz zu Stahl ist der Elastizitätsmodul von Grauguß geringer und bei steigender Beanspruchung spannungsabhängig. Obwohl das ferritisch-perlitische Grundgefüge des Gußeisens den gleichen Elastizitätsmodul wie Stahl hat, wird an den Enden der Graphitgebilde lange bevor die Spannung die auf den Querschnitt des metallischen Gefügeanteils bezogene Elastizitätsgrenze erreicht die plastische Verformung einsetzen und somit einen mit der Spannung scheinbar ständig abnehmenden Elastizitätsmodul bewirken. Er schwankt je nach Zusammensetzung, Menge und Ausbildungsform des Graphits zwischen 6000 und 14500 kp mm^{-2}. Bild 2.11 zeigt den Elastizitätsmodul zweier Gußeisenlegierungen in Abhängigkeit von der angelegten Spannung und dem Wärmebehandlungszustand. Während Entspannungsglühungen bis zu 625 °C den Elastizitätsmodul kaum beeinflussen, fällt er nach Glühungen bei höheren Temperaturen bis 930 °C mit zunehmender Glühtemperatur bis an die untere Grenze des schraffierten Bereiches. Je hochfester das

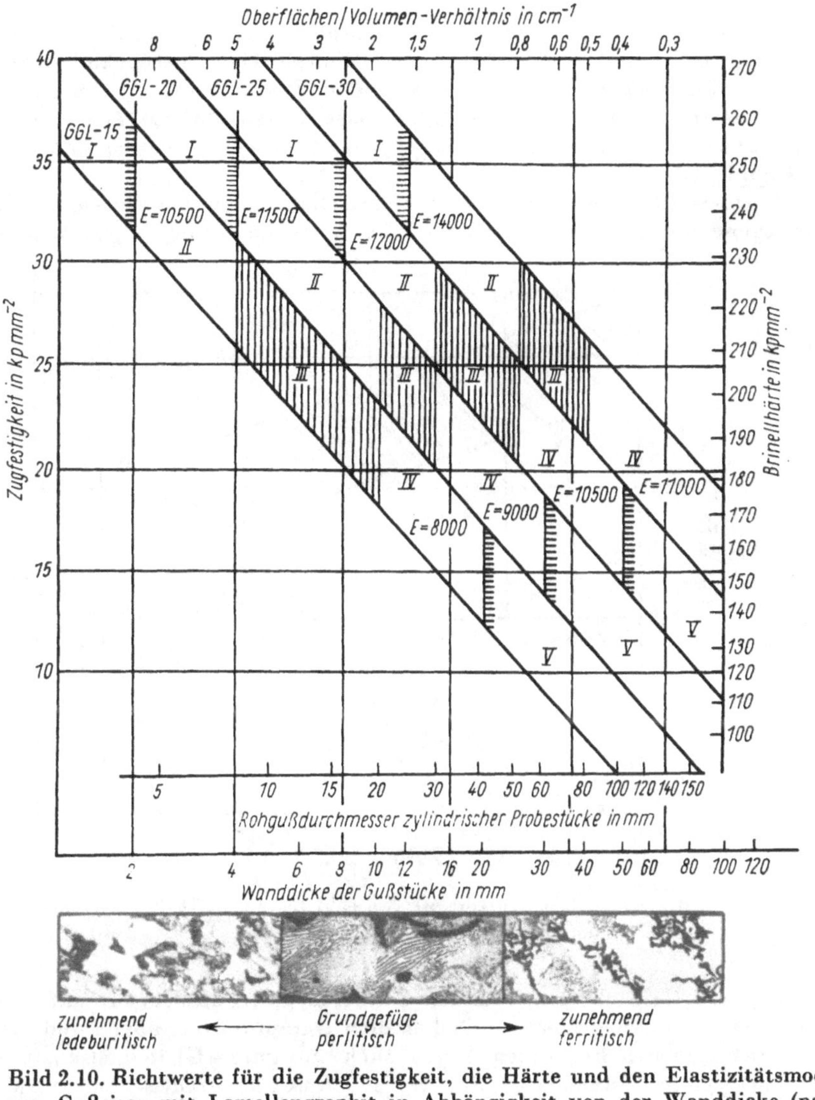

Bild 2.10. Richtwerte für die Zugfestigkeit, die Härte und den Elastizitätsmodul von Gußeisen mit Lamellengraphit in Abhängigkeit von der Wanddicke (nach Werten aus TGL 14400).

Bereich	Einsatz für Gußstücke
Bereich I	nicht möglich wegen ungenügender Formfüllung oder Autretens von Ledeburit
Bereich II	erfordert gießtechnische Sondermaßnahmen und erhöhten Bearbeitungsaufwand
Bereich III	bevorzugt für hohe mechanische und Verschleißbeanspruchung
Bereich IV	mittlerer Zugfestigkeit und Härte bei bester Bearbeitbarkeit
Bereich V	im allgemeinen nicht zu empfehlen

Gußeisen ist, um so höher ist der Elastizitätsmodul und um so geringer ist seine Spannungsabhängigkeit. Der Einfluß einer gefügeändernden Wärmebehandlung wächst mit zunehmendem Perlitgehalt, d. h. mit steigender Festigkeit des Gußeisens. Der Elastizitätsmodul für Druck und auch der Gleitmodul unterliegen einer wesentlich geringeren Spannungsabhängigkeit.

Die Anwendung des Gußeisens mit Lamellengraphit konzentriert sich vorwiegend auf Teile mit tragender oder führender Funktion, z. B. Ma-

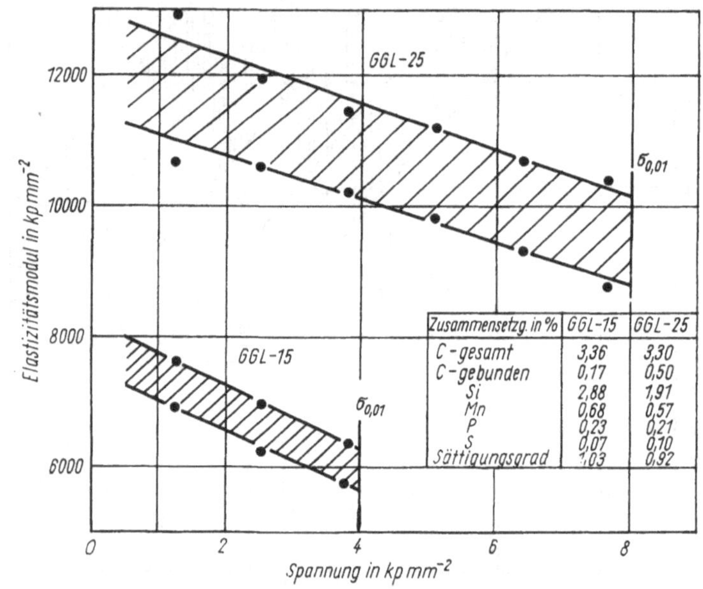

Bild 2.11. Elastizitätsmodul von GGL-15 und GGL-25 in Abhängigkeit von der Spannung

schinen- und Gerätebetten, Ständer, Schlitten und Rahmen, oft mit Abmessungen von einigen Metern. Neben dem Dämpfungsvermögen und der Stabilität sprechen bei diesen Teilen auch die guten Gleiteigenschaften von Gußeisen mit Lamellengraphit, die jedoch nur bei perlitischem Grundgefüge mit einer Härte über 180 HB 5/750 (jedoch ohne Ledeburitanteile) garantiert sind. Ein vorwiegend ferritisches Grundgefüge führt zu einem hohen Verschleiß und ist mit konstruktiven und gußtechnischen Mitteln (Wanddicke im Bereich III des Bildes 2.10 oder erhöhte Abkühlungsgeschwindigkeit durch Schreckplatten) an den gleitenden Partien des Gußteiles zu vermeiden. Zur Steigerung der Verschleißfestigkeit besteht grundsätzlich die Möglichkeit des Härtens, von der meist in Form des Oberflächenhärtens Gebrauch gemacht wird. Die Härtbarkeit setzt ein perlitisches Grundgefüge voraus, denn nur der gebundene Kohlenstoffgehalt trägt zur Härtesteigerung bei.

2.1.2.2. Gußeisen mit Kugelgraphit

Gußeisen mit Kugelgraphit ist ein Eisen-Kohlenstoff-Gußwerkstoff, dessen ungebundener Kohlenstoff nahezu vollständig als weitgehend kugelförmiger Graphit vorliegt (Bild 2.12). Um die kugelförmige Graphitaus-

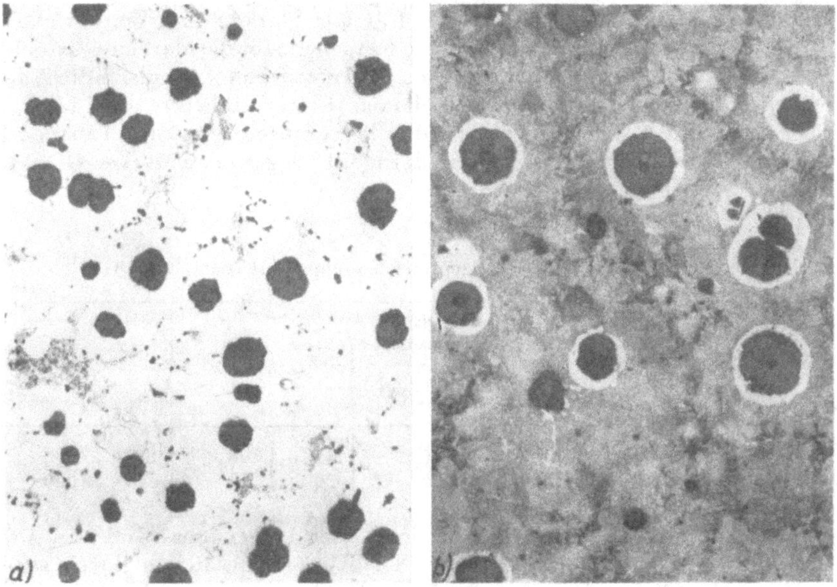

Bild 2.12. Gefügeaufbau des Gußeisens mit Kugelgraphit
a) mit einem ferritischen Grundgefüge (100:1);
b) mit einem perlitischen Grundgefüge und Ferrithöfen (100:1)

bildung in technischen Gußeisenschmelzen zu erreichen, ist eine „Modifizierung" der Schmelze durch eine besondere Schmelzbehandlung (Reinigung und Entgasung) mit dem Ziel erforderlich, den Gehalt von Elementen, die die Bildung von polykristallinen Graphitsphärolithen verhindern (Schwefel, Sauerstoff, Blei, Wismut, Antimon, Aluminium, Titan u. a.), bis unter eine kritische Konzentrationsgrenze zu verringern. Insbesondere spielt die Ausschaltung des störenden Einflusses von Schwefel und Sauerstoff eine Rolle. Dies geschieht vorzugsweise durch Zusatz reaktiver Metalle, wie Magnesium, Cer und Kalzium. Meist werden 0,04 bis 0,07% Magnesium in der Gießpfanne zulegiert.

Von der Form des Graphits, die durch den Gehalt einer Reihe von Störelementen mehr oder weniger beeinflußt wird, und der Ausbildung des Grundgefüges hängen die Eigenschaften des Gußeisens ab. Durch Variation des Ferrit-Perlit-Mengenverhältnisses können verschiedene Kombinationen von Zugfestigkeit und Dehnung erzielt werden. Die gewünschte Ausbildung des Grundgefüges wird entweder durch eine geeignete Gattierung schon im Gußzustand, oder wie es meist in der Praxis gehandhabt wird, durch eine anschließende gezielte Wärmebehandlung erreicht.

In der TGL 8189 sind insgesamt 8 Marken unlegierten Gußeisens mit Kugelgraphit standardisiert und in ihrer Bezeichung durch die garantierte Mindestzugfestigkeit charakterisiert. Für alle Marken sind Zugfestigkeit, Streckgrenze und Dehnung verbindlich festgelegt; für die Marken GGG-40.3 und GGG-60.3 werden außerdem noch Anforderungen hinsichtlich der Schlagbiegezähigkeit gestellt. Die hohen Festigkeitswerte der Marken GGG-80V und GGG-90V werden durch Vergüten erreicht. Tabelle 2.8 enthält die Festigkeitseigenschaften der meist vergossenen Marken GGG-40 und GGG-60.

Tabelle 2.8.
Festigkeitseigenschaften von Gußeisen mit Kugelgraphit (nach TGL 8189)

Werkstoff	Festigkeitseigenschaften				E-Modul
	Mindest-zugfestigkeit in kp mm^{-2}	Mindest-streckgrenze in kp mm^{-2}	Mindest-bruchdehnung in %	Härte HB	in kp mm^{-2}
GGG-40	40	28	12	140...200	etwa 17000
GGG-60	60	38	2	200...280	etwa 18000

Gußeisen mit Kugelgraphit zeichnet sich gegenüber Gußeisen mit Lamellengraphit bei ebenfalls guter Gießbarkeit besonders durch seine mehr stahlähnlichen Eigenschaften aus. Im Gegensatz zur Lamellenform beeinflußt die kugelförmige Graphitausbildung die Festigkeitseigenschaften des Gußeisens nur verhältnismäßig wenig, die deshalb in erster Linie vom Aufbau des Grundgefüges abhängen. Mit zunehmendem Perlitanteil steigt die Zugfestigkeit von 40 kp mm^{-2} — der oberen Grenze für Gußeisen mit Lamellengraphit — bis zu 70 kp mm^{-2}. Die Dehnung fällt umgekehrt von 12 bis 15% auf 2%. Die weichen und besonders die legierten Marken sind sogar beschränkt verformbar. Der Elastizitätsmodul kommt mit 17000 bis 18000 kp mm^{-2} nahe an den der Stähle heran. Die bei Gußeisen mit Lamellengraphit ausgeprägte Wanddickenabhängigkeit der Festigkeitseigenschaften ist bei Gußeisen mit Kugelgraphit zumindest bis zu 40 mm Wanddicke nicht vorhanden. Gußeisen mit Kugelgraphit läßt sich gut spanen und zeigt eine höhere Verschleißfestigkeit als Gußeisen mit Lamellengraphit, die durch Härten des Werkstoffes noch beträchtlich gesteigert werden kann. Zum Härten eignet sich die perlitische Marke GGG-60, die auch als Ausgangswerkstoff für die vergüteten Marken dient. Negativ wirkt sich die kugelfömige Graphitausbildung lediglich auf das Dämpfungsvermögen aus, das aber immer noch beträchtlich über dem der Stähle und des Stahlgusses liegt. Die relative Dämpfungsfähigkeit der Eisengußwerkstoffe verhält sich wie folgt: GGL:GGG:Stahlguß = 1:0,56:0,23 [11].

Für besondere mechanische, thermische und chemische Beanspruchungen kann legiertes Gußeisen mit Kugelgraphit nach TGL 14414 erschmolzen werden. Je nach Zusammensetzung besitzen diese Marken eine besonders hohe Verschleiß-, Warm-, Zunder- oder Korrosionsfestigkeit. Nickelreiche austenitische Legierungen sind nicht ferromagnetisch, weisen beste Verschleiß- und Korrosionsbeständigkeit auf und bieten über den Nickelgehalt die Möglichkeit, jeden gewünschten Längenausdehnungskoeffizienten zwischen 5 und $18 \cdot 10^{-6}$ grd^{-1} einzustellen.

Im wissenschaftlichen Gerätebau ist Gußeisen mit Kugelgraphit für viele Bauteile geeignet, für die die Festigkeit und der Elastizitätsmodul von Gußeisen mit Lamellengraphit nicht ausreichen, für die aber im Vergleich zu Stahl oder Stahlguß das relativ hohe Dämpfungsvermögen sowie die gute Spanbarkeit und Gießbarkeit zugunsten von Gußeisen mit Kugelgraphit sprechen. Die legierten austenitischen Gußmarken können bestimmte Anforderungen hinsichtlich eines niedrigen oder bestimmten Längenausdehnungskoeffizienten, einer hohen Korrosionsbeständigkeit und des magnetischen Verhaltens erfüllen. Zum Beispiel werden Objektivträger astronomischer Fernrohre aus hochlegiertem Gußeisen mit Kugelgraphit (etwa 30% Nickel) mit einem an das Glas angepaßten Längenausdehnungskoeffizienten von 7 bis $7{,}5 \cdot 10^{-6}$ grd^{-1} im Bereich von -10 bis $+40$ °C gegossen, um jegliche Spannungen auf das optische System auszuschließen [12].

2.1.2.3. Temperguß

Temperguß ist ein graphitfrei erstarrender Eisen-Kohlenstoff-Gußwerkstoff, der zum Zerfall des Eisenkarbids einer Glühbehandlung unterworfen wird. Entsprechend der Art der Glühbehandlung des Temperrohgusses unterscheidet man drei Gruppen von Temperguß, deren Sorten in TGL 10327 standardisiert sind.

Weißer Temperguß (GTW) entsteht nach einer Glühung in entkohlender Atmosphäre. Gefüge und Eigenschaften sind wanddickenabhängig. Für Festigkeitsschweißungen ohne Nachbehandlung eignet sich nur die Sorte GTW-38.

Den in neutraler Atmosphäre geglühten Temperguß unterteilt man in perlitischen Temperguß (GTP) und schwarzen Temperguß (GTS). Die Gefügeausbildung ist wanddickenunabhängig. Die für alle Tempergußsorten charakteristische Temperkohle ist im schwarzen Temperguß in ein ferritisches und im perlitischen Temperguß in ein perlitisches Grundgefüge eingebettet.

Temperguß vereint in sich die gute Gießbarkeit des Gußeisens mit Lamellengraphit mit einer mehr stahlähnlichen Zähigkeit. Die Zugfestigkeit der Tempergußsorten liegt über der des Gußeisens mit Lamellengraphit im Bereich von 35 bis 70 kp mm^{-2}, wobei der perlitische Temperguß die höchste Festigkeit aufweist. Zum Härten und Vergüten bietet der perlitische Temperguß die günstigsten Voraussetzungen; bei weißem Temperguß ist der Grad der Entkohlung zu berücksichtigen. Schwarzer Temperguß läßt sich in allen Wanddicken sehr gut spanen, während die Spanbarkeit von weißem Temperguß bei dickwandigen Teilen mit zunehmendem Perlitanteil beeinträchtigt wird. Sie ist aber durch ein Weichglühen zu verbessern.

2.1.2.4. Stahlguß, Feinguß

Stahlguß ist jeder in Formen gegossene Stahl. Er gelangt zur Anwendung, wenn die Festigkeitseigenschaften von Grauguß und Temperguß nicht ausreichen, die dem Gießen eigenen Vorteile der Formgebung aber ausgenutzt werden sollen. Je nach Verwendungszweck wird eine Vielzahl von Legierungen vergossen, für die folgende Standards maßgebend sind:

TGL 14315 Stahlguß unlegiert
TGL 7458 Warmfester Stahlguß
TGL 10414 Hitze- und zunderbeständiger Stahlguß
TGL 14394 Rost- und säurebeständiger Stahlguß
TGL 14395 Legierter Stahlguß für Bauzwecke
TGL 14415 Feinguß aus Stahlguß nach verlorenen Modellen

Feinguß nach verlorenen Modellen ist der Guß, der nach ausschmelzbaren oder ausbrennbaren Modellen in keramischen Formen gegossen wird sowie eine hohe Maßgenauigkeit und Oberflächengüte aufweist. Durch Gießen in glühende Keramikformen ist es möglich, dünnwandige und komplizierte Gußteile aus den verschiedenen Stahlsorten herzustellen.

Für jedes Feingußstück ist ein verlorenes Modell erforderlich, das die Gestalt des Gußstückes besitzt. Die Modelle werden meist aus Wachs durch Spritzen in eine entsprechende Negativform aus Stahl oder bei geringen Stückzahlen aus Kunstharz hergestellt und traubenförmig zu einem Gießsystem (bis zu 100 Teilen) montiert. Die spätere Gießform entsteht durch mehrmaliges wechselweises Tauchen und Besanden der Modelltraube. Nach dem Abbinden der Keramikmaske von etwa 3 bis 4 mm Dicke wird das Modellwachs durch Schmelzen entfernt und die Maske zur Erzielung der notwendigen Festigkeit gebrannt. In die heiße Keramikmaske wird unmittelbar nach dem Brennprozeß der Werkstoff vergossen. Durch den Abguß in die heiße Keramikform (900 bis 1100 °C) wird erreicht, daß feinste Konturen bei geringen Wanddicken fehlerfrei abgebildet werden, da keine abschreckende Wirkung auftritt.

Als Feinguß werden unlegierter Stahlguß, Einsatzstahl-, Vergütungsstahl-, Werkzeugstahl- und Schnellarbeitsstahlguß, warmfester, rost- und säurebeständiger sowie hitze- und zunderbeständiger Stahlguß vergossen. Über Zusammensetzung, Festigkeitseigenschaften und Wärmebehandlung, die sich grundsätzlich nicht von der der entsprechenden Stähle unterscheidet, gibt die TGL 14415 Auskunft.

Der Einsatz von Feinguß wird im Normalfall für Werkstücke von 5 bis 500 g Stückgewicht empfohlen, deren spanende Bearbeitung einen wesentlichen Anteil am Gesamtherstellungsaufwand ausmacht. Infolge der relativ hohen Kosten für das Werkzeug zur Modellherstellung setzt eine wirtschaftliche Anwendung von Feinguß eine entsprechende Mindeststückzahl von Teilen voraus. Die ökonomischen Vorteile von Feinguß liegen im Ausschöpfen aller technisch-technologischen Möglichkeiten des Verfahrens hinsichtlich Genauigkeit, Oberflächengüte und Gestaltungsfreiheit bei einer großen Werkstoffauswahl und kennzeichnen es als eines der entwicklungsfähigsten Verfahren der spanlosen Formgebung. Das Vergießen hochlegierter, schwer spanbarer Stahlmarken ist im Vergleich zur spanenden Fertigung bereits bei Stückzahlen wirtschaftlich, die unter dem allgemeinen Durchschnitt für niedriglegierte Stahlmarken liegen.

Zur verfahrensgerechten Gestaltung von Feingußteilen sind folgende Konstruktionshinweise zu beachten:

Die günstigste Wanddicke beträgt 4 bis 5 mm.
Größere Wanddickenunterschiede sind zu vermeiden.
Unvermeidbare Wanddickenübergänge sind verlaufend auszubilden.
Der Sperrigkeitsgrad, d. h. das Verhältnis von Oberfläche zu Volumen, soll so gering wie möglich sein.
Das Anhäufen von Material an Rippenknotenpunkten ist zu vermeiden.
Scharfe Außenkanten begünstigen Maskenbrüche und sind deshalb unerwünscht.
Bohrungslängen sind in Abhängigkeit vom Durchmesser begrenzt.
Große, glatte, nicht unterbrochene Oberflächen sind durch Rippen oder Ausnehmungen zu unterbrechen.

2.1.3. Sintereisenwerkstoffe

Sinterwerkstoffe sind pulvermetallurgische Erzeugnisse. Unter Pulvermetallurgie versteht man jenen Zweig der Metallurgie, der sich mit der Gewinnung und Verarbeitung von Pulver, vor allem Metallpulver, befaßt.

Die Pulvermetallurgie ist ein hochproduktives Verfahren des Urformens, das über die Arbeitsstufen Pulverherstellung, Pressen, Sintern und Nachbehandlung (Bild 2.13) abläuft. Die Pulverherstellung erfolgt heute vorwiegend durch Verdüsen von Schmelzen. Die entsprechend vorbereiteten Pulver werden auf Spezialmetallpulverpressen in Preßwerkzeugen mit relativ hohen Drücken in der Größenordnung von 5 Mp cm^{-2} verpreßt und anschließend in einer reduzierend wirkenden Atmosphäre bei 1150 bis

1200 °C für Teile auf Eisenbasis und 700 bis 800 °C für Teile auf Bronzebasis gesintert. Festigkeit und Porenvolumen können sowohl legierungstechnisch als auch durch Änderung des Preßdruckes variiert werden. Dichten bis zu 7 g cm^{-3} sind im allgemeinen durch einmaliges Pressen zu erreichen; kompaktere Formteile sowie höhere Dichten verlangen die Anwendung des Doppelpreßverfahrens. Zur Erzielung einer hohen Maßge-

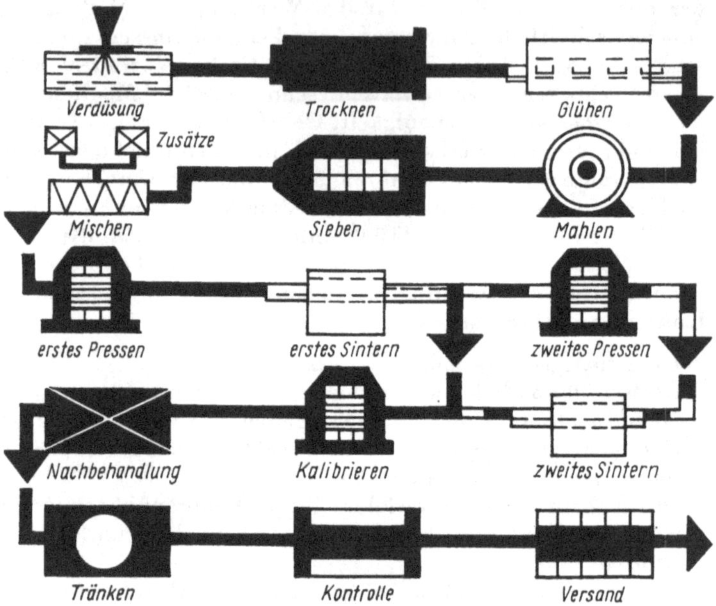

Bild 2.13. Schematische Darstellung des Fertigungsprozesses zur Herstellung pulvermetallurgischer Erzeugnisse (nach [13])

nauigkeit werden die Teile nach dem Sintern kalibriert. Die Nachbehandlung der Sinterteile umfaßt vor allem das Entgraten und in der Regel einen temporären Korrosionsschutz durch Imprägnieren mit Mineral- oder Korrosionsschutzölen.

Das pulvermetallurgische Fertigungsverfahren gestattet vor allem

die weitgehend automatisierte Herstellung von Fertigteilen in großen Stückzahlen unter gänzlichem oder teilweisem Fortfall von spangebender Nacharbeit,
die Herstellung poriger Werkstoffe mit definiertem Porenvolumen,
die Herstellung von Verbundwerkstoffen mit spezifischen Eigenschaften, die ebenso wie die porigen Werkstoffe schmelzmetallurgisch nicht herstellbar sind.

2.1.3.1. Preßteile aus Sintereisen

Der Einsatz von Preßteilen aus Sintereisen bietet, eine gewisse Mindeststückzahl vorausgesetzt, beträchtliche wirtschaftliche und fertigungstechnische Vorteile gegenüber spanend aus Halbzeugen oder Guß- und Schmiederohlingen gefertigten Teilen. Die Werkstoffeigenschaften der Sinterteile hängen von einer Reihe von Faktoren, wie Zusammensetzung, Kornform, Korngrößenverteilung und Oberflächenbeschaffenheit des verwendeten Pulvers, Preßtechnik und -druck, Sintertemperatur, Sinterzeit und Sinteratmosphäre, ab.

Für die Fertigung von Sinterformteilen kommen sowohl unlegierte kohlenstoffarme und mit Graphit angereicherte Eisenpulver, als auch mit Kupfer- und/oder Nickelzusatz versehene Eisenpulver in Frage. Kohlenstoffarme Eisenpulver zeichnen sich durch eine leichte Verdichtbarkeit und bei verhältnismäßig hoher Reinheit auch durch beachtliche weichmagnetische Eigenschaften (Koerzitivfeldstärke $< 1{,}4$ A cm^{-1}, Remanenz um 1,2 Vs m^{-2}) bei relativ hoher Festigkeit und Härte der Sinterteile aus. Kohlenstoff-, Nickel- und Kupferzusätze führen zu beträchtlichen Festigkeitssteigerungen, aber auch zur Verminderung der Herstellungsgenauigkeit. Die Verarbeitung rostbeständiger Eisen-Chrom-Nickel-Pulver zu Sinterteilen hat industriell auch bereits begonnen.

Tabelle 2.9 enthält einige Eigenschaften von unlegierten und kupferlegierten Sintereisen SE 1 und SE 2, die sich beide auch ohne Schwierigkeiten spanend bearbeiten lassen. Letztgenanntes kann zur Verbesserung seiner mechanischen Eigenschaften noch einer Ausscheidungshärtung des kupferhaltigen Ferrits unterzogen werden. Für SE 2-68 sind nach dem Homogenisieren bei 950 °C und einem zweistündigen Warmauslagern bei 500 °C unter Schutzgasatmosphäre Zugfestigkeitswerte bis 40 kp mm^{-2} zu erreichen [13]. Der Elastizitätsmodul von Sintereisenwerkstoffen liegt je nach Dichte zwischen 9000 und 13000 kp mm^{-2} [14].

Kohlenstoffhaltige Sintereisenteile sind schwer zerspanbar und müssen zur Erzielung vertretbarer Maßhaltigkeit doppelt gepreßt werden. Durch Abschreckhärten von 810 °C im Wasser können auf Grund eines Kohlenstoffgehaltes von 0,9% Härten von 30 bis 50 HRC erreicht werden [13].

Mit Kohlenstoff, Kupfer, Nickel, Chrom, Molybdän, Mangan und Phosphor legiertes Sintereisen wird im allgemeinen den Forderungen nach guten Festigkeitseigenschaften und hoher Verschleißfestigkeit gerecht. Zusammensetzung, Formgestaltung und Eigenschaften sind für die einzelnen Anwendungsfälle mit dem Hersteller abzustimmen. Mit Kupfer-Nickel-legiertem Sintereisen lassen sich Zugfestigkeiten bis 60 kp mm^{-2} bei guter Zähigkeit erreichen. Einen Überblick über die mittlere Zugfestigkeit und Bruchdehnung verschiedener Sinterstähle vermittelt Bild 2.14. Ein entsprechend niedriger Kohlenstoffgehalt dieser Werkstoffe gewährleistet auch eine gute spanende Bearbeitbarkeit.

Über den temporären Korrosionsschutz hinaus können Sintereisenteile

Tabelle 2.9.
Eigenschaften von unlegiertem Sintereisen SE 1 ($<$ 0,2% Kohlenstoff) und kupferlegiertem Sintereisen SE 2 (nach [13])

Werkstoff	Zugfestigkeit in kp mm⁻²	Biegefestigkeit in kp mm⁻²	Mindestdehnung in %	Dichte in g cm⁻³	Anwendungshinweis
SE 1-64	10...16	20	3	6,4 ± 0,3	für geringe mechanische Beanspruchung
SE 1-68	17...23	32	8	6,8 ± 0,3	für geringe bis mittlere Beanspruchung, gute Maßhaltigkeit
SE 1-71	23...30	40	12	7,1 ± 0,3	für mittlere mechanische Beanspruchung, gute Maßhaltigkeit, einsatzhärtbar
SE 2-64	18...24	34	2	6,4 ± 0,3	für mittlere mechanische Beanspruchung, gute Maßhaltigkeit, selbstschmierende Eigenschaften
SE 2-68	26...32	48	4	6,8 ± 0,3	für mittlere bis höhere mechanische Beanspruchung, gute Maßhaltigkeit
SE 2-71	33...40	60	6	7,1 ± 0,3	für hohe mechanische Beanspruchung, gute Dehnung, einsatzhärtbar, höhere Kernfestigkeit als SE 1-71

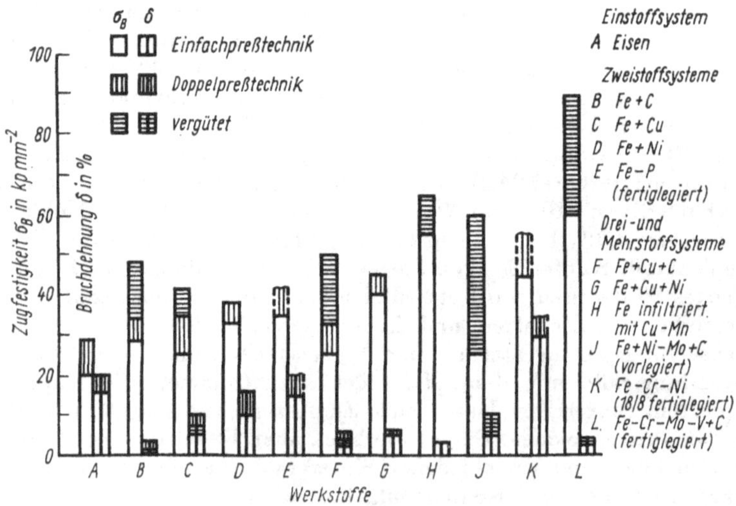

Bild 2.14. Mittlere Zugfestigkeit und Bruchdehnung verschiedener Sinterstähle (nach [15])

lackiert, brüniert, phosphatiert, sherardisiert, inchromiert und auch galvanisiert werden. Auf Grund ihrer typischen Porosität sollten Verfahren, die an flüssige Medien gebunden sind, nur bei Teilen mit einer relativ hohen Dichte ($\geqq$ 7,1 g cm^{-3}) zur Anwendung gelangen. Den besten Korrosionsschutz bietet den Sinterformteilen eine Schwarzoxydation mit überhitztem Wasserdampf und anschließender Ölimprägnierung. Das Schwarzoxydieren führt nicht nur infolge der Fe_3O_4-Bildung zu einer Verminderung des Porenvolumens sondern auch zu einer wesentlichen Härtesteigerung. Sie läßt auch eine nachträgliche galvanische Behandlung zu.

Bei der Gestaltung der Sinterformteile sind die Gesetzmäßigkeiten der Preß- und Sintertechnik zu berücksichtigen. Metallpulver besitzen nur sehr geringe Fließeigenschaften und werden deshalb nur in Preßrichtung verdichtet, wobei hohe spezifische Drücke notwendig sind.

Folgende Konstruktionsrichtlinien sind zu beachten:

Preßfläche maximal 20 bis 30 cm^2;
Höhe der Preßteile $<$ 50 mm;
Maßtoleranzen der Preßteile:
quer zur Preßrichtung liegende Maße IT 9 bis IT 6,
vom Preßstempel bestimmte Höhenmaße 0,2 $\pm$ 0,1 mm.

Nicht preßbar sind Unterschneidungen, Bohrungen quer zur Preßrichtung, Gewinde, Schnecken, Abrundungen an äußeren Kanten und zylindrische Körper, deren Längsachse quer zur Preßrichtung liegt. Wandstärken unter 2 mm sind zu vermeiden, ebenso das Schneiden von Fein- und Stellgewinde auf Sinterformteile. Bohrungen unter 2 mm Durchmesser sind nachträglich spanend zu fertigen.

Größe, Gestalt und Genauigkeit des Teiles sowie Werkstoffkennwerte, Oberflächenbehandlung und Stückzahl entscheiden über die Möglichkeit einer pulvermetallurgischen Fertigung und die Rentabilität des Verfahrens, wobei letztere entscheidend von der Stückzahl bestimmt wird. Eine wirtschaftliche Fertigung von Sinterformteilen für den wissenschaftlichen Gerätebau setzt mindestens Stückzahlen von 5000 bis 10000 Teilen voraus, da die anteiligen Werkzeugkosten verhältnismäßig hoch sind. In der Regel liegen jedoch die jährlichen Stückzahlen bei einer pulvermetallurgischen Fertigung wesentlich höher im Bereich von 20000 bis 100000.

2.1.3.2. Sintergleitlager

Sintergleitlager besitzen ein charakteristisches zusammenhängendes Netz an Poren, die in einem Tränkvorgang mit einem dem jeweiligen Verwendungszweck angepaßten, hochalterungsbeständigen Mineralöl gefüllt werden. Auf Grund ihres ölspeichernden Porenvolumens kann man in der Regel auf besondere Maßnahmen für Ölzufuhr und Ölumlauf verzichten. Sinterlager sind wegen ihres guten Anlaufvermögens, ihrer hervorragenden Notlaufeigenschaften, des sparsamen Ölverbrauches und der Geräuscharmut überall dort mit Vorteil einzusetzen, wo

das Lager für eine Schmierung nicht zugänglich ist bzw. mit einer regelmäßigen Wartung nicht gerechnet werden kann;
Pendel- und sehr langsame, die Ausbildung eines zusammenhängenden Ölfilmes nicht zulassende Gleitbewegungen vorliegen;
besondere Ansprüche hinsichtlich Geräuscharmut gestellt werden;
an senkrechten oder geneigten Lagerstellen Schmiermittelverluste zu erwarten sind.

Ihre Anwendung, die auf Grund ihres durch das Herstellungsverfahren bedingten relativ geringen Preises überall dort angestrebt werden sollte, wo Gleitgeschwindigkeit, Lagertemperatur und Belastung innerhalb der für Sintermetallager zugelassenen Werte liegen, ist lediglich durch die gegenüber Massivlagern geringe Festigkeit, die Empfindlichkeit gegen stoßartige Belastung und Kantenpressung eingeschränkt. Sie sind weiterhin nur wenig geeignet für größere Umfangsgeschwindigkeiten.

Tabelle 2.10.
Eigenschaften von Sintermetallagern (nach [13])

	Sintereisen	Sinterbronze
Dichte in g cm^{-3}	5,8	6,5
Porosität in Vol%	26	26
Ölgehalt in Masse%	3,0	3,0
Härte (HB 10/2,5) in kp mm^{-2}	40	40
Ringfestigkeit in kp mm^{-2}	>15	>15
Ausdehnungskoeffizient in grd^{-1}	$12 \cdot 10^{-6}$	$15 \cdot 10^{-6}$

Sintermetallager werden aus Sintereisen und Sinterbronze mit 1,5 Graphitzusatz gefertigt (Tabelle 2.10). Sinterbronzelager zeichnen sich durch hohe Korrosionsbeständigkeit und besonders geräuscharmen Lauf aus. Ölgetränkte Sintermetallager vertragen bei entsprechender Qualität des Öles Lagertemperaturen bis zu +100 °C. Das Hauptanwendungsgebiet umfaßt Gleitgeschwindigkeiten bis zu 2 m s^{-1} für Lager auf Sintereisenbasis und bis zu 3 m s^{-1} für Sinterbronzelager. Bei hoher Oberflächengüte der Welle, Zusatzschmierung und nicht allzu hoher Belastung sind Gleitgeschwindigkeiten bis zu 4 m s^{-1}, bei Kurzzeitbetrieb (<5 min) und sehr niedriger Belastung sogar Werte von etwa 6 bis 8 m s^{-1} möglich. Die Belastbarkeit der Sintermetallager ist von der Gleitgeschwindigkeit, aber auch von einer Reihe anderer Faktoren, wie Lagerqualität und Viskosität des Tränköles, abhängig. Für das Produkt aus Flächendruck und Gleitgeschwindigkeit sind Werte von 12 bis 18 kpm s^{-1} cm^{-2} erreichbar. Mit eigenem Ölvorrat können Standzeiten von 3000 bis 4000 Stunden, durch Anbringen einer Schmiermittelreserve von über 10000 Stunden erreicht werden. Die Reibungszahl ölgetränkter, selbstschmierender Sintermetalllager gegenüber feingeschliffenen Wellen liegt etwa zwischen 0,005 und 0,010 [13].

Sintermetallager werden hergestellt in Form von
Buchsen ohne Bund (Zylinderlager) nach TGL 6558,
Buchsen mit Bund (Bundlager) nach TGL 6560,
Kalottenlagern nach TGL 9613 und
Halbrohlingen.

Hinsichtlich des Einbaus, des Lagerspiels und der zusätzlichen spanenden Bearbeitung sind die Angaben des Herstellers zu berücksichtigen.

2.2. Aluminiumwerkstoffe

Die Aluminiumwerkstoffe haben in den letzten fünf Jahrzehnten rasch zunehmenden Eingang in den wissenschaftlichen Gerätebau gefunden und beanspruchen heute den gleichen Volumenanteil wie die Eisenwerkstoffe. Der notwendige Ersatz von Kupferwerkstoffen war dabei nur ein Grund für diese Expansion, die doch primär in der zunehmenden Nutzung der werkstoffspezifischen Eigenschaften der Aluminiumlegierungen, die im Laufe der Entwicklung durch die Fortschritte und Erkenntnisse auf den Gebieten der Legierungs-, Wärmebehandlungs- und Oberflächenbehandlungstechnik beträchtlich verbessert werden konnten, zu suchen ist. Die gute bis sehr gute Ur- und Umformbarkeit, die für viele Legierungen leichte Spanbarkeit mit hohen Schnittgeschwindigkeiten, die hohe Korrosionsbeständigkeit und die gute Leitfähigkeit bei niedriger Dichte und für viele Zwecke ausreichender Festigkeit lassen die Aluminiumwerkstoffe manchen Kostenvergleich zu ihren Gunsten entscheiden. Aluminium-Gußteile, nach den verschiedensten Gußverfahren hergestellt, haben in den Erzeugnissen des wissenschaftlichen Gerätebaus im gleichen Maße Eingang gefunden wie aus Halbzeugen gefertigte Teile. Eine Ausnahme bilden lediglich die dispersionsgehärteten $Al\text{-}Al_2O_3$-Werkstoffe (Sinteraluminium), die mit ihrer relativ hohen Warmfestigkeit auch nur entsprechenden Anwendungsgebieten vorbehalten sind.

Aluminium-Legierungen sind unabhängig von ihrer Zusammensetzung und Verarbeitung zuverlässige unmagnetische Werkstoffe, da Eisen in Aluminiumwerkstoffen im Gegensatz zu den Kupferwerkstoffen immer in Form einer paramagnetischen Phase, z. B. $FeAl_3$, vorliegt.

Der Einsatz von Aluminiumwerkstoffen wird im wissenschaftlichen Gerätebau lediglich durch den relativ niedrigen Elastizitätsmodul und den hohen thermischen Ausdehnungskoeffizienten begrenzt. Da die Aluminiumwerkstoffe bei tiefen Temperaturen keinen Sprödigkeitsbereich besitzen, eignen sie sich hervorragend für Bauteile, die tiefen Temperaturen ausgesetzt sind. Mit fallender Temperatur steigen Zugfestigkeit, Streckgrenze und auch Bruchdehnung.

2.2.1. Aluminiumknetwerkstoffe

Die Zusammensetzung der zu Halbzeugen verarbeiteten Werkstoffe ist in zwei Standards festgelegt:

TGL 14712 Reinstaluminium und Reinaluminium
TGL 14725 Aluminiumknetlegierungen

Die Aluminiumknetlegierungen kann man grundsätzlich in zwei Gruppen einteilen:

nicht aushärtbare, naturharte Legierungen auf Basis Al-Mg und Al-Mn; aushärtbare Legierungen auf Basis Al-Mg-Si, Al-Cu-(Mg) und Al-Zn-Mg-(Cu).

Während die Festigkeit der Werkstoffe der ersten Gruppe nur legierungstechnisch und durch Kaltumformung gesteigert werden kann, besteht bei der zweiten Gruppe noch die Möglichkeit, dies über eine spezielle Wärmebehandlung — das Aushärten — zu erreichen. Diese Wärmebehandlung beinhaltet ein Homogenisieren (Lösungsglühen) bei etwa 500 °C mit anschließendem Abschrecken und Auslagern, das entweder als Kaltauslagern bei Raumtemperatur oder als Warmauslagerung bei erhöhten Temperaturen um 160 °C ausgeführt wird. Die Härte- und Festigkeitssteigerung auf etwa den doppelten Wert des weichen Zustands ist beim Kaltauslagern nach einer Woche, beim Warmauslagern nach 8 bis 24 Stunden erreicht.

Die Festigkeitseigenschaften der Aluminiumhalbzeuge sind von den Abmessungen der Halbzeuge abhängig, da sowohl der Umformgrad als auch die Abschreckgeschwindigkeit beim Aushärten querschnittsabhängig sind. Die Abmessungsbereiche der einzelnen Festigkeitszustände enthalten die entsprechenden Standards:

TGL 14745 Bleche und Bänder
TGL 14746 Rohre
TGL 14747 Stangen und Drähte
TGL 14748 Strangpreßprofile
TGL 14749 Gesenkschmiedestücke
TGL 14761 Halbzeuge für die Elektrotechnik

Grundsätzlich ist bei der Wahl des Festigkeitszustandes zu beachten, daß jede Wärmebehandlung im Laufe des Fertigungsprozesses mit steigender Temperatur sowohl bei den kaltverfestigten als auch bei den ausgehärteten Halbzeugen zu einem Festigkeitsabfall führt. Dies gilt generell für alle Werkstoffe, nicht nur für Aluminiumwerkstoffe.

Eine Auswahl der für den wissenschaftlichen Gerätebau wichtigsten Aluminiumknetwerkstoffe und ihrer Festigkeitseigenschaften enthält Tabelle 2.11.

Tabelle 2.11.
Festigkeitseigenschaften von Stangen und Drähten aus Aluminium und Aluminiumlegierungen nach TGL 1474

Werkstoff	Festigkeitszustand	Fertigkeitseigenschaften Mindestzugfestigkeit in kp mm⁻²	Mindeststreckgrenze in kp mm⁻²	Mindestbruchdehnung in %	Härte HB 10 D²	E-Modul[1]) in kp mm⁻²
Al 99,5	zh	ohne vorgeschriebene Festigkeitswerte				6000...7000
	F7	7	–	23	20	
	F6	6	–	25	20	
	F10	10	–	7	30	
	F13	13	–	5	35	
	F17	17	–	3	–	
AlMg3	zh	ohne vorgeschriebene Festigkeitswerte				6800...7200
	F18p	18	8	15	45	
	F18w	18	8	16	45	
	F23	23	14	9	65	
	F26	26	18	4	75	
AlMg5	zh	ohne vorgeschriebene Festigkeitswerte				6700...7200
	F24p	24	10	14	55	
	F24w	24	10	16	55	
	F26	26	15	8	70	
	F30	30	20	4	90	
AlMg5(S)	zh	26	11	5	80	
	F26	26	11	12	65	
AlMg1Si1	zh	12	7	12	40	6800...7300
	p	12	7	14	40	
	F20	20	10	12	60	
	F28	28	20	10...12	80	
	F30	30	26	10	90	
	F32	32	26	8	95	
AlCu4Mg1	zh	27	15	10	65	6500...7350
	p	25	12	12	65	
	F38p	38	25	12	100	
	F38zh	38	25	7	100	
	F42p	42	28	14	110	
	F42zh	42	28	7	110	

[1]) In der TGL nicht enthalten; Richtwerte und [16].

2.2.1.1. Rein- und Reinstaluminium

Aluminium ist ein relativ weiches Metall mit ausgezeichneter Plastizität, guter thermischer und elektrischer Leitfähigkeit sowie hoher Korrosionsbeständigkeit. Während die Festigkeit durch Verunreinigungen bzw.

Legierungszusätze im technisch spürbaren Maß erst durch relativ hohe Gehalte erhöht wird, verursachen die Elemente Mangan, Eisen, Chrom, Vanadium, Silizium, Magnesium, Kupfer und Zink bereits bei geringen Gehalten, sobald diese Elemente im Mischkristall gelöst sind, eine empfindliche Erniedrigung der elektrischen Leitfähigkeit. Die hohe Korrosionsbeständigkeit des Aluminiums beruht auf der sich in Gegenwart von Luftsauerstoff und anderer oxydierender Medien ausbildenden sehr dünnen, aber festhaftenden und wasserunlöslichen Oxidhaut, die das Aluminium vor weiterem Angriff schützt. Durch chemische und elektrochemische Verfahren (Eloxieren) kann die natürliche Oxidschicht beträchtlich verstärkt werden. Auf Reinstaluminium entstehen glasklare Schichten.

Rein- und Reinstaluminium wird dort eingesetzt, wo die gute Leitfähigkeit und hohe Korrosionsbeständigkeit, eine leichte Umformbarkeit und gute Polierbarkeit (vor allem elektrolytisch) sowie dekorative Eloxalschichten benötigt werden. Spanlos umgeformte, elektrolytisch polierte und kurz eloxierte Reflektoren sind ein typisches Anwendungsbeispiel. Die Spanbarkeit dieser Werkstoffe ist auf Grund ihrer niedrigen Härte schlecht.

2.2.1.2. Aluminium-Magnesium-Legierungen

Die Aluminium-Magnesium-Legierungen sind die wichtigsten nicht aushärtbaren naturharten Knetlegierungen mit Magnesiumgehalten bis zu 7%. Sie finden im wissenschaftlichen Gerätebau bevorzugt Anwendung.

Mit zunehmendem Magnesiumgehalt werden Festigkeit und Spanbarkeit verbessert, während die Kalt- und Warmumformbarkeit beträchtlich abnehmen. Aus letztgenanntem Grund wurde in der DDR die Herstellung von Halbzeugen aus der Legierung AlMg 7 eingestellt. Besitzt AlMg 3 im Vergleich zu Al 99,5 bereits ein vermindertes Umformungsvermögen, so eignet sich die Legierung AlMg 5 schon nicht mehr zum Kaltumformen. Ihre Warmumformbarkeit ist begrenzt und chargenabhängig. Erfahrungsgemäß lassen sich nur AlMg 5-Legierungen mit $<4{,}5\%$ Magnesium und $>0{,}2\%$ Silizium, d. h. mit einem freien nicht an Mg_2Si gebunden im Mischkristall gelösten Magnesiumgehalt von $<4{,}2\%$, noch gut warmumformen. Die Spanbarkeit der Aluminium-Magnesium-Legierungen ist erst ab 4 bis 5% Magnesium befriedigend.

Die Aluminium-Magnesium-Legierungen besitzen eine hohe Korrosionsbeständigkeit, die durch Manganzusätze noch etwas verbessert wird. Sie gelten gegen Meerwasser als besser korrosionsbeständig als Reinaluminium. Die magnesiumreichen Legierungen sind jedoch gegen interkristalline Korrosion anfällig, sobald aus dem übersättigten Mischkristall die β-Phase in zusammenhängender Form an den Korngrenzen ausgeschieden wird. Deshalb dürfen Aluminium-Magnesium-Legierungen im Temperaturgebiet zwischen 80 und 250 °C, in dem die eben beschriebene Heterogenisierung erfolgt, nicht geglüht werden. Ist dies nicht zu vermeiden, so ist zuvor eine spezielle Heterogenisierung knapp unterhalb der Entmischungslinie vorzunehmen, die eine zusammenhängende Korngrenzenausscheidung der β-Phase bei einer späteren Wärmebehandlung im gefährdeten Temperaturbereich unterbindet.

Die Aluminium-Magnesium-Legierungen lassen sich sehr gut eloxieren. Es entstehen hellgraue Schichten, die nicht nur die Korrosionsbeständigkeit verbessern, sondern auch hohen dekorativen Ansprüchen genügen.

Der wissenschaftliche Gerätebau nutzt vorwiegend die Legierungen AlMg3, AlMg5, AlMg5 (S) und AlMg7. AlMg3 dient bevorzugt für spanlos zu fertigende Teile, an die keine allzu hohen Festigkeitsforderungen gestellt werden. Mechanisch höher beanspruchte Teile werden aus der Legierung AlMg5 gefertigt, die zum großen Teil zu Gesenkschmiedeteilen warm umgeformt werden. Die Legierungen AlMg5 (S) und AlMg7 sind ausschließlich spanend zu fertigenden Teilen vorbehalten. AlMg5 (S) wurde speziell für die feinmechanisch-optische Industrie entwickelt. Im Vergleich zu AlMg5 besitzt diese Legierung einen enger begrenzten im Durchschnitt höheren Magnesiumgehalt und einen der Kornfeinung dienenden Titanzusatz. Grobkörnige Halbzeuge machen sich nämlich an feinstbearbeiteten Oberflächen durch die mit bloßem Auge sichtbar werdende Kornstruktur dekorativ unangenehm bemerkbar. Zum Warmumformen ist AlMg5 (S) nicht geeignet.

2.2.1.3. Aluminium-Magnesium-Silizium-Legierungen

Die beiden handelsüblichen Legierungen dieses Types AlMgSi0,5 und AlMg1Si1 sind kalt- und warmaushärtbar. Die Aushärtbarkeit beruht bei diesen Legierungen auf der im quasibinären System Al-Mg_2Si fallenden Löslichkeit des α-Mischkristalles für Mg_2Si. In der Praxis wird das Warmaushärten bevorzugt, da es die höhere Festigkeit liefert und die kürzere Zeit in Anspruch nimmt, ohne daß eine erhöhte Korrosionsanfälligkeit wie bei den Aluminium-Kupfer-Legierungen zu befürchten ist.

Die Legierungen AlMg1Si1 und vor allem AlMgSi0,5 lassen sich sehr gut warm- und im weichen Zustand auch kaltumformen. Im ausgehärteten Zustand ist die Kaltumformbarkeit begrenzt. Deshalb sind Kaltumformarbeitsgänge am vorteilhaftesten nach dem Abschrecken von der Lösungsglühtemperatur im noch weichen Zustand durchzuführen. Eine spanende Bearbeitung ist dagegen im weichen Zustand zu vermeiden. Dafür eignen sich nur die warmausgehärteten Legierungen, die beim Spanen keine Schwierigkeiten bereiten. Durch Zusatz von Blei oder anderer spanbrechender Elemente kann die Spanbarkeit verbessert werden. Auf dieser Basis wurden die Automatenlegierungen AlMgSiPb (und AlCuMgPb) entwickelt. Der Bleizusatz beeinträchtigt jedoch die Korrosionsbeständigkeit und die dekorative Eloxierbarkeit.

Die Aluminium-Magnesium-Silizium-Legierungen zeigen im allgemeinen eine hohe Korrosionsbeständigkeit. Gegen Meerwasser und -atmosphäre sind sie jedoch etwas weniger beständig als die Aluminium-Magnesium-Legierungen. Beide Legierungen sind dekorativ eloxierbar, mit zunehmendem Siliziumgehalt der Legierung nehmen jedoch die Schichten einen leichten Grauton an.

Aluminium-Magnesium-Silizium-Legierungen werden vorwiegend für kalt oder warm umzuformende Teile mit mittleren Festigkeitsansprüchen, die durch Aushärten erfüllt werden, eingesetzt. Die Festigkeit der ausgehärteten Legierung AlMg1Si1 übersteigt dabei die der Legierung AlMg5.

2.2.1.4. Aluminium-Kupfer-Magnesium-Legierungen

Legierungen dieses Types sind kalt- und warmaushärtbar, wobei der warmausgehärtete Zustand korrosionsempfindlicher als der kaltausgehärtete ist. Diese Legierungen besitzen im Vergleich zu den bisher beschriebenen die höchste Festigkeit, die nur noch von Legierungen des Types AlZnMgCu übertroffen wird. Auf Grund ihres Kupfergehaltes sind sie aber korrosionsempfindlich und werden daher häufig durch Plattierung mit Reinaluminium geschützt. Ihre Korrosionsbeständigkeit kann auch durch Eloxalschichten, die keinen dekorativen Ansprüchen genügen, nicht wesentlich verbessert werden. Im weichen Zustand (bei etwa 300 °C weichgeglüht oder bis zu zwei Stunden nach dem Lösungsglühen) sind die Legierungen AlCuMg1 und AlCuMg2 gut kaltumformbar. Die Spanbarkeit im ausgehärteten Zustand ist gut.

AlCuMg1 kommt im wissenschaftlichen Gerätebau nur für solche Bauteile in Betracht, die aus Festigkeitsgründen nicht aus Aluminium-Magnesium- oder Aluminium-Magnesium-Silizium-Legierungen gefertigt werden können. Außerdem dürfen keine Forderungen hinsichtlich chemischer und Witterungsbeständigkeit bestehen. Im anderen Fall ist ein zusätzlicher Oberflächenschutz erforderlich.

2.2.2. Aluminiumgußwerkstoffe

Die Aluminiumgußlegierungen, ihre Zusammensetzung und Eigenschaften sind in TGL 6556 standardisiert. Heute werden fast ausschließlich Aluminium-Silizium-Legierungen mit Zusätzen an Magnesium, Kupfer und anderen Elementen sowie im geringen Umfang Aluminium-Magnesium-Legierungen vergossen. Durch Aushärten kann die Festigkeit vieler Legierungen beträchtlich gesteigert werden. Einen Überblick über die im wissenschaftlichen Gerätebau bevorzugt eingesetzten Legierungen und ihre Festigkeitseigenschaften vermittelt Tabelle 2.12.

Aluminiumlegierungen werden als Sand-, Kokillen- und Druckguß sowie nach abgewandelten Verfahrensvarianten (z. B. Niederdruckkokillenguß, Flüssigpressen) vergossen. Die Wahl des Gießverfahrens richtet sich nach der Größe und Gestalt des Gußteiles, nach der Stückzahl sowie nach den gewünschten Eigenschaften. Letztere sind wiederum vom Gießverfahren

Tabelle 2.12.
Festigkeitseigenschaften einiger Aluminiumgußlegierungen (nach TGL 6556)

Werkstoff	Zustand	Festigkeitseigenschaften				E-Modul
		Mindestzugfestigkeit in kp mm⁻²	Mindeststreckgrenze in kp mm⁻²	Mindestbruchdehnung in %	Härte HB 10/1000	in kp mm⁻²
G-AlMg5Si1	unbehandelt	15	8,5	2	≧55	7000
GD-AlMg9Si	unbehandelt	20	12	1,5	≧55	6500
G-AlSi7Cu1	unbehandelt	16	10	1	≧65	
	LK	19	15	1	≧80	7500
	LW	22	18	0,5	90...120	
	W	18	16	0,3	≧80	
G-AlSi10Mg	unbehandelt	15	9	2	≧55	
G-AlSi10Mg	LW	22	18	1,0	80...110	
GK-AlSi10Mg	unbehandelt	18	10	2,0	≧65	7500
	LW	24	20	1,2	85...115	
GD-AlSi10Mg	unbehandelt	21	12	1,5	≧70	

G – Sandguß
GK – Kokillenguß
GD – Druckguß

LK – lösungsgeglüht und kaltausgelagert
LW – lösungsgeglüht und warmausgelagert
W – warmausgelagert

und vom Werkstoff abhängig. Diese Zusammenhänge erfordern zur optimalen Wahl von Form und Werkstoff des Gußteiles eine enge Zusammenarbeit zwischen Konstrukteur, Gußtechnologen und Werkstoffachmann.

Die Wahl der Legierungen konzentriert sich im wissenschaftlichen Gerätebau meist auf einen Kompromiß zwischen Gießbarkeit und Korrosionsbeständigkeit. Die Festigkeit als Kriterium kommt nur bei einem gewissen Teil des Sortimentes in Frage, ebenso das Kriterium Spanbarkeit.

Leider steht die Korrosionsbeständigkeit der Aluminium-Gußlegierungen fast immer im Widerspruch zu ihrer Gießbarkeit. Während die Aluminium-Silizium-Legierungen eine gute bis sehr gute, in der Nähe der eutektischen Zusammensetzung sogar eine ausgezeichnete Gießbarkeit besitzen, ist die der Aluminium-Magnesium-Legierungen deutlich schlechter. Die Aluminium-Magnesium-Legierungen sind dagegen ausgezeichnet korrosionsbeständig gegen Witterungseinflüsse und Meerwasser. Ist die Korrosionsbeständigkeit der kupferfreien Aluminium-Silizium-Legierungen noch als gut bis sehr gut zu bezeichnen, so sind die kupferhaltigen Legierungen nur noch bedingt korrosionsbeständig und gegenüber Meerwasser bzw. entsprechenden Atmosphären nicht mehr einzusetzen. Für Teile, die extremen klimatischen Einflüssen und aggressiven Labor- und Industrieatmosphären ausgesetzt sind oder direkt mit korrodierenden Medien in Berührung kommen, muß deshalb die beschränkte Gießbarkeit in Kauf genommen und auf eine Aluminium-Magnesium-Legierung zurückgegriffen werden.

In den meisten Fällen kann und soll aber die sehr gut gießbare Legierung AlSi10Mg vergossen werden. Kupferhaltige Legierungen sollten nur für untergeordnete Teile und solche, die keiner Korrosionsbeanspruchung ausgesetzt sind, zur Anwendung gelangen.

Das Eloxieren, das zwar bei den Aluminium-Magnesium- und kupferfreien Aluminium-Silizium-Legierungen eine geringfügige Steigerung der Korrosionsbeständigkeit bewirken kann, ist aber bei Sandguß in der Regel nicht zu empfehlen und bei bearbeiteten Druckgußteilen abzulehnen. Diese negative Haltung ist in dem Vorhandensein von Poren und Lunkern in den Gußteilen begründet. Diese füllen sich mit Beiz- und Eloxalbädern, die auf Grund der Kapillarwirkung dieser Fehlstellen durch Spülen nicht wieder restlos zu entfernen sind. Die zurückbleibenden Elektrolytreste führen nach relativ kurzer Zeit zu einer rasch fortschreitenden Korrosion, die selbst unter Lackschichten schnell einsetzt und zum Aufblähen und späteren Abplatzen derselben führt. Auch ein Trocknen der eloxierten Gußteile bei erhöhten Temperaturen hilft nicht, da durch diesen Vorgang dem Elektrolyt lediglich das Wasser entzogen wird. Der Korrosionsherd selbst bleibt aber erhalten, da die hygroskopischen Salzreste sobald als möglich durch die Lackschicht diffundiertes Wasser wieder aufnehmen. Als Lackhaftgrund für Aluminium-Gußteile sollte deshalb bevorzugt Primer verwendet werden.

Die Spanbarkeit der Aluminium-Magnesium-Legierungen ist gut, die der Aluminium-Silizium-Legierungen fällt mit zunehmendem Siliziumgehalt. Außerordentlich nachteilig wirken sich nichtmetallische Einschlüsse, die meist auf unsachgemäßes oder unsauberes Schmelzen und Gießen zurückzuführen sind, auf die Standzeit der Werkzeuge aus.

2.2.3. Aluminiumsinterwerkstoffe

Aluminiumsinterwerkstoffe — unter dem Namen SAP bekannt — haben bisher nur begrenzte Anwendung gefunden. Das Interesse richtet sich vor allem auf ihre relativ hohe Warmfestigkeit bei niedriger Dichte. Die Herstellung von Sinteraluminiumfertigteilen und -halbzeugen ist nur durch Kaltpressen und anschließendes Verdichten auf einen porenfreien Werkstoff durch Strangpressen oder Gesenkschmieden in der Wärme möglich. Ein bei anderen Werkstoffen übliches Pressen und Sintern scheitert an dem jedes Aluminiumteilchen umgebenden Oxidüberzug, der die Verbindung der Pulverteilchen beim Sintern verhindert. Der dem Sinteraluminium typische Al_2O_3-Gehalt, der auch bei höheren Temperaturen in der Aluminiummatrix unlöslich ist, bewirkt eine Dispersionshärtung und ist für die relativ hohe Warmfestigkeit verantwortlich.

2.3. Magnesiumwerkstoffe

Mit seiner Dichte von 1,74 g cm^{-3} gilt Magnesium als das leichteste Konstruktionsmetall. Die Festigkeit des reinen Metalls ist relativ niedrig, so daß Magnesium für konstruktive Zwecke ausschließlich in Form seiner Legierungen eingesetzt wird. Als Hauptlegierungselemente kommen Aluminium, Zink und Mangan in Betracht, von denen die beiden erstgenannten die Festigkeitswerte und Mangan die Korrosionsbeständigkeit verbessern. Verunreinigungen, wie Silizium, Kupfer und Eisen, verschlechtern das Korrosionsverhalten. Die Magnesiumknetlegierungen sind in TGL 14729 (Zusammensetzung) und TGL 14730 (Festigkeitseigenschaften) standardisiert. Für Magnesiumgußlegierungen gilt die TGL 20810.

Nur 40% des erzeugten Magnesiums werden zu Konstruktionswerkstoffen verarbeitet, davon etwa 80% zu Druckgußlegierungen. Dabei erfordert die starke Oxydationsneigung des Magnesiums Sondermaßnahmen beim Schmelzen und Gießen, wie die Anwendung von Schutzgas, Abdeck- und Reinigungssalzen. Die beschränkte Kaltumformbarkeit des hexagonal kristallisierenden Magnesiums erschwert die deshalb nur geringe Halbzeugproduktion. Strangpreßerzeugnisse und Gesenkschmiedeteile lassen sich dagegen durch Warmumformen relativ leicht herstellen.

Im Vergleich zu Aluminiumdruckgußwerkstoffen zeichnet sich die Verarbeitung von Magnesiumlegierungen durch einen geringeren Energieverbrauch, eine schnellere Gießfolge und eine höhere Lebensdauer der Druckgußwerkzeuge aus. Auch das Festigkeit-Masse-Verhältnis ist günstiger als bei den Aluminiumwerkstoffen. Die Festigkeitseigenschaften üblicher Magnesiumdruckgußlegierungen enthält Tabelle 2.13. Eine Verbesserung der

Tabelle 2.13.
Festigkeitseigenschaften von unbehandelten Magnesiumdruckgußlegierungen nach TGL (208 10)

Sorte	0,2-Dehngrenze in kp mm^{-2} mindestens	Zugfestigkeit in kp mm^{-2} mindestens	Bruchdehnung in % mindestens	Brinellhärte HB 10/1000 mindestens	Biegewechselfestigkeit $\sigma_{bw}(25\cdot 10^6)$ in kp mm^{-2}
GD-MgAl8Zn1	14	20	1	60	5,5
GD-MgAl9Zn1	15	22	0,5	65	4,5
GD-MgAl9Zn2	14	20	0,5	60	4,5

Festigkeitseigenschaften von Sand- und Kokillengußteilen aus aluminium- und zinkhaltigen Magnesiumlegierungen ist durch Homogenisieren bzw. Lösungsglühen und Warmaushärten zu erreichen. Durch Zusatz bestimmter Elemente, wie Zirkonium, Cer-Mischmetall und Thorium bzw. Lithium, wurden eine Reihe von Sonderlegierungen entwickelt, die eine bessere Verformbarkeit und höhere Zeitstandfestigkeit als das reine Magnesium und die Magnesium-Aluminium-Zink-Legierungen oder eine extrem niedrige Dichte um 1,4 g cm^{-3} aufweisen. Neben ihrer guten Gießbarkeit lassen sich Magnesiumlegierungen auch ausgezeichnet mit sehr hohen Schnittgeschwindigkeiten und geringem Werkzeugverschleiß zerspanen

(Bild 2.15), wobei allerdings die leichte Brennbarkeit von Magnesium in Pulver- und Späneform zu beachten ist. Als Nachteile des Magnesiums und seiner Legierungen sind der relativ niedrige Elastizitätsmodul von 4600 kp mm^{-2}, der relativ hohe thermische Ausdehnungskoeffizient von $27 \cdot 10^{-6}$ grd^{-1} und die unbefriedigende Korrosionsbeständigkeit zu erwähnen. An der Atmosphäre bildet sich auf Magnesium ein hydratisierter

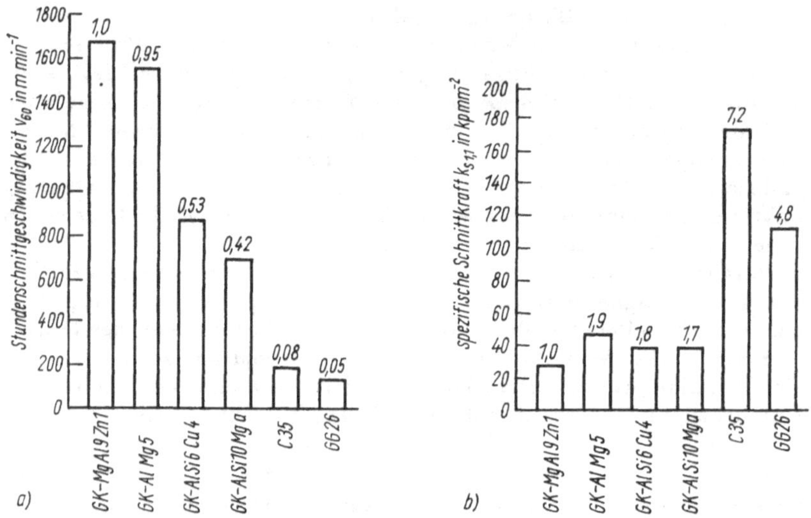

Bild 2.15. Stundenschnittgeschwindigkeit und spezifische Schnittkraft von GK-MgAl9Zn1 im Vergleich zu einigen anderen Werkstoffen (nach [17])

karbonathaltiger Oxidfilm, der jedoch keine der Oxidschicht beim Aluminium vergleichbare korrosionsschützende Wirkung besitzt. In verdünnten Säuren, in Salzlösungen und in Seewasser werden Magnesiumwerkstoffe rasch angegriffen, während sie gegen alkalische Medien relativ beständig sind. Eine Erhöhung der Korrosionsbeständigkeit von Magnesiumteilen wird durch eine chemische Abscheidung von Chromatschichten erzielt.

Trotz höherer Kosten für den Abbrand und den Oberflächenschutz der Teile ist der Einsatz von Magnesiumwerkstoffen für Druckgußteile wegen der guten Gießbarkeit und Spanbarkeit oft wirtschaftlicher als der anderer Werkstoffe. Der niedrige Elastizitätsmodul muß durch konstruktive Maßnahmen, wie eine geschickte Verrippung bzw. die Aufgliederung großer Flächen, kompensiert werden. Besonders dünnwandige und/oder kompliziert gestaltete Druckgußteile, z. B. Gehäuse für Kameras, Schreibmaschinen, Feldstecher und Projektoren, bieten sich für eine Ausführung in Magnesiumwerkstoffen an.

2.4. Berylliumwerkstoffe

Beryllium ist mit einer Schmelztemperatur von 1284 °C und einer Dichte von 1,85 g cm^{-3} ein hochschmelzendes Leichtmetall. Es zeichnet sich durch einen hohen Elastizitätsmodul von etwa 31000 kp mm^{-2}, eine hohe spezifische Wärme und eine hohe Wärmeleitfähigkeit sowie eine gute Wechselfestigkeit (28 kp mm^{-2} bei 10^8 Lastspielen) bei keiner besonders ausgeprägten Zugfestigkeit (50 kp mm^{-2} in Längsrichtung) aus. Der thermische Ausdehnungskoeffizient von $11{,}6 \cdot 10^{-6}$ grd^{-1} läßt eine spannungsfreie Ver-

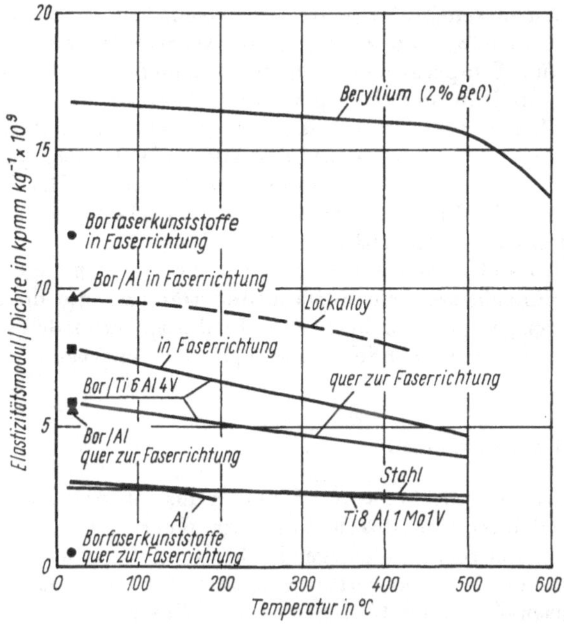

Bild 2.16. Massebezogener Elastizitätsmodul von Beryllium und anderen Werkstoffen in Abhängigkeit von der Temperatur (nach [18]). Lockalloy ist eine Berylliumlegierung mit 38% Aluminium

bindung mit Stählen und Titanlegierungen in Konstruktionen zu. Außerdem weist Beryllium ausgezeichnete kernphysikalische Eigenschaften (geringe Neutronenabsorption und gute Moderationsfähigkeit für schnelle Neutronen) und unter anderem ein bemerkenswert hohes Reflektionsvermögen im Infrarot-Bereich auf.

Trotz der sich sehr nachteilig bemerkbar machenden Verformungsanisotropie des hexagonal kristallisierenden Berylliums ist es gelungen, Stäbe, Bleche, Folien und Strangpreßteile herzustellen, deren Dehnungswerte etwa 2 bis 3% für texturfreies und etwa 5 bis 12 %für texturbehaftetes Metall in der Längsrichtung sowie 0,5 bis 1% in der Dickenrichtung betragen [18]. Der entscheidende Vorteil des Berylliums gegenüber vielen anderen Werkstoffen beruht jedoch vor allem auf einigen seiner hervorragenden Eigenschaftskombinationen, von denen insbesondere der massebezogene Elastizitätsmodul zu nennen ist. In dieser Hinsicht ist es nicht nur den konventionellen Werkstoffen, sondern auch modernen Verbundwerkstoffen überlegen (Bild 2.16).

Beryllium findet Anwendung für extrem steife Leichtbauteile, für dimensionsstabile Teile von vor allem nicht erdgebundenen Präzisionsgeräten, für Wärmesenken (z. B. Raketennasen, Hitzeschilder), als Unterlage für Teile, in denen kurzzeitig große Wärmemengen entstehen oder ein relativ hoher Temperaturgradient über längere Zeit aufrecht erhalten werden muß, und in der Röntgen- und Gammastrahlentechnik. Fast ideale Eigenschaften bietet Beryllium für Spiegel in der Infrarotoptik, die zur Verkleinerung der Eigenstrahlung auf tiefe Temperaturen gekühlt werden. Da der thermische Ausdehnungskoeffizient des Berylliums unterhalb 40 °K gleich Null ist, können durch thermische Schwankungen keine Formänderungen auftreten [18].

Der hohe Preis des Berylliums und weniger seine giftige Wirkung in Form von Lösungen, trockenem Staub und Dämpfen auf die menschliche Lunge, die durch geeignete Sicherheitsmaßnahmen vermieden werden kann, steht einem größeren Anwendungsumfang jedoch entgegen.

2.5. Titanwerkstoffe

Titan ist mit einer Dichte von 4,5 g cm^{-3} das schwerste unserer Leichtmetalle. Es zeichnet sich durch eine gute Korrosionsbeständigkeit und hohe Festigkeit bei relativ niedriger Dichte aus. Bei höherer Temperatur, vor allem aber im flüssigen Zustand, besitzt das Titan aber die unangenehme Eigenschaft, Sauerstoff, Stickstoff, Wasserstoff und Kohlenstoff leicht aufzunehmen, die im Mischkristall gelöst mit steigender Konzentration zu einer empfindlichen Versprödung des Werkstoffes führen. Das Schmelzen von Titan erfolgt deshalb unter Vakuum oder Edelgas.

Die Kaltverformbarkeit des hexagonalen α-Titans ist besser als die der ebenfalls hexagonal kristallisierenden Metalle Magnesium, Zink und Cadmium. Titan wird heute in allen Halbzeugformen angeboten. Die beim Kaltverformen auftretende Verfestigung kann durch ein Weichglühen in normaler Atmosphäre bis zu 700 °C wieder abgebaut werden. Bei höheren Temperaturen muß im Vakuum oder unter Edelgas geglüht werden. Die Warmumformbarkeit ist, abgesehen von der großen Affinität zu Sauerstoff, Stickstoff, Wasserstoff und Kohlenstoff, gut. Bei der spanenden Bearbeitung wirken sich geringe Schnittgeschwindigkeiten und gute Kühlung günstig auf die Standzeit der Werkzeuge aus. Beim Schweißen ist darauf zu achten, daß die Aufnahme der versprödend wirkenden Elemente aus der Atmosphäre verhindert wird. Als günstig haben sich das Argonarc-, das Punkt- und das Rollnahtschweißverfahren erwiesen.

Titan findet sowohl als Reintitan als auch in Form von Titanlegierungen Anwendung. In TGL 25421 sind zwei im Elektronenstrahlmehrkammerofen erschmolzene Reintitanmarken EMO-Ti110 und EMO-Ti140 standardisiert. Tabelle 2.14 gibt ihre mechanisch-technologischen Eigenschaften

Tabelle 2.14.
Mechanisch-technologische Eigenschaften von Reintitan im rekristallisierend geglühten Zustand bis 100 mm Nennmaß (nach TGL 25421)

Sorte	Mindest-titangehalt in %	Brinell-härte HB	0,2-Dehn-grenze in kp mm^{-2}	Zugfestig-keit in kp mm^{-2}	Bruch-dehnung $L_0 = 5d_0$ in %	Bruchein-schnürung in %	Kerbschlag-zähigkeit in kp mm^{-2}
EMO-Ti 110	99,7	90...140	≧20	30...42	30	≧55	15
EMO-Ti 140	99,5	130...180	≧30	40...55	22	≧45	8

wieder. Durch Zusatz von Legierungselementen wird eine beträchtliche Erhöhung der Festigkeitseigenschaften der Titanwerkstoffe erzielt. Titanlegierungen erreichen Zugfestigkeiten von 130 kp mm^{-2} und Streckgrenzen von 110 kp mm^{-2}. Als Legierungselemente dienen vor allem Aluminim, Vanadin, Chrom, Zinn, Molybdän und Kobalt. Durch die Legierungszusätze tritt entweder eine Stabilisierung der α-Phase oder der β-Phase ein, denn die allotrope Gitterumwandlung des Titans bei 882 °C von der hexagonalen α- in die kubisch raumzentrierte β-Phase wird durch Legierungszusätze zu höheren oder tieferen Temperaturen verschoben. Je nach Gittertyp bei Raumtemperatur unterscheidet man zwischen α- (z. B. TiAl5Sn2,5), β-(z. B. TiV13Cr11Al3) und $(\alpha + \beta)$-Legierungen (z. B. TiAl6V4).

Reines Titan wird wegen seiner ausgezeichneten Korrosionsbeständigkeit gegenüber oxydierend wirkenden Medien, die auf der Ausbildung einer bei Beschädigung schnell selbstausheilenden passivierenden Schutzschicht an der Oberfläche zurückzuführen ist, vor allem im Chemieanlagenbau und in der Galvanotechnik verwendet. In reduzierend wirkenden Medien, die die oxydische Deckschicht lösen, weist Titan dagegen nur eine unbefriedigende Beständigkeit auf. Besonders aggressiv wirken Flußsäure und fluorionenhaltige Lösungen sowie Salz-, Schwefel- und Phoshporsäure, die besonders bei höheren Konzentrationen und Temperaturen angreifen.

Titanlegierungen, die zum überwiegenden Teil in der Luft- und Raumfahrt Anwendung finden, weisen im Vergleich zum reinen Metall eine gesteigerte Festigkeit und Zeitstandfestigkeit bei höheren Temperaturen auf. In Verbindung mit ihrer niedrigen Dichte eignen sie sich besonders für schnell zu beschleunigende Teile und solche mit hoher Drehgeschwindigkeit. Nicht befriedigend ist das Gleitverhalten der Titanwerkstoffe. Beachtliche

Bedeutung scheint Titan in der Zukunft für supraleitfähige Werkstoffe, wie z. B. Niob-Titan- und Nickel-Titan-Legierungen, zu erlangen [19].

Im wissenschaftlichen Gerätebau bieten sich Titanwerkstoffe vor allem wegen ihrer relativ niedrigen Dichte und hohen Korrosionsbeständigkeit, aber auch auf Grund eines linearen thermischen Ausdehnungskoeffizienten von etwa $8{,}5 \cdot 10^{-6}$ grd^{-1}, der im Bereich der Ausdehnungskoeffizienten optischer Gläser liegt, für viele Teile an. Vorteilhaft hat sich auch das unmagnetische Verhalten des Titans erwiesen. Einer umfangreichen Verwendung stehen jedoch die hohen Herstellungs- und Verarbeitungskosten im Wege.

2.6. Kupferwerkstoffe

Kupferwerkstoffe, besonders die Messing- und Neusilberlegierungen, haben die Herstellung feinmechanisch-optischer Geräte von den Anfängen der handwerklichen Fertigung bis in die industrielle Fertigung unseres Jahrhunderts hinein bestimmt. Trotz zunehmender Ablösung durch andere Werkstoffe, vor allem durch Aluminiumwerkstoffe, kann der moderne wissenschaftliche Gerätebau auf den Einsatz von Kupferwerkstoff nicht verzichten. Sie werden aber aus materialökonomischen Gründen nur noch dort verwendet, wo sie auf Grund ihrer Eigenschaften durch keinen anderen Werkstoff wirtschaftlich zu ersetzen sind.

2.6.1. Kupferknetwerkstoffe

Die wichtigsten zu Halbzeugen verformten Werkstoffe stammen aus folgenden Legierungsgattungen:

reines Kupfer	nach TGL 14708,
Kupfer-Zink (Messing)	nach TGL 0-17660,
(Sondermessing)	nach TGL 0-17661,
Kupfer-Zinn (Zinnbronze, Mehrstoff-Zinnbronze)	nach TGL 0-17662,
Kupfer-Nickel-Zink (Neusilber)	nach TGL 0-17663,
Kupfer-Nickel	nach TGL 0-17664,
Kupfer-Aluminium (Aluminiumbronze, Mehrstoff-Aluminiumbronze)	nach TGL 0-17665.

Einen Überblick über die Festigkeitseigenschaften der im wissenschaftlichen Gerätebau bevorzugt angewandten Werkstoffe vermittelt Tabelle 2.15.

Bei der Wahl des Festigkeitszustandes ist der Zusammenhang zwischen Abmessung und erreichbarer Festigkeit zu berücksichtigen, da die Kupferwerkstoffe mit Ausnahme der aushärtbaren Legierungen (Kupfer-Beryllium, Kupfer-Nickel-Silizium, Kupfer-Zirkonium, Kupfer-Chrom) nur über eine Kaltverformung verfestigt werden können. Deshalb sind die Werk-

Tabelle 2.15.
Festigkeitseigenschaften von Stangen und Drähten aus Kupfer und Kupferlegierungen nach TGL 0-17672

Werkstoff	Festigkeitszustand	Festigkeitseigenschaften Mindestzugfestigkeit in kp mm^{-2}	Streckgrenze in kp mm^{-2}	Mindestbruchdehnung in %	Härte HB 10D^2	E-Modul in kp mm^{-2}
	p	19	–	30	–	
	zh	24	–	8	–	
DR-Cu 99,7	F20	20	≦10	36	50	11000
SE-Cu 99,95	F25	25	≧15	12	75	
R-Cu 99,7	F30	30	≧25	5	95	
E-Cu 99,9	F37	37	≧33	4	105	
	p	37	–	12	–	
	zh	40	–	8	–	
CuZn40Pb2	F37	37	≦25	25	90	
	F44	44	≧25	15	115	10500
	F51	51	≦40	8	140	
	p	34	–	15	–	
	zh	38	–	11	–	
CuZn40	F34	34	≦22	32	80	9500
	F41	34	≧22	20	100	
CuZn39Pb	F48	48	≧36	11	130	
	p	30	–	20	–	
	zh	36	–	12	–	
	F30	30	≦20	46	70	
CuZn37	F38	38	≧20	26	100	11000
	F45	45	≧35	12	130	
	F55	55	≧46	8	145	
	p	42	–	12	–	
	zh	48	–	10	–	
CuZn40Al2Fe1	F60	60	≧28	10	150	
	F65	65	≧30	6	160	10500
	p	ohne vorgeschriebene Festigkeitswerte				
	F36	36	≦28	52	80	
CuSn6	F41	41	≧20	26	105	11500
	F48	48	≧32	16	130	
	F56	56	≧48	8	155	
	p, zh	ohne vorgeschriebene Festigkeitswerte				
	F60	60	≧25	12	150	
CuAl10Fe3Mn1	F70	70	≧35	7	175	13000
	F42	42	≧25	25	110	
CuNi12Zn30Pb	F50	50	≧30	8	145	11000

Tabelle 2.15. (Fortsetzung)

Werkstoff	Festigkeitszustand	Festigkeitseigenschaften Mindestzugfestigkeit in kp mm^{-2}	Streckgrenze in kp mm^{-2}	Mindestbruchdehnung in %	Härte HB 10D^2	E-Modul in kp mm^{-2}
	F35	35	$\leqq 30$	40	80	
	F43	43	$\geqq 30$	25	120	
CuNi12Zn24	F50	50	$\geqq 40$	10	150	13000
	F60	60	$\geqq 50$	3	170	
CuNi18Zn20	F38	38	$\leqq 30$	40	85	
	F45	45	$\geqq 35$	25	125	
	F52	52	$\geqq 40$	8	155	13500
	F62	62	$\geqq 52$	2	175	

stoffe in den einzelnen Festigkeitszuständen nur in bestimmten, in den jeweiligen Standards genannten Abmessungsbereichen lieferbar:

Bleche, Bänder und Streifen	nach TGL 0-17670, 0-1780,
Rohre	nach TGL 0-17671,
Stangen und Drähte	nach TGL 0-17672.

2.6.1.1. Reines Kupfer

Als reines Metall wird Kupfer vor allem wegen seiner ausgezeichneten elektrischen Leitfähigkeit und Wärmeleitfähigkeit verwendet. Obwohl ihm im Aluminium ein ernsthafter Konkurrent erwächst, kann das Kupfer auf Grund der leichten Verbindungsmöglichkeit durch Löten, seiner besseren Flexibilität und der größeren Leitfähigkeit niemals durch Aluminium generell ersetzt werden. Zu beachten ist, daß alle im Kupfergitter gelösten Beimengungen ebenso wie eine Kaltverfestigung die elektrische Leitfähigkeit verschlechtern.

Wenn Schweißbarkeit und Lötbarkeit verlangt werden, sind stets sauerstoffreie (SE-Cu) oder desoxydierte Kupfersorten (DR-Cu) zu verwenden, da bei Vorhandensein von Kupferoxydul beim Erwärmen unter reduzierender Atmosphäre die sogenannte Wasserstoffkrankheit zu befürchten ist.

2.6.1.2. Kupfer-Zink-Legierungen (Messing)

Kupfer-Zink-Legierungen sind technisch bis zu 50% Zink interessant und werden Messing, im Bereich von 70 bis 90% Kupfer auch Tombak, genannt. Gefügemäßig unterscheidet man in α-Messing, β-Messing und $(\alpha + \beta)$-Messing. Bis 39% Zink besteht die Legierung aus kubisch flächenzentrierten α-Mischkristallen; bei höheren Zinkgehalten wird die kubisch raumzentrierte β-Phase gebildet (Bild 2.17).

Die mechanischen und technologischen Eigenschaften des Messings sind stark vom Gefügeaufbau und somit von der Zusammensetzung abhängig. Während im Existenzbereich der α-Mischkristalle Zugfestigkeit und Härte mit steigendem Zinkgehalt nur wenig zunehmen, ist mit dem Auftreten der β-Phase eine starke Festigkeits- und Härtezunahme zu vermerken.

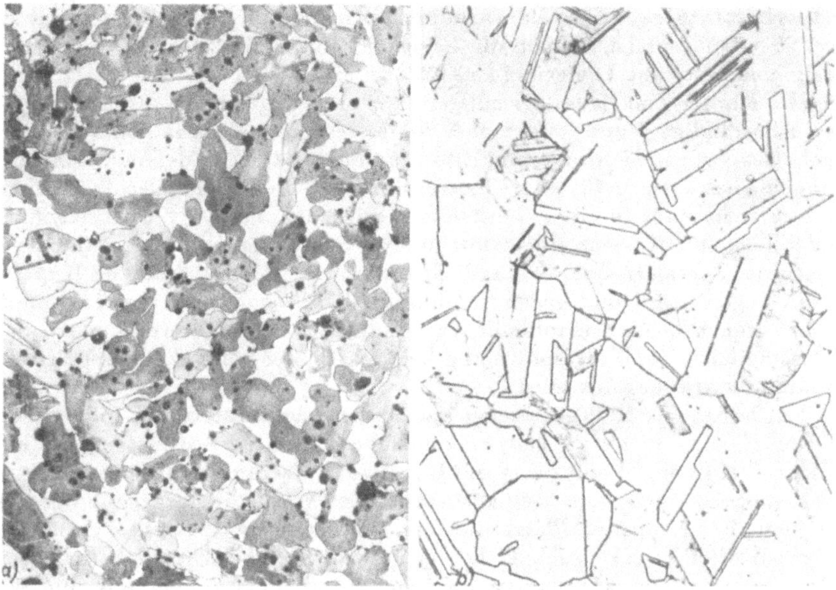

Bild 2.17. Gefügeaufbau von $(\alpha + \beta)$-Messing CuZn40Pb2 (*a*) und α-Messing CuZn37(*b*).
320:1

α-Messing (CuZn10 bis CuZn37) eignet sich vorzüglich zum Kaltumformen. Die Festigkeit steigt dabei unter Dehnungsverlusten bis zu dem federharten Zustand beträchtlich an. Zum Warmumformen eignet sich α-Messing dagegen nur wenig, da bereits geringe Mengen von Blei, Wismut und Antimon, soweit ihr Gehalt die nur geringe Löslichkeit im Mischkristall überschreitet, zur Warmbrüchigkeit führen.

$(\alpha + \beta)$-Messing ist im Gegensatz zum α-Messing sehr gut warmumformbar, da die Löslichkeit oben genannter Elemente im β-Mischkristall wesentlich höher ist, aber nur beschränkt kaltumformbar. Für Warmumformteile ist deshalb bevorzugt die Legierung CuZn40Pb2 zu verwenden, die Legierung CuZn39Pb bereitet bei großen Umformgraden bereits Schwierigkeiten. Die optimale Umformtemperatur liegt für CuZn40Pb2 in Abhängigkeit vom Kupfergehalt knapp unterhalb der $(\alpha + \beta) - \beta$-Umwandlungslinie, d. h., wenn das Gefüge nur noch zu 25 bis 30% aus α-Phase besteht.

In diesem heterogenen ($\alpha + \beta$)-Gefügezustand spielt zweifellos die Superplastizität eine gewisse Rolle, ohne aber bereits abschätzen zu können, in welchem Ausmaß sie auf eine diffusionsgesteuerte Umwandlung oder einen extrem feinkörnigen Gefügezustand zurückzuführen ist [20, 21].

($\alpha + \beta$)-Messing läßt sich sehr gut zerspanen, besser als α-Messing. Durch Zusatz von 0,5 bis 3% Blei wird das Zerspanen auf Automaten erleichtert. Die Hauptlegierung für alle warmumzuformende und für alle spanend zu fertigenden Teile ist deshalb die Legierung CuZn40Pb2. Für Kaltumformteile dominiert die Legierung CuZn37.

Die Kupfer-Zink-Knetlegierungen gelten im allgemeinen als sehr korrosionsbeständige Werkstoffe, wobei β-Messing infolge seines höheren Zinkgehaltes gegen chemische Angriffe anfälliger ist als α-Messing. Eine bei Messing besonders gefürchtete Korrosionsart ist die Spannungsrißkorrosion. Sie tritt in einer für den Werkstoff spezifischen aggressiven Atmosphäre oder Lösung auf, wenn dieser mit innerer Spannung behaftet ist (kaltverfestigter Zustand) oder äußere Spannungen angelegt werden. Kupfer-Zink-Legierungen sind gegen Spannungsrißkorrosion besonders in ammoniakalischen Medien empfindlich. Sie kann vermieden werden, wenn das Messing nach der Kaltumformung bei 250 °C oder höheren Temperaturen spannungsarm geglüht wird.

Für bestimmte Bauteile des wissenschaftlichen Gerätebaus wird magnetfreies Messing benötigt. Das magnetische Verhalten des Messings hängt nicht allein vom Absolutwert des Gehaltes an ferromagnetischen Elementen sondern auch vom Gefügezustand des Werkstoffes, genauer gesagt davon ab, in welcher Phase die ferromagnetischen Elemente vorliegen. Der für diese Zwecke nach TGL 0-17660 zulässige Höchstgehalt für Eisen von 0,03% reicht aus letztgenanntem Grund nicht immer aus, um die antimagnetischen Eigenschaftsforderungen des wissenschaftlichen Gerätebaus mit Sicherheit zu erfüllen. Kupfer-Zink-Legierungen sind diamagnetisch. Sowohl im α- als auch im β-Messing ist Eisen bei Raumtemperatur nur sehr beschränkt löslich. Die Löslichkeit nimmt aber mit der Temperatur stark zu. Bei Temperaturen über 600 °C können Eisengehalte bis etwa 0,1% im Mischkristall gelöst werden und wirken, wenn dieser Zustand durch entsprechend rasches Abkühlen fixiert wird, paramagnetisch. Bei langsamer Abkühlung oder entsprechender Erwärmung scheidet sich aber aus dem α-Mischkristall das Eisen zunächst in Form einer metastabilen, antiferromagnetischen Zwischenphase aus, die sich in eine stabile, kubisch raumzentrierte, ferromagnetische Form umwandelt. Die Ausscheidungen aus dem β-Mischkristall sind sofort, wenn sie eine bestimmte Mindestgröße haben, ferromagnetisch [22]. Dieses Verhalten spiegelt sich deutlich im Bild 2.18 wider, das die Suszeptibilität einer Vielzahl als magnetfrei gelieferter Chargen von CuZn40Pb2 in Abhängigkeit von der Glühtemperatur zeigt. Im mittleren Temperaturgebiet um 300 °C tritt zunächst infolge der ferromagnetischen Ausscheidungen eine beträchtliche Steigerung der Suszeptibilität ein. Mit steigender Temperatur wird dann ein immer größerer Eisenanteil in Lösung gebracht und bei entsprechend rascher Abkühlung in Lösung gehalten, wodurch die Suszeptibilität erniedrigt wird.

Die Forderungen des wissenschaftlichen Gerätebaus (Suszeptibilität $\leqq 50 \cdot 10^{-6}$ im MKSA-System) können entweder nur durch einen Eisengehalt $< 0{,}02\,\%$ oder bei höherem Eisengehalt durch eine gezielte Wärmebehandlung (Abschrecken von 620 °C) garantiert werden. Eine Glühung im mittleren Temperaturbereich, z. B. ein Spannungsarmglühen, ist ebenso wie ein langsames Abkühlen von hohen Temperaturen für magnetfreies Messing nicht zulässig.

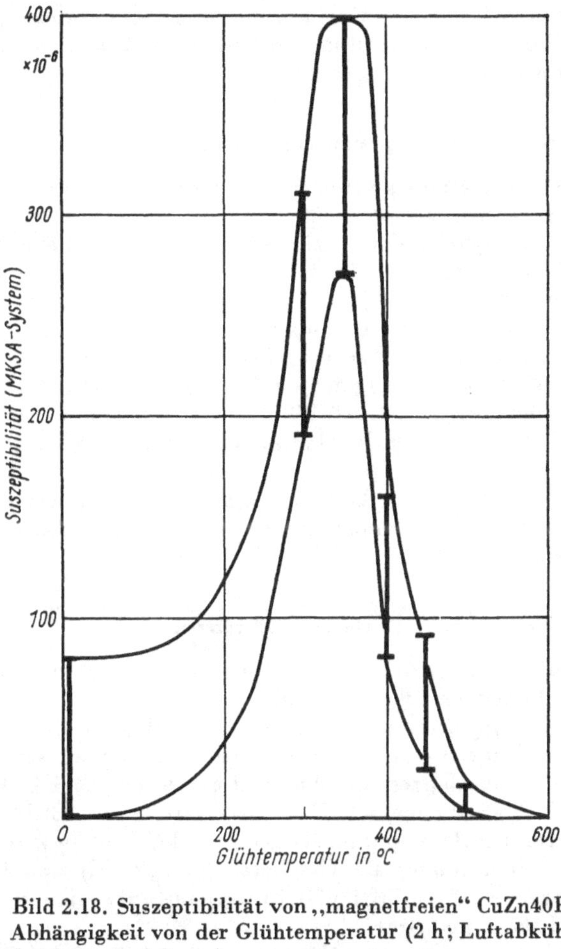

Bild 2.18. Suszeptibilität von „magnetfreien" CuZn40Pb2-Chargen in Abhängigkeit von der Glühtemperatur (2 h; Luftabkühlung; Probendurchmesser 2,9 mm)

Die Eigenschaften des Messings können durch zusätzliche Legierungselemente noch verbessert werden, wie es technisch bei den sogenannten Sondermessingsorten ausgenutzt wird. Während vor allem Aluminium und Nickel die Festigkeitswerte erhöhen, Aluminium, Mangan und Zinn die allgemeine Korrosionsbeständigkeit verbessern, beeinflussen Zinn, Silizium und Mangan in bestimmten Mengen das Gleitverhalten positiv und Eisen vermindert die Neigung zur Grobkornbildung. Sondermessing kommt im allgemeinen dort zur Anwendung, wo besondere Ansprüche an Festigkeit und Korrosionsbeständigkeit gestellt werden.

2.6.1.3. Kupfer-Zinn-Legierungen (Zinnbronze)

Für Kupfer-Zinn-Knetlegierungen kommen Zinngehalte bis 9% in Betracht. Im Vergleich zu Messing weist Zinnbronze höhere Festigkeit, Korrosionsbeständigkeit, Verschleißfestigkeit und viel bessere Gleiteigenschaften auf. Legierungen mit 2 bis 4% Zinn werden vorwiegend zu Schrauben, solche mit 4 bis 8% und die Mehrstoff-Zinn-Bronzen, die neben 4 bis 6% Zinn noch die gleiche Menge Zink und teilweise Blei enthalten, vorwiegend zu Federn aller Art verarbeitet. Durch Kaltumformen ist eine beträchtliche Kaltverfestigung der Legierungen möglich. An Bändern und Streifen für Blattfedern (TGL 0-1780) der Qualitäten CuSn6HV180 und CuSn6Zn6 HV 215 werden z. B. Härtewerte bis 210 HV bzw. 255 HV gemessen.

Im Gegensatz zu Messing kann bei Zinnbronzen mit etwa 0,1% Eisen die Suszeptibilität durch Homogenisieren und Abschrecken nicht herabgesetzt werden [23].

2.6.1.4. Weitere binäre Kupferknetlegierungen

Kupfer-Aluminium-Legierungen (Aluminiumbronze) weisen gute Korrosionsbeständigkeit und hohe Festigkeit auf.

Kupfer-Nickel-Legierungen zeichnen sich durch gute Meerwasserbeständigkeit und fehlende Spannungsrißkorrosionsanfälligkeit sowie besondere physikalische Eigenschaften aus. Sie sind gut warm- und kaltumformbar. CuNi5 und CuNi45 dienen als Einbauwerkstoffe für Elektronenröhren. CuNi44 — unter der Bezeichnung Konstantan bekannt — wird vorwiegend für Präzisionswiderstände, als Heizleiter (bis 400 °C) und für Thermoelemente verwendet. Aus CuNi20Mn20 werden funkensichere und unmagnetische Werkzeuge gefertigt.

Kupfer-Mangan-Legierungen (Manganbronze) mit 12 bis 14% Mangan dienen als Widerstandswerkstoffe. Die größte Bedeutung hat CuMn12Ni für Präzisionswiderstände erlangt.

Kupfer-Beryllium-Legierungen (Berylliumbronze) mit 1 bis 2% Beryllium können durch Warmaushärten stark verfestigt werden. Zum Beispiel erreicht die Zugfestigkeit der Legierung CuBe2 nach dem Aushärten

(Homogenisieren bei 750 °C, Abschrecken und Auslagern bei 325 °C) 120 kp mm^{-2} und bei zusätzlicher Kaltumformung im weichen abgeschreckten Zustand bis 140 kp mm^{-2} (maximal 400 HV). Dieser Werkstoff vereinigt in sich hohe Festigkeit und Verschleißfestigkeit sowie gute Leitfähigkeit und chemische Beständigkeit. Für diese Legierungen gilt TGL 14763.

2.6.1.5. Kupfer-Nickel-Zink-Legierungen (Neusilber)

Diese Dreistofflegierungen zeichnen sich durch hohe Korrosionsbeständigkeit und gute Verformbarkeit aus. Neusilberlegierungen besitzen 12 bis 25% Nickel, 15 bis 30% Zink sowie 1 bis 2% Blei in den Sorten, die für spanende Bearbeitung vorgesehen sind. Die Korrosionsbeständigkeit nimmt mit steigendem Nickelgehalt zu. Zink verbessert die Gießbarkeit, mindert aber die Korrosionsbeständigkeit und die Festigkeit.

Neusilber wird im wissenschaftlichen Gerätebau für besonders korrosionsbeanspruchte Federn und Teile eingesetzt.

2.6.2. Kupfergußwerkstoffe

Die Anwendung von Kupfergußlegierungen, die in TGL 8110 standardisiert sind, beschränkt sich im wissenschaftlichen Gerätebau auf Gußteile, an die besondere Ansprüche hinsichtlich Korrosionsbeständigkeit und Gleiteigenschaften gestellt werden. Diese Werkstoffe sind allgemein durch eine gute Korrosionsbeständigkeit, teilweise Meerwasserbeständigkeit, relativ hohe mechanische Eigenschaften und zum Teil sehr gute Gleiteigenschaften gekennzeichnet. Die mechanischen Eigenschaften einiger im wissenschaftlichen Gerätebau angewandter Legierungen enthält Tabelle 2.16.

Die Zinn- und Mehrstoffzinnbronzen (Rotguß) sind im allgemeinen zähharte, verschleißfeste und korrosionsbeständige (meerwasserbeständige) Werkstoffe mit mittleren bis guten Gleiteigenschaften.

Die weichen Blei- und Mehrstoffbleibronzen gelten als ausgesprochene Gleitlagerwerkstoffe mit besten Gleiteigenschaften. Sie sind für Gleitlager mit hohen Flächenpressungen, bei denen Kantenpressungen auftreten können, geeignet und weisen gute Notlaufeigenschaften bei zeitweiligem Schmierstoffmangel auf.

Gußmessing wird sowohl für Sandgußteile, wie Armaturen, Gehäuse und Teile mit hoher elektrischer Leitfähigkeit, als auch als aluminiumhaltige Legierung für Kokillen- und Druckgußteile vergossen. Gußsondermessing besitzt beträchtlich höhere Festigkeitswerte, ist meerwasserbeständig, weist jedoch wie allgemein alle Kupfer-Zink-Legierungen nur mäßige Gleiteigenschaften auf.

Die Mehrstoffaluminium- und Mehrstoffmanganbronzen sind korrosionsbeständige verschleißfeste Werkstoffe hoher, über den übrigen Kupfer-Guß-Legierungen liegender Festigkeit. Die zähharten, verschleißfesten und

Tabelle 2.16.
Mechanische Eigenschaften einiger Kupfergußlegierungen (nach TGL 8110)

Werkstoff	Mindest-zugfestigkeit in kp mm^{-2}	Mindest-streckgrenze in kp mm^{-2}	Mindest-bruchdehnung in %	Mindest-brinellhärte HB 10 D^2	Elastizitätsmodul in kp mm^{-2}
G-CuSn10	25	15	20	70	8500
G-CuSn7Zn4Pb6	20	10	15	65	9000
GK-CuSn7Zn4Pb6	25	15	15	85	9000
GZ-CuSn7Zn4Pb6	25	15	15	85	9000
GC-CuSn7Zn4Pb6	28	15	15	85	9000
G-CuPb15Sn7	22	10	14	70	7500
GK-CuPb15Sn7	24	12	14	75	7500
GC-CuPb15Sn7	28	15	18	80	7500
GVb-CuPb15Sn7	24	12	14	75	7500
G-CuZn33Pb2	17	6	13	50	[1]
G-CuZn38Al	35	10	30	80	[1]
GK-CuZn38Al	35	10	25	90	[1]
GD-CuZn38Al	35	15	4	90	[1]
G-CuMn10Zn8Al6NiFe	63	30	19	150	11500

G – Sandguß
GK – Kokillenguß
GZ – Schleuderguß
GD – Druckguß
GC – Strangguß
GVb – Verbundguß

[1]) Werte liegen in TGL 8110 noch nicht vor.

meerwasserbeständigen Mehrstoff-Siliziumbronzen, die auch für Gleitlager mit hohen Flächenpressungen geeignet sind, gelten als Austauschwerkstoffe für Kupfer-Zinn- und Kupfer-Zinn-Zink-Legierungen.

2.6.3. Kupfersinterwerkstoffe

Bei entsprechenden Stückzahlen und verfahrensgerechter Gestaltung der Teile ist das pulvermetallurgische Fertigungsverfahren auch bei Kupferwerkstoffen im Hinblick auf eine effektive Materialökonomie und eine hohe Arbeitsproduktivität unbedingt zu berücksichtigen.

Die Eigenschaften pulvermetallurgisch erzeugter Kupferwerkstoffe für Preßteile sind in Tabelle 2.17 zusammengefaßt. Hinsichtlich Grenzstückzahlen, Konstruktionsrichtlinien und Fertigungstoleranzen gilt im wesentlichen das bereits unter Sintereisenwerkstoffe in Abschnitt 2.1.3. Gesagte. Neben Formteilen werden vor allem Gleitlager mit hervorragenden Gleit- und Notlaufeigenschaften aus Sinterbronze mit einem Graphitzusatz von etwa 1,5% gefertigt, die unter Umständen auch mit ungehärteten, geschliffenen Wellen gepaart werden können (siehe auch Abschnitt 2.1.3.2.).

Tabelle 2.17.
Eigenschaften von Kupfersinterwerkstoffen

Werkstoff	Mindestzug-festigkeit in kp mm^{-2}	Mindest-dehnung in %	Mindest-härte HB 5/2,5	Mindestdichte in g cm^{-3}
CuSn10Zn2,5	16	10	40	7,2
CuSn10Zn2,5 kalibriert	18	5	50	7,5
CuZn20	12	10	30	7,0
CuZn20 kalibriert	20	10	50	7,5
CuNi18Zn20	15	8	40	7,2
CuNi18Zn20 kalibriert	25	10	70	7,8

2.7. Magnetwerkstoffe

Die Magnetwerkstoffe unterteilt man in zwei Hauptgruppen:

hartmagnetische Werkstoffe, die sich durch ein hohes Energieprodukt und große Werte für die Koerzitivfeldstärke auszeichnen und weichmagnetische Werkstoffe mit hoher Permeabilität und niedriger Koerzitivfeldstärke.

Hartmagnetische Werkstoffe kommen im wissenschaftlichen Gerätebau vor allem für magnetische Haftsysteme und in Meßgeräten zur Anwendung. Sie werden angeboten in Form von

oxidischen Sinterwerkstoffen nach TGL 16541, Blatt 1,
metallischen Gußwerkstoffen nach TGL 16541, Blatt 2,
metallischen Sinterwerkstoffen nach TGL 16541, Blatt 3.

Während die Gestaltungsfreiheit der metallischen und oxidischen Sinterwerkstoffe verfahrensbedingt begrenzt ist, lassen sich die Gußwerkstoffe auf Aluminium-Nickel- und Aluminium-Nickel-Kobalt-Basis nur durch Gießen und Schleifen formen, da sie spröde und schlagempfindlich sind. Das maximale Energieprodukt dieser Magnetwerkstoffe ist jedoch um ein bis zwei Zehnerpotenzen größer als das der martensitischen unlegierten und legierten Stähle, die deshalb als Dauermagnete nicht mehr verwendet werden.

In jüngster Zeit haben die hartmagnetischen Werkstoffe eine bedeutende Erweiterung durch die Entwicklung der Verbindungen Seltene Erden-Kobalt der Zusammensetzung $SECo_5$ mit hervorragenden hartmagnetischen Eigenschaften, die diejenigen der Aluminium-Nickel-Kobalt-Legierungen und Ferrite wesentlich übersteigen (Bild 2.19), erfahren. Sie bieten sich besonders dort an, wo ein maximales Energieprodukt bei beschränkten

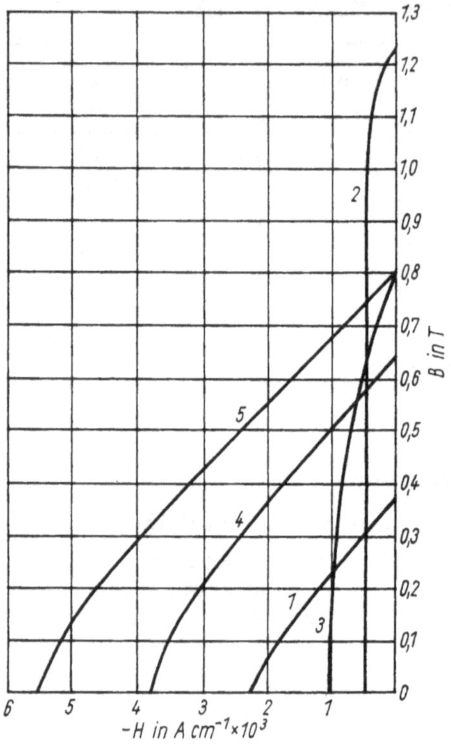

Bild 2.19. Entmagnetisierungskurve einiger ausgewählter Magnetwerkstoffe (nach [24]).

1 Strontiumferrit; *2* Alnico 5; *3* Alnico 8; *4* Platin-Kobalt; *5* SE Co_5

Platz- und Gewichtsverhältnissen benötigt wird, sowie für dynamische Anwendungen, wo hohe Unempfindlichkeit gegen äußere Felder gefordert wird [24].

Als weichmagnetische Werkstoffe kommen sowohl Metalle als auch Legierungen mit und ohne Textur sowie Metalloxide zur Anwendung (Bild 2.20). Sie dienen vorwiegend zur Herstellung von Übertragern, Wandlern, Relais, Transformatoren und Abschirmungen. Die vom Hersteller zu garantierenden Eigenschaften sind in folgenden Standards enthalten:

TGL 27010 Weichmagnetische Werkstoffe
TGL 15193 Weichmagnetische Werkstoffe für Relais

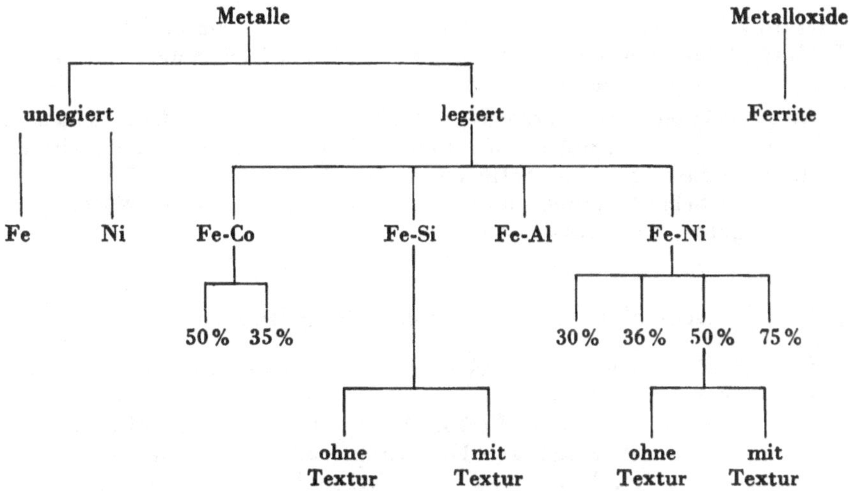

Bild 2.20. Stoffliche Einteilung der weichmagnetischen Werkstoffe

Tabelle 2.18.
Charakteristische Eigenschaften weichmagnetischer Werkstoffe

charakteristische Eigenschaft		Werkstoffsorte	Werksbezeichnung des VEB Halbzeugwerk Auerhammer
hohe Anfangspermeabilität	> 40000	FeNi 77–60	Muniperm 60
(und geringe Eisenverluste)		FeNi 77–80	Muniperm 80
		FeNi 77–100	Muniperm 100
	40000	FeNi 77–40	Muniperm 40
		FeNi 50–40	Nifemax 40
	10000	FeNi 76–16	Muniperm 16
	bis	FeNi 76–20	Muniperm 20
	40000	FeNi 76–25	Muniperm 25
		FeNi 50–10	Nifemax 10
		FeNi 50–40	Nifemax 40
hohe Sättigungsinduktion	> 2 T	FeCo 15	Fecosat 15
		FeCo 50 V 2	Fecosat 50
		Fe	Relaiseisen 20 und 40
geringer Permeabilitätsanstieg		FeNi 36–2	Normaperm 2
		FeNi 36–2,3	Normaperm 2,3
Rechteckschleife		FeNi 50 T	Nifetex
große Magnetostriktion		FeNi 50–4	Nifemax 4
		FeNi 50–2,5	Nifemax 2,5
		FeCo 50 V 2	Fecosat 50
stark temperaturabhängige Induktion		FeNi 30–40 bis 80	Kompentherm 40 bis 80

TGL 10475 Dynamo- und Transformatorenbleche, warm gewalzt
TGL 14723 Bänder und Streifen aus Eisen-Nickel-Legierungen mit niedriger Curie-Temperatur

Als Richtlinien für eine erste Werkstoffauswahl kann Tabelle 2.18 dienen. Die aus weichmagnetischen metallischen Werkstoffen fertig bearbeiteten Teile sind zur Erzielung optimaler magnetischer Eigenschaften in der Regel einer Schlußglühung unter Schutzgas, am besten unter Wasserstoff, zu unterziehen (siehe Abschnitt 2.1.1.1.).

2.8. Ausdehnungs- und Einschmelzlegierungen

Der wissenschaftliche Gerätebau benötigt ebenso wie vor allem die bauelementefertigende Industrie sowohl Werkstoffe mit sehr kleinem als auch solche mit auf andere Werkstoffe abgestimmtem thermischen Ausdehnungskoeffizienten. Letztere Forderung ergibt sich besonders aus der Notwendigkeit, Metall-Glas- und Metall-Keramik-Verbindungen bestimmter Festigkeit vakuumdicht herzustellen. Die Verbindungen müssen arm an Eigenspannungen sein, weshalb der Ausdehnungskoeffizient des eingeschmolzenen Metalls mit dem des Glases bis zu dessen Transformationspunkt annähernd übereinstimmen muß. Erst oberhalb des Transformationspunktes vermag das Glas infolge der beginnenden Erweichung Spannungen auszugleichen.

Feste Stoffe unterliegen mit steigender Temperatur der thermischen Ausdehnung, die auf der mit der Temperatur wachsenden Schwingungsamplitude der Atome im Gitter und einer damit verbundenen Zunahme des mittleren Atomabstandes beruht. Zur technischen Herstellung von Einschmelzlegierungen und von Legierungen mit äußerst geringen thermischen Ausdehnungskoeffizienten bedient man sich der Anomalie der thermischen Ausdehnung ferromagnetischer Stoffe. Wird ein ferromagnetischer Werkstoff abgekühlt, so bildet sich nach Durchschreiten des Curie-Punktes die Spingleichrichtung der spontanen Magnetisierung aus. Damit verknüpft ist eine Expansion des Gitters gegenüber dem paramagnetischen Zustand ungeordneter Spinrichtungsverteilung, die sich der gewöhnlichen Kontraktion fester Körper bei der Abkühlung überlagert.

Eine Erniedrigung des thermischen Ausdehnungskoeffizienten bis zum Wert Null, und sogar bis zu negativen Ausdehnungskoeffizienten im System Eisen-Platin bei 55% Platin, ist bei ferromagnetischen Werkstoffen in der Nähe der Curie-Temperatur zu erwarten, bei der die spontane Magnetisierung und die damit verknüpfte Volumenmagnetostriktion stark temperaturabhängig sind. Im System Eisen-Nickel wird im Bereich zwischen 32 und 60% Nickel die normale Wärmedehnung beim Erwärmen durch die Kontraktion infolge der Abnahme der spontanen Magnetisierung über einen größeren Temperaturbereich zu einem beträchtlichen Anteil kompensiert. Ein ausgeprägtes Minimum des Ausdehnungskoeffizienten weist die 36%ige Eisen-Nickel-Legierung im Raumtemperaturbereich auf, die unter der Bezeichnung Invar bekannt wurde. Im paramagnetischen Bereich oberhalb der Curie-Temperatur wird der Ausdehnungskoeffizient wieder normal und ist im austenitischen Mischkristall oberhalb 700 °C kaum konzentrationsabhängig (Bild 2.21).

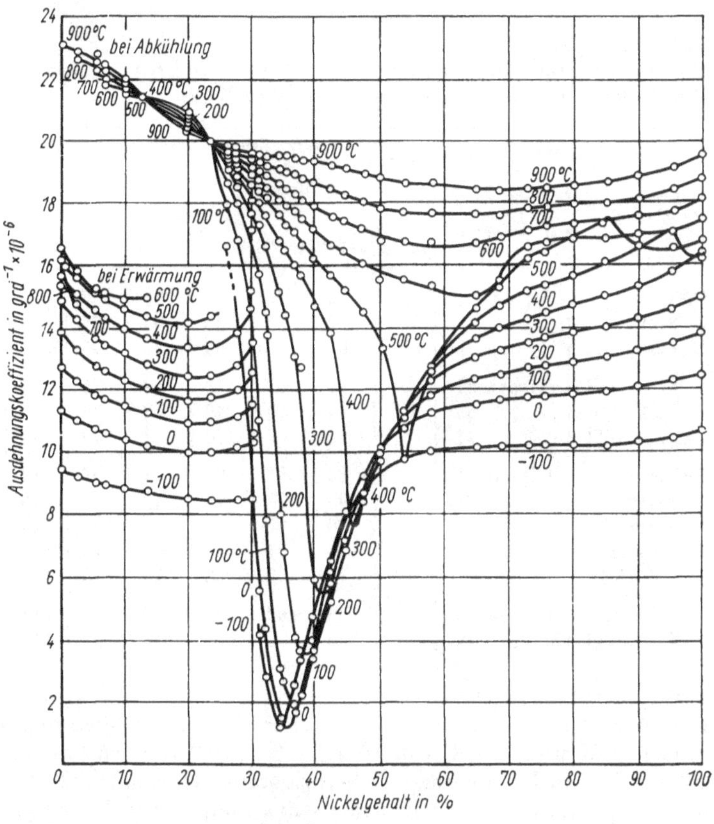

Bild 2.21. Isothermen des thermischen Ausdehnungskoeffizienten im System Eisen-Nickel (nach [25])

Die wichtigsten Ausdehnungs- und Einschmelzlegierungen sind auf der Basis Eisen-Nickel ohne oder mit Zusätzen an Kobalt, Chrom und Kupfer aufgebaut (Tabelle 2.19). Aber auch im System Kobalt-Eisen-Chrom gibt es ein Gebiet mit recht kleinem thermischen Ausdehnungskoeffizienten. Zum Beispiel weist eine Legierung mit 60% Kobalt, 30% Eisen und 10% Chrom unter 280 °C einen Ausdehnungskoeffizienten von $5 \cdot 10^{-7}$ grd^{-1} auf, der bei höheren Temperaturen jedoch schnell wieder auf $12 \cdot 10^{-6}$ grd^{-1} ansteigt [28].

FeNi36 zeichnet sich durch den kleinsten thermischen Ausdehnungskoeffizienten der Eisen-Nickel-Legierungen im Temperaturbereich von 20 bis 200 °C aus und entspricht der allgemein bekannten Legierung Invar. Sie wird überall dort eingesetzt, wo es im Temperaturbereich von —80 bis +100 °C auf geringste Längenänderung ankommt. Für Aurodil 36[1]) garantiert der Hersteller einen linearen thermischen Ausdehnungskoeffizienten zwischen 20 und 100 °C von $10 \pm 5 \cdot 10^{-7}$ grd^{-1} für den harten und $15 \pm 5 \cdot 10^{-7}$ grd^{-1} für den weichen Zustand. Oberhalb 200 °C ist der Ausdehnungsverlauf dieser Legierung stark temperaturabhängig.

Tabelle 2.19.
Mittlerer linearer Längenausdehnungskoeffizient und Knickpunkt von Ausdehnungs- und Einschmelzlegierungen (nach [26, 27])

Werkstoff		Mittlerer linearer Längenausdehnungskoeffizient in 10^{-7} grd^{-1} zwischen 25 °C und								Knickpunkt der Ausdehnungskurve in °C
Legierungsbezeichnung	Werksbezeichnung des VEB Halbzeugwerk Auerhammer	100 °C	200 °C	300 °C	400 °C	500 °C	600 °C	700 °C	800 °C	
FeNi36	Aurodil 36	12	22	45	75	92	107			200
FeNi42	,, 42	52	52	53	63	81	95			355
FeNi44	,, 44	63	61	60	64	81	95			365
FeNi28Co18	Nicosil 61		52	48	47	61	76	91	102	420
FeNi28Co18	,, 63		54	51	49	63	78	92	104	420
FeNi28Co23	,, 71		82	78	74	71	79	92	101	510
FeNi46Cr1	Dilasil 91		85	83	83	91	102	112	120	420
FeNi48	,, 93		93	93	93	93	101	110	118	500
FeNi48Cr1	,, 97		90	90	89	97	105	114	122	450
FeNi51Cr1	,, 102		100	101	100	102	110	118	125	480
FeNi48Cr5	,, 110			92	98	110	118	125	132	360
FeNi30Co20	Socosil 102		102	103	102	99	103	111	118	530
FeNi32Co20	,, 105		106	106	105	103	104	113	120	530

Die unter der Bezeichnung Nicosil[1]) angebotenen Eisen-Nickel-Kobalt-Legierungen dienen für Verschmelzungen mit Hartgläsern bzw. Verbindungen mit Keramik auf Al_2O_3-Basis, während die chrom- und kobalt-kupferlegierten Eisen-Nickel-Legierungen mit den Bezeichnungen Dilasil[1]) und Socosil[1]) vorwiegend für Verschmelzungen mit Weichgläsern eingesetzt werden.

Die Ausdehnungs- und Einschmelzlegierungen auf Eisen-Nickel-Basis sind im weichen Zustand ausnahmslos gut verformbar, aber sehr zäh, so

[1]) Markenbezeichnung des VEB Halbzeugwerk Auerhammer.

daß es sich im Falle eines größeren Zerspanungsaufwandes empfiehlt, die Werkstoffe im harten Zustand zu beziehen. Inzwischen ist es auch gelungen, Invarlegierungen galvanisch abzuscheiden, so daß komplizierte, spanend nur teuer herstellbare Formteile mit Vorteil auf dem Wege der Galvanoplastik gefertigt werden können [29]. Teile aus Einschmelzlegierungen sind zur Gewährleistung einer vakuumdichten und blasenfreien Anglasung einer gründlichen Entfettung und anschließenden Glühung unter Wasserstoff zu unterziehen, die sowohl die durch eine Kaltverformung eingetretene Verfestigung beseitigt als auch eine Reinigung der oberflächennahen Werkstoffschichten bewirkt. Da die eigentliche Bindung zwischen dem Glas und dem Metall durch das teilweise in Lösung gehen von Metalloxid im Glas zustande kommt, werden die Metallteile vielfach voroxydiert.

Ausdehnungs- und Einschmelzlegierungen sind in TGL 24329 standardisiert.

2.9. Hartmetalle

Hartmetalle sind pulvermetallurgische Werkstoffe hoher Härte und Verschleißfestigkeit, bestehend aus einem oder mehreren Hartstoffen und einem Bindemetall. Als Hartstoffe kommen die Karbide des Wolframs, Titans, Tantals, Niobs und Chroms in Frage, und als Bindemetalle dienen Kobalt, Nickel und Eisen. Mit zunehmendem Bindemetallanteil fällt die Härte, aber die Zähigkeit nimmt wesentlich zu. Zur Zeit dominieren die Hartmetalle auf Wolframkarbid-Kobalt-Basis. Durch Zusatz weiterer Karbide, vor allem Titankarbid, werden die Hartmetalle härter und verschleißfester, aber auch spröder.

Die Hartmetalle werden zwar zum überwiegenden Teil für Werkzeuge der spanenden Formgebung verwendet, besitzen aber auch für Umformwerkzeuge und für Verschleißteile in den verschiedensten Industriezweigen eine nicht minder große Bedeutung.

Hartmetalle der Gruppe P (HS02, HS10, HS20, HS25, HS30, HS40 und HS50)[1]) mit Titankarbidzusatz dienen zur spanenden Bearbeitung langspanender Werkstoffe, wie Stahl und Stahlguß. Mit der Ziffer ihrer Bezeichnung steigt die Zähigkeit dieser Sorten, während die Verschleißfestigkeit fällt. Die Hartmetalle der titankarbidfreien Gruppe K (HG01, HG110, HG15, HG20, HG30 und HG40)[1]) werden zur spanenden Bearbeitung von graphithaltigem Gußeisen, Nichteisenmetallen, Kunststoffen und Holz verwendet. Die Marken der Gruppe M (HU10, HU30 und HU40)[1]) sind für Mehrzweckanwendungen vorgesehen. Für Umformwerkzeuge kommen zum Teil die gleichen Marken, wie sie für spanende Werkzeuge benutzt werden, zur Anwendung, oft werden aber auch zähere Hartmetallsorten mit höherem Bindemetallgehalt bevorzugt.

---

[1]) Markenbezeichnung des VEB Hartmetallwerk Immelborn.

Hartmetall in Form von Verschleißteilen, wie Endmaße, Meßtische, Tast- und Führungselemente, geht auch in die Erzeugnisse des wissenschaftlichen Gerätebaus, vor allem in Feinmeßgeräte, ein. Für die meisten Anwendungsgebiete des wissenschaftlichen Gerätebaus steht die Forderung nach weitgehender Porenfreiheit im Vordergrund. Die Wahl der Hartmetallmarke wird deshalb oft der Forderung nach Porenfreiheit untergeordnet, wenn nicht zusätzlich ein möglichst hoher Elastizitätsmodul erwünscht ist. Der hohe Elastizitätsmodul der Hartmetalle ist in dem außerordentlich großen Elastizitätsmodul des Wolframkarbids WC von 72000 kp mm^{-2} begründet. Die wolframkarbidreichen Marken HG110 und HG20 mit 94% Wolframkarbid und 6% Kobalt weisen deshalb die höchsten Werte von etwa 63000 kp mm^{-2} auf, während der Elastizitätsmodul der wolframkarbidärmeren HS-Marken nur etwa 50000 kp mm^{-2} beträgt. Die Härte der handelsüblichen HS- und HG-Marken fällt mit zunehmendem Bindemetallgehalt von etwa 1700 HV auf 1200 HV, die Biegefestigkeit steigt dagegen im Bereich von 120 bis 160 kp mm^{-2}. Der thermische Ausdehnungskoeffizient der Hartmetalle liegt bei $(5\ldots7)\cdot10^{-6}$ grd^{-1}.

Gesinterte Hartmetalle und ihre Prüfung sind in TGL 7965/01 bis 17 standardisiert.

Im Gegensatz zu den nur durch Schleifen oder Funkenerosion bearbeitbaren Hartmetallen wurde in letzter Zeit eine Werkstoffgruppe entwickelt, die im geglühten Zustand bei einer Härte von etwa 40 HRC unter Beachtung besonderer Richtlinien (niedrige Schnittgeschwindigkeit bei möglicher großer Spantiefe) auch durch Drehen, Fräsen, Hobeln, Bohren, Gewindeschneiden und Sägen spanbar ist. Es handelt sich um ebenfalls pulvermetallurgisch erzeugte Werkstoffe, die meist 50 Vol% Titankarbid TiC in einer härtbaren Stahlmatrix eingebettet enthalten. Die nur mit geringer Volumenänderung härtbaren Werkstoffe erreichen Härten bis 72 HRC. Der hohe Karbidanteil gewährt eine ausgezeichnete Verschleißfestigkeit, die durch die Wahl unterschiedlicher Matrixwerkstoffe, wie z. B. korrosionsbeständig oder nicht magnetisierbar, speziellen Bedingungen angepaßt werden kann. Diese Werkstoffe werden vor allem für Stanz-, Schneid- und Umformwerkzeuge verarbeitet, eignen sich aber auch hervorragend für Lehren, Meßwerkzeuge und andere Verschleißteile, wobei der hohe Elastizitätsmodul von etwa 30000 kp mm^{-2} und die besonders im Vergleich zu Hartmetall niedrige Dichte von etwa 6,6 g cm^{-3} weitere positive Merkmale dieser Werkstoffe darstellen [30, 31].

3. Die Dimensionsstabilität metallischer Bauteile

3.1. Allgemeine Betrachtungen

Die in der Einleitung genannten drei Eigenschaften — großer Elastizitätsmodul, hohe Verschleißfestigkeit und gute Volumenstabilität — sind die Voraussetzung für eine hohe Dimensionsstabilität metallischer Bauteile. Man kann deshalb auch diese als primäre Forderung des wissenschaftlichen Gerätebaus bezeichnen. Die Dimensionsstabilität der Bauteile, die die Funktion und die Genauigkeit der Erzeugnisse des wissenschaftlichen Gerätebaus wesentlich mitbestimmt, muß sowohl während der Fertigung als auch im Gebrauch beim Kunden oft über Jahrzehnte garantiert werden. In den letzten Jahren sind die Genauigkeitsforderungen ständig gestiegen und haben heute vielfach Werte erreicht (z. B. $\pm 0{,}5\ \mu m\ m^{-1}\ Jahr^{-1}$), die an der Grenze des technologisch Realisierbaren liegen. Grundsätzliche Betrachtungen zur Dimensionsstabilität sind deshalb in vielen Fällen zwingend notwendig, wenn eine reproduzierbare Fertigung und eine sichere Funktion der Erzeugnisse garantiert werden sollen.

Die Dimensionsstabilität eines Werkstückes ist nicht einfach mit einer leicht erfaßbaren Werkstoffeigenschaft oder anderen Kenngrößen gleichzusetzen und im voraus zu berechnen. Im Gegenteil — sie ist der Ausdruck und in der Praxis die Auswirkung eines Komplexes von Einflußfaktoren, dem neben den Werkstoffeigenschaften sowohl konstruktive als auch technologische Parameter angehören. Die wesentlichsten die Dimensionsstabilität beeinflussenden Faktoren und ihre Zusammenhänge sind im Bild 3.1 dargestellt. Eine Wichtung der Einflußfaktoren ist nicht möglich. Man muß von Fall zu Fall untersuchen, von welcher Seite die größte Instabilität zu erwarten ist und welche Gegenmaßnahmen einzuleiten sind.

3.1.1. Deformation durch äußere und innere Spannungen

Sobald an einem Bauteil Spannungen angreifen, setzt eine Deformation ein, die bei Überschreitung der Elastizitätsgrenze des Werkstoffes vom elastischen in den plastischen Bereich wechselt. Eine plastische Deformation der Teile ist jedoch in keinem Fall erlaubt, so daß die zulässige Spannung immer um einen Sicherheitsbetrag unter der Elastizitätsgrenze, die deshalb möglichst groß sein sollte, liegen muß. Die elastische Deformation ist unabhängig von den Festigkeitseigenschaften; sie wird werkstoffseitig allein vom Elastizitätsmodul bestimmt.

Viele Präzisionsteile des wissenschaftlichen Gerätebaus dürfen selbst unter Eigenlast nur äußerst geringen elastischen Deformationen unterliegen (z. B. Teile von Feinmeßgeräten), so daß der Elastizitätsmodul oft

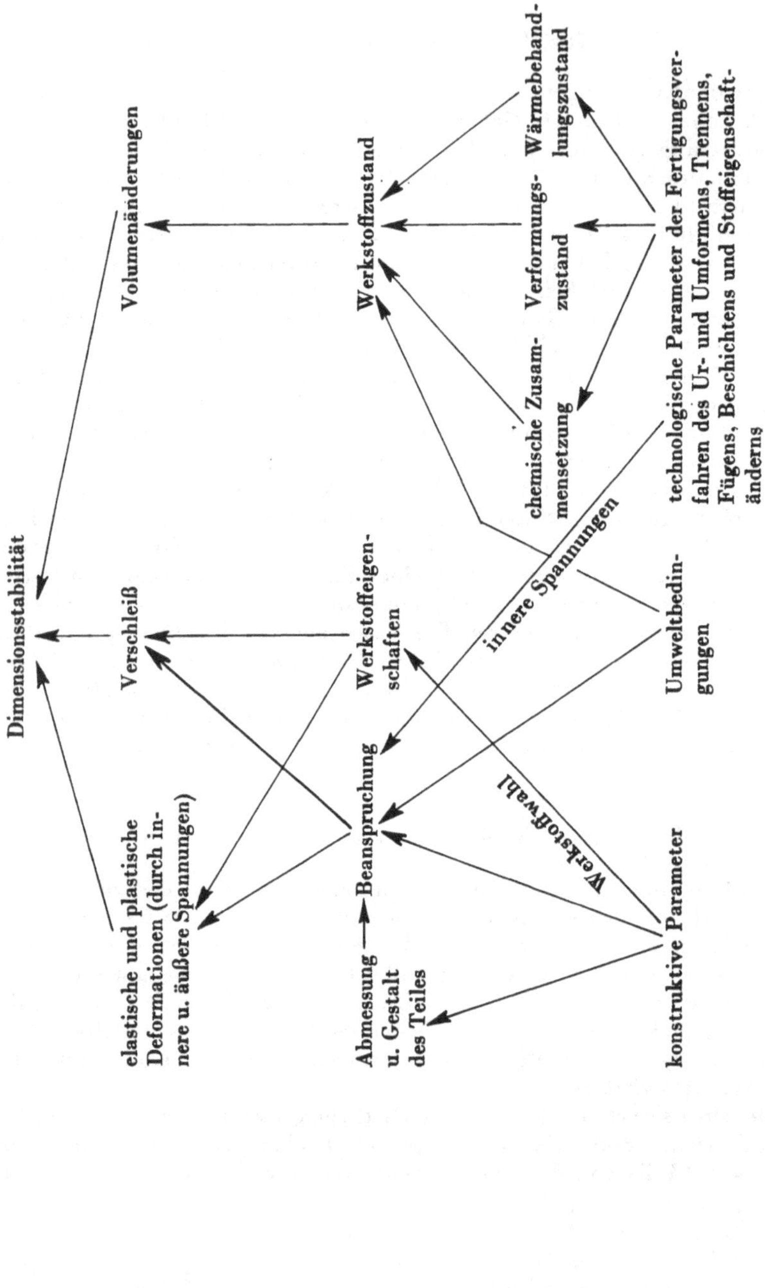

Bild 3.1. Darstellung der die Dimensionsstabilität metallischer Bauteile beeinflussenden Faktoren

die entscheidende Werkstoffkenngröße darstellt. Den Ausweg über eine Überdimensionierung der Querschnitte verbieten meist Abmessung und Gewicht. Es besteht deshalb permanent die Forderung nach Werkstoffen mit hohem Elastizitätsmodul.

Der Elastizitätsmodul zählt zu den verhältnismäßig wenig störungsempfindlichen Eigenschaften, d. h., er ist weder durch eine Wärmebehandlung noch durch einen Verformungsprozeß wesentlich zu beeinflussen. Wir können deshalb z. Z. nur zwischen den Werten unserer konventionellen Werkstoffe wählen. Neue Perspektiven eröffnen allerdings die Verbundwerkstoffe, an deren Entwicklungen intensiv gearbeitet wird (siehe auch Kapitel 4.).

Die Höhe der Beanspruchung eines Bauteiles ergibt sich aus den vom Konstrukteur über die gewählten Abmessungen und die Gestalt festgelegten äußeren Spannungen und den durch die Fertigung bedingten inneren Spannungen (Eigenspannungen erster Art). Beide überlagern sich. Im ungünstigsten Fall wird die zulässige Beanspruchung eines Bauteiles um den Betrag der inneren Spannung reduziert. Oft wird jedoch auch durch technologische Prozesse dem Bauteil ein solcher Eigenspannungszustand bewußt aufgezwungen, der sich auf die Festigkeitseigenschaften positiv auswirkt. Dies soll am Beispiel der Biegewechselfestigkeit erläutert werden.

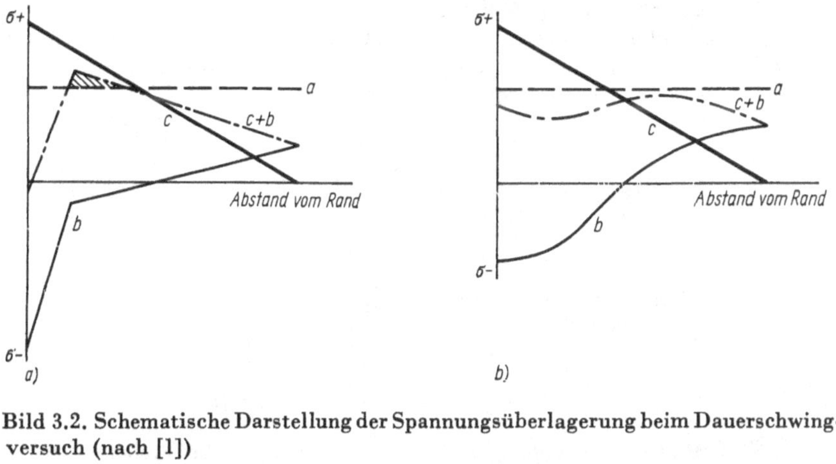

Bild 3.2. Schematische Darstellung der Spannungsüberlagerung beim Dauerschwingversuch (nach [1])

Es besteht die allgemeingültige Auffassung, daß sich die Biegewechselfestigkeit mit zunehmender Druckeigenspannung in der Probenoberfläche erhöht. Diese Auffassung ist dahingehend zu korrigieren, daß die Erhöhung der Wechselfestigkeit nicht allein von der herrschenden Oberflächeneigenspannung sondern in sehr starkem Maße auch vom Eigenspannungsverlauf bestimmt wird. Im Bild 3.2 sind zwei fiktive Beispiele dargestellt, die sich bei gleicher äußerer Spannung (Gerade *c*) und gleicher Wechselfestigkeit der Höhe *a* nur im Eigenspannungsverlauf (Kurve *b*) unterscheiden. Beispiel a. zeigt hohe Oberflächeneigenspannungen, die nach innen zu rasch abfallen, während im Beispiel b. die Eigenspannungen zwar an der Oberfläche niedriger liegen, aber mit zunehmendem Abstand von der Oberfläche nur langsam abklingen. Das Bauteil wird der angenommenen Belastung nur dann wiederstehen, wenn infolge der Überlagerung der äußeren und inneren Spannungen die Summenkurve $c + b$ an keiner Stelle die Wechselfestigkeit überschreitet. Im Beispiel a. geschieht dies trotz höherer Oberflächeneigenspannung in einem gewissen Abstand von der Oberfläche, wo es dann zur Rißbildung kommt. Trotz der geringeren Oberflächeneigenspannung ist der Eigenspannungsverlauf im Beispiel b. wesentlich günstiger, da an keiner Stelle des Querschnitts die Wechselfestigkeit überschritten wird.

Eigenspannungen erster Art, das sind die sogenannten makroskopischen Spannungen, die in diesem Zusammenhang von Bedeutung sind, können durch

Erwärmungsprozesse,
Phasenumwandlungen und
Verformungsvorgänge

entstehen. Quelle aller Eigenspannungen sind inhomogene Versetzungsanordnungen, die zu Gitterverzerrungen führen.

Die ersten beiden Ursachen wirken sich z. B. bei einer Wärmebehandlung der Stähle aus. Die Eigenspannungen nehmen bei konstanten Abkühlungsgeschwindigkeiten bis zur Umwandlungstemperatur zu (Bild 3.3). Bis zur

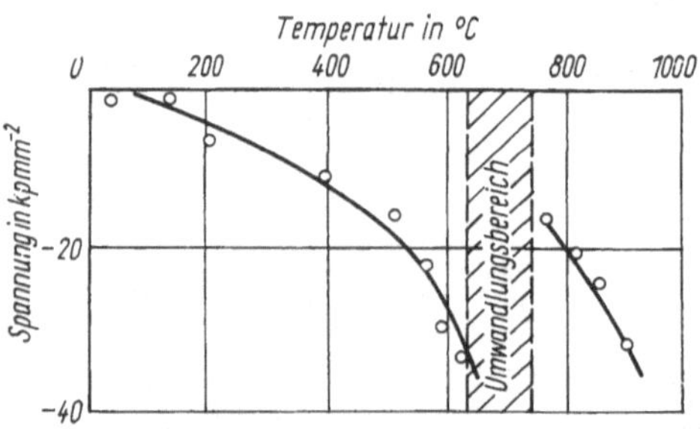

Bild 3.3. Ausbildung der Eigenspannungen in der Probenoberfläche von St42 der Abmessung $40 \times 40 \times 10$ mm³ in Abhängigkeit von der Abschrecktemperatur bei Wasserabschreckung (nach [1])

Umwandlungstemperatur bilden sich reine Wärmespannungen aus, die durch die unterschiedliche Abkühlung von Rand und Kern bedingt sind. Sie liegen als Druckspannungen an der Oberfläche vor. Oberhalb der Umwandlungstemperatur kommt es zu Umwandlungsspannungen in Form von Zugspannungen, die sich mit den Wärmespannungen überlagern.

Deshalb findet man im Eigenspannungsverlauf im Umwandlungsbereich eine Sprungstelle. Der Spannungsverlauf oberhalb der Umwandlungstemperatur kann als eine um den Betrag der Umwandlungsspannung, die nahezu unabhängig von der Glühtemperatur ist, zum positiven Bereich hin verschobenen Fortsetzung des ersten Teilverlaufes angesehen werden.

In der Praxis wird jeder Härteprozeß in der Regel mit einem Anlaßvorgang abgeschlossen. Er dient neben der Minderung der Sprödigkeit dem Abbau hoher Spannungsspitzen, ohne aber den vorhandenen Druckeigenspannungszustand, z. B. aus Gründen erhöhter Wechselbiegefestigkeit, vollständig zu beseitigen. Bild 3.4 zeigt den mit der Anlaßtemperatur und der Anlaßdauer zunehmenden Spannungsabbau.

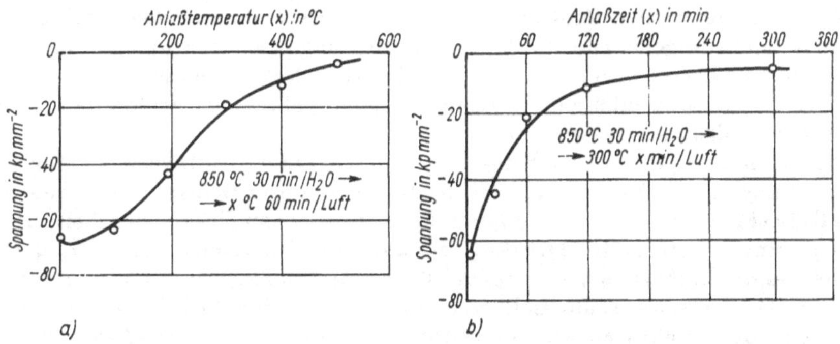

Bild 3.4. Abbau der Eigenspannungen gehärteter Proben aus C45 der Abmessung $40 \times 40 \times 10$ mm^3 mit zunehmender Anlaßtemperatur (*a*) und -zeit (*b*) (nach [1])

Jeder Umformprozeß hinterläßt Eigenspannungen im Werkstoff, deren Betrag vom Verformungsgrad und der Verformungstemperatur bestimmt wird. Für die Fertigung von Präzisionsteilen sind spannungsarm geglühte Halbzeuge zu verwenden. Im anderen Fall ist mit unkontrollierbaren Eigenspannungen und der Gefahr des Verzuges beim Bearbeiten durch Änderung des Eigenspannungszustandes des Halbzeuges zu rechnen. Aber auch die spanende Bearbeitung der Werkstoffe ist mit der Entstehung von Eigenspannungen in den oberflächennahen Bereichen verbunden. Sie resultieren aus den Verformungsvorgängen und der Wärmeentwicklung, die jeden spanenden Prozeß begleiten und zu Druck- bzw. Zugspannungen führen. Die Erwärmung des Werkstückes kann besonders bei Stahl zusätzlich noch Umwandlungsvorgänge auslösen. Während die durch die Schnittkräfte verursachten elastischen Deformationen nach Beendigung des Schneidprozesses wieder verschwinden, verbleiben die plastischen Deformationen und führen zu Druckeigenspannungen in der Werkstückoberfläche. Die während des Spanungsprozesses frei werdende Wärme dehnt, wenn eine bestimmte Temperatur überschritten wird, eine Oberflächenschicht plastisch, so daß nach deren Abkühlung Zugspannungen in der Werkstückoberfläche verbleiben, die bei Überschreitung der Werkstofffestigkeit zu Rissen in der Werkstoffoberfläche führen.

Von komplizierterer Natur ist die Entstehung der durch Gefügeänderungen bedingten Eigenspannungen, deren Vorzeichen und Größe vom Werkstoffzustand, der erreichten Temperatur und den vorliegenden Abkühlungsbedingungen bestimmt werden. Beim Schleifen gehärteter Stähle wird z. B. auf Grund des Temperaturgradienten der Werkstoff bis zu einer bestimmten Tiefe angelassen, und sofern die α-γ-Umwandlungstemperatur sowie die kritische Abkühlungsgeschwindigkeit durch Verwendung einer Kühlflüssigkeit erreicht werden, kann sogar eine erneute Härtung der Werkstückoberfläche erfolgen. Gefürchtete Zugeigenspannungen in der Werkstückoberfläche und in deren Folge Risse entstehen beim Schleifen zuvor nicht angelassener Stähle, wenn die Schleiftemperatur ein Anlassen der Werkstückoberfläche mit der dabei verbundenen Volumenkontraktion bewirkt. Deshalb müssen alle zu schleifenden gehärteten Stahlteile besonders sorgfältig angelassen werden.

Alle hier angedeuteten Effekte führen zu einer resultierenden Eigenspannung, die die Eigenschaften eines Bauteiles unter Belastung gegebenenfalls beträchtlich beeinflussen kann. Man findet in der Praxis Bearbeitungsspannungen sowohl im Druck — als auch im Zugbereich, je nach dem, welcher der beschriebenen Vorgänge überwiegt. Der zu erwartende Absolutwert ist nur schwer abzuschätzen, denn außer den Schnittbedingungen gehen solche Faktoren wie Intensität der Kühlungen, Zustand der Werkzeugschneide, Werkstoff sowie die Lage eventueller Umwandlungstemperaturen ein. Da beim Stahl letztere sowohl vom Kohlenstoff- als auch vom Legierungsgehalt abhängen, besteht auch bei sonst gleichen Bedingungen eine Abhängigkeit zwischen Bearbeitungsspannungen und Zusammensetzung. Auch zwischen Oberflächengüte und Bearbeitungsspannung ist eine Zuordnung zu finden, da die Oberflächengüte über den Werkzeugzustand und die Schnittleistung indirekt mit der Wärmeentwicklung in Verbindung steht. Mit zunehmender Erwärmung während des Bearbeitungsvorganges ist eine Verschiebung der Oberflächeneigenspannungen aus dem Druck- in den Zugbereich zu beobachten (Bild 3.5).

Bild 3.5 deutet nur auf den allgemeinen Trend hin. Im konkreten Fall überstreicht aber jedes Fertigungsverfahren doch einen recht großen Bereich von möglichen Oberflächeneigenspannungen. So fand man z. B. nach dem Schleifen von Stählen mit Diamantschleifscheiben eine gegenüber anderen Schleifmitteln überlegene Eigenspannungsverteilung. Nach dem Schleifen mit Diamantscheiben wurden wiederholt Druckspannungen in der Werkstückoberfläche gemessen, während nach dem Schleifen mit Korundscheiben Zugspannungen vorliegen [2].

Die durch eine spanende Bearbeitung entstandenen Eigenspannungen erstrecken sich nur auf einen relativ geringen oberflächennahen Bereich und nehmen meist keinen wesentlichen Einfluß auf den Gesamtspannungszustand des Teiles. Sie sind deshalb im Rahmen dieser Betrachtungen nur bei relativ dünnwandigen Teilen zu berücksichtigen.

Bei hochbeanspruchten Bauteilen, besonders wenn sie höheren Temperaturen ausgesetzt sind, müssen in die Betrachtungen zur Dimensionsstabilität auch die unter der Bezeichnung Kriechen zusammengefaßten irreversiblen Verformungsvorgänge einbezogen werden. Sie sind durch eine deutliche Zeitabhängigkeit der Verformung bei konstanter Belastung ge-

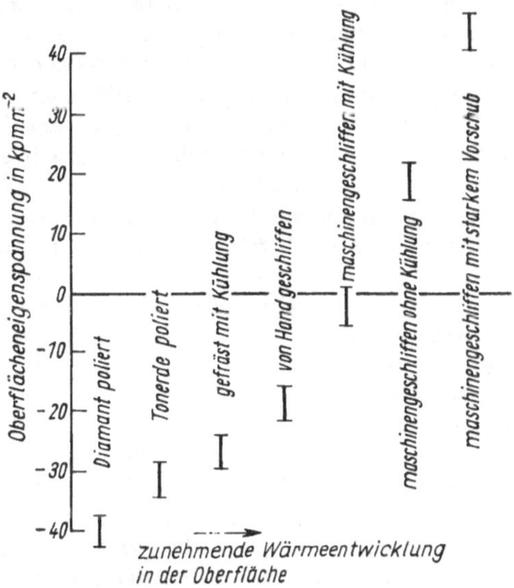

Bild 3.5. Schematische Darstellung der Oberflächeneigenspannungen in Abhängigkeit von der Wärmeentwicklung verschiedener Fertigungsverfahren (nach [1])

kennzeichnet. Obwohl Kriech- und Relaxationsvorgänge besonders bei Werkstoffen mit ungeordneter oder teilkristalliner Struktur, wie Gläser und Hochpolymere, ausgeprägt sind, dürfen sie aber auch bei kristallinen Werkstoffen, und hier vor allem bei höheren Temperaturen, nicht außer Acht gelassen werden.

3.1.2. Verschleiß

Viele Bauteile unterliegen dem Verschleiß, der die Dimensionsstabilität empfindlich beeinträchtigen kann. Verschleiß ist eine sehr vielgestaltige Erscheinung, die vom Werkstoff und dessen Zustand, von der Art und Größe der Beanspruchung sowie von den Umweltbedingungen beeinflußt wird. Aus diesem Grunde soll der Faktor Verschleiß aus den Betrachtungen zur Dimensionsstabilität hier ausgeklammert und in einem eigenen Kapitel unter dem Aspekt des Verschleißschutzes behandelt werden.

3.1.3. Volumenänderungen

Alle metallischen Werkstoffe liegen in der Praxis in einem mehr oder weniger instabilen Zustand vor und streben mit unterschiedlicher Geschwindigkeit den stabilen Zustand an. Dieser Vorgang ist sowohl mit Eigenschaftsänderungen als auch mit einer Volumenänderung verknüpft.

Ein im thermodynamischen Gleichgewicht befindliches System muß entweder als Ganzes homogen sein oder in einzelne in sich homogenen Teile — Phasen genannt — zerfallen. Das innere Gleichgewicht einer einzelnen Phase ist dadurch bestimmt, daß bei konstanter Konzentration, Temperatur und Druck die freie Enthalpie als Funktion jedes weiteren Zustandsparameters ein Minimum darstellt. Besonders wichtig ist die Thermodynamik des inneren Gleichgewichts bei der Betrachtung des Überganges einer regelmäßigen in eine regellose Verteilung zweier oder mehrerer Atomarten im Gitter. Bei allen bei noch genügend tiefen Temperaturen beständigen Legierungsphasen ist in der Nähe der durch die Gittersymmetrie gegebenen stöchiometrischen Zusammensetzung eine regelmäßige Atomverteilung zu erwarten. Sie geht aber bei höheren Temperaturen in eine regellose über.

Das Gesamtsystem befindet sich im thermodynamischen Gleichgewicht, sobald die frei Enthalpie ein Minimum erreicht hat, d. h. all die Vorgänge, die die freie Enthalpie erniedrigen, zum Stillstand gekommen sind. Wir haben es in der Praxis oft mit sogenannten gehemmten Gleichgewichten, d. h. metastabilen Zuständen, zu tun, die sich zwar in bezug auf eine Teilreaktion im thermodynamischen Gleichgewicht befinden, während aber andere Reaktionen infolge zu geringer Geschwindigkeit oder innerer Spannungen unterbunden sind. Relativ hohe Abkühlungsgeschwindigkeiten sind vielfach die Ursache metastabiler Zustände. Die Ausbildung von Zwischenzuständen ist häufig mit wertvollen Eigenschaftsveränderungen (z. B. Festigkeitserhöhungen) verbunden, so daß in der Praxis Zwischenzustände hinreichender Lebensdauer sehr wichtig sind und bewußt erzeugt werden.

Eine Phasenumwandlung kann entweder diffusionsabhängig, d. h., durch thermisch aktivierten Platzwechsel einzelner Atome erfolgen, oder diffusionslos ablaufen, z. B. bei martensitischen Umwandlungen durch Abschrecken oder Verformung. Die zum thermodynamischen Gleichgewicht führenden Vorgänge sind vielfach diffusionsartige Platzwechselvorgänge (Ausscheidungen, Ordnungsvorgänge) die mit stark temperaturabhängiger Geschwindigkeit ablaufen. Jede Energiezufuhr erhöht ihre Geschwindigkeit. Dieses permanente Streben nach dem thermodynamisch stabilsten Zustand ist entsprechend der ablaufenden Vorgänge mit mehr oder weniger großen Volumenänderungen verbunden.

Der Werkstoffzustand wird in Abhängigkeit von der Zusammensetzung von den Verformungs- und Wärmebehandlungsbedingungen beginnend von der Erstarrung bis zum letzten Arbeitsgang, d. h. von den technologischen Parametern der Fertigungsverfahren, bestimmt. Es wirken dabei solche Faktoren, wie z. B. die Abkühlungsgeschwindigkeit beim Gießen, der Verformungsgrad und die Verformungstemperatur beim Umformen, die Verformung und Erwärmung beim Trennen, Temperatur und Abkühlungsgeschwindigkeit beim Fügen (Schweißen und Löten) und Wärmebehandeln oder die Lackeinbrenntemperatur. Es ist des öfteren beobachtet worden, daß Präzisionsteile, die nach der spanenden Endbearbeitung nachweislich innerhalb der zulässigen Toleranzen lagen, nach dem Lackieren in der Montagc Schwierigkeiten bereiteten, indem unzulässig große maßliche Abweichungen festgestellt wurden. Die Temperaturerhöhung während der Lacktrocknung hat also irreversible Volumenänderungen ausgelöst. Somit kann bereits eine bewußt im Arbeitsplan fixierte relativ geringe Temperaturerhöhung ebenso wie eine unbeabsichtigte Erwärmung der Teile im Erzeugnis (z. B. durch eine Lichtquelle) während des Gebrauchs zur funktionsbeeinträchtigenden Volumenänderung führen. Es gilt deshalb, für viele Präzisionsteile volumenstabilisierende Behandlungen einzuleiten mit dem Ziel, die unter natürlichen Bedingungen über längere Zeiten bzw. bei jeder Temperaturerhöhung unkontrolliert ablaufenden Volumenänderungen durch eine gezielte Behandlung möglichst in einer frühen Stufe des Fertigungsprozesses vorwegzunehmen. Dazu sind exakte Kenntnisse über die Ursachen und das mögliche Ausmaß von Volumenänderungen für die verschiedenen Werkstoffe erforderlich.

Volumenänderungen von metallischen Werkstoffen können grundsätzlich durch folgende Vorgänge ausgelöst werden:

Modifikationsänderungen,
Änderung der Fehlstellenkonzentration,
Bildung und Zerfall von Verbindungen,
Ordnungsvorgänge,
Entmischung der Mischkristalle,
Reaktionen mit der Umgebung.

Das spezifische Volumen v eines Metalls ist durch seine relative Atommasse und seine Gitterstruktur gegeben. Es läßt sich, einen idealen Gitteraufbau vorausgesetzt, nach folgender Beziehung berechnen:

$$v = \frac{V_E L}{n A};$$

V_E Volumen der Elementarzelle;
L Loschmidtsche Zahl;
n Zahl der Atome pro Elementarzelle;
A relative Atommasse der in der Elementarzelle befindlichen Atome.

Jede Modifikationsänderung ist sowohl mit einer Änderung des Volumens als auch der Packungsdichte der Elementarzelle verbunden und bewirkt somit eine Veränderung des spezifischen Volumens. Die Umwandlung des Eisens bei 911 °C von der krz α- in die kfz γ-Modifikation führt z. B. zu einer deutlichen Volumenkontraktion von etwa 1%. Aus den Gitterkonstanten bei 911 °C läßt sich die Dichte des α-Eisens zu 7,664 g cm^{-3}

und die des γ-Eisens zu 7,744 g cm^{-3} berechnen. Die mit der Umwandlung des hexagonalen α-Titans bei 882 °C in das kubisch raumzentrierte β-Titan verknüpfte Volumenänderung beträgt dagegen nur etwa 0,1 % [3].

Die durch eine Modifikationsänderung bedingte relative Volumenänderung $\Delta V/V$ läßt sich allgemein nach folgender Beziehung berechnen:

$$\frac{\Delta V}{V} = \frac{V_E' \, n}{V_E \, n'} - 1;$$

V_E Volumen der Elementarzelle vor der Umwandlung;
V_E' Volumen der Elementarzelle nach der Umwandlung;
n Zahl der Atome pro Elementarzelle vor der Umwandlung;
n' Zahl der Atome pro Elementarzelle nach der Umwandlung.

Unsere als Konstruktionswerkstoffe genutzten Metalle und Legierungen sind polykristalline Werkstoffe bestehend aus einer Vielzahl von Kristallen, und zwar Realkristallen, die mit Gitterfehlern behaftet sind. Art und Konzentration der Gitterfehler sind für die strukturempfindlichen Eigenschaften mitbestimmend, für die Plastizität z. B. entscheidend.

Entsprechend ihrer Ausdehnung kann man die Gitterfbaufehler unterteilen in

nulldimensionale, das sind Leerstellen, Zwischengitteratome und Substitutionsatome;
eindimensionale, das sind Versetzungen;
zweidimensionale, zu denen Korngrenzen, Zwillingsgrenzen und Stapelfehler zählen.

Jede Änderung der Fehlstellenkonzentration ist mit Volumeneffekten verbunden. Deutliche Volumenänderungen beobachtet man bei einer Änderung der Leerstellenkonzentration. Bei jeder endlichen Temperatur stellt sich im thermodynamischen Gleichgewicht eine bestimmte Leerstellenkonzentration ein. Sie beträgt z. B. für Aluminium bei Raumtemperatur $2 \cdot 10^{-12}$ und bei 600 °C $4{,}7 \cdot 10^{-4}$. Eine Erhöhung der Leerstellenkonzentration bei Raumtemperatur ist zeitweise entweder durch Einfrieren von Leerstellen, wenn von hohen Temperaturen großer Leerstellenkonzentration mit genügender Geschwindigkeit (10^4 grd s^{-1}) abgeschreckt wird, oder durch eine plastische Verformung, die bei einem Verformungsgrad von 10% eine Leerstellenkonzentration von 10^{-4} bewirkt, möglich. Diese Fehlstellen heilen aber beim Aluminium bei Raumtemperatur sehr schnell, zum Teil schon während der Verformung aus. Das Ausheilen der Leerstellen führt zu einer Volumenkontraktion. Die Leerstellen sind bereits nach mehreren Minuten bis auf die im thermodynamischen Gleichgewicht stehende Anzahl in Senken verschwunden, wie die Bilder 3.6 und 3.7 beweisen. Sowohl nach einer plastischen Deformation (Bild 3.6) als auch nach einem Abschrecken von 500 °C im Wasser (Bild 3.7) ist bei AlMg5 eine deutliche Kontraktion der Proben meßbar, die aber bereits nach etwa 5 bis 10 Minuten nahezu abgeschlossen ist. In beiden Fällen gelang es erst nach 1,5 Minuten den ersten Meßwert aufzunehmen, so daß in den Bildern 3.6 und 3.7 die weitere Kontraktion auf diesen experimentell bedingten Fixpunkt bezogen wurde. Die Kontraktion im abgeschreckten Zustand ist im Vergleich zu der der verformten Probe um fast eine Zehnerpotenz geringer. Entweder konnte durch das Abschrecken nicht so eine

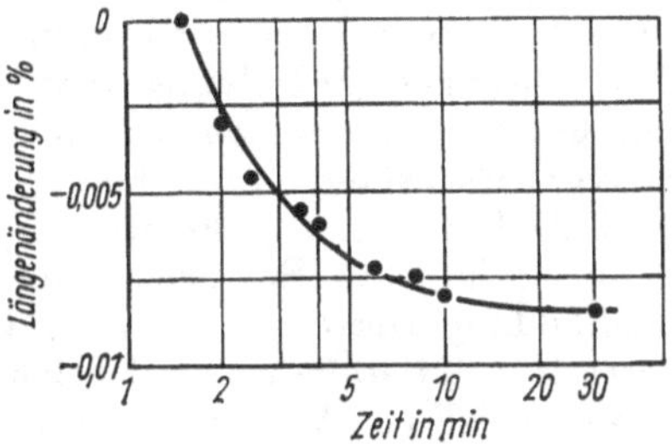

Bild 3.6. Kontraktion einer AlMg5-Probe nach einer plastischen Dehnung um 10%

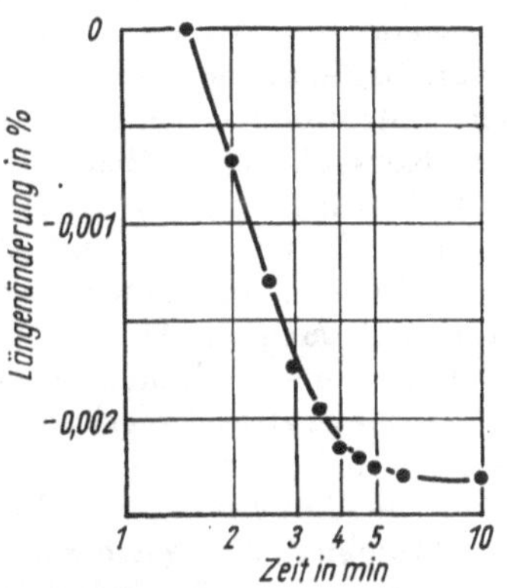

Bild 3.7. Kontraktion einer AlMg5-Probe nach dem Abschrecken von 500 °C in Wasser

hohe Leerstellenkonzentration erzielt werden, oder die Fehlstellen heilen im verformten Zustand, wie die Kurvenverläufe andeuten, langsamer aus. Da die Absolutwerte der Kontraktion durch Auslöschen von Leerstellen gering sind, und der Gleichgewichtszustand sich relativ schnell einstellt, braucht dieser Volumeneffekt in der Praxis nicht berücksichtigt zu werden.

Ein Legieren von zwei oder mehreren Metallen untereinander kann grundsätzlich über die Bildung eines Kristallgemisches oder von Mischkristallen erfolgen. Während in einem Kristallgemisch im Idealfall die

Kristallite der Komponenten rein nebeneinander vorliegen, beinhalten die Mischkristalle Atome mehrerer verschiedener Arten. Die beiden Extreme – vollständiger Unmischbarkeit und völliger Löslichkeit der Komponenten – beschränken sich aber auf nur wenige der technisch genutzten Legierungen. In den meisten Fällen ist die Löslichkeit der Mischkristalle begrenzt und temperaturabhängig, so daß die Legierung ein Gemisch von Mischkristallen darstellt. Diese Unterschiede im strukturellen Aufbau der Legierungen sind bei allen Betrachtungen zur Volumenstabilität von Legierungen zu beachten. Während bei einem aus reinen Kristallen bestehenden Kristallgemisch, abgesehen von Reaktionen mit der Umgebung, nur Modifikationsänderungen und Änderungen der Fehlstellenkonzentration als Ursachen einer Volumeninstabilität in Betracht kommen, sind bei Legierungen mit Mischkristallbildung zusätzlich Ordnungsvorgänge und die Entmischung übersättigter Mischkristalle zu berücksichtigen. Außerdem führen die Bildung und der Zerfall von Verbindungen zu oft beträchtlichen Volumenänderungen.

Die Bildung intermetallischer Verbindungen ist bis auf sehr wenige Ausnahmen mit einer Volumenkontraktion verbunden, wenn man das Molvolumen der Verbindung mit der Summe der Atomvolumina ihrer elementaren Komponenten vergleicht. Die Kontraktion kann dabei ein beträchtliches Ausmaß erreichen. Entsprechend des Betrages der Volumenkontraktion kann man zwei Typen von Legierungen unterscheiden. Phasen, deren einer Bestandteil eines der weiträumigen Alkali- oder Erdalkalimetalle ist, zeigen fast durchweg Kontraktionen über 10%. Geringere Werte für die relative Volumenverkleinerung unter 10% (durchschnittlich um 3%) ergeben sich für Phasen aus Edelmetallen und B-Elementen[1]) (meist Hume-Rothery-Phasen), aus B-Elementen untereinander und für einige Phasen aus Magnesium mit B-Elementen [4].

In Mischkristallen kann die Verteilung der enthaltenen Atomarten durchaus zufällig und ungeregelt oder aber geordnet und regelmäßig sein. Wenn die Mengen der beiden Atomsorten des Mischkristalls in einem einfachen Verhältnis zueinander stehen, und die Abkühlung der Legierung sehr langsam erfolgt, werden von den Atomen jeder Sorte nur jeweils ganz bestimmte Gitterplätze besetzt. Wir finden dann im Gitter eine geordnete, eine regelmäßige symmetrische Anordnung der Atomarten, die man auch als Überstruktur bezeichnet. Die Ausbildung von Überstrukturen, die an eine sehr langsame Abkühlung oder eine ausreichend lange Glühung der Legierung bei relativ niedrigen Temperaturen gebunden ist, führt nicht nur zu erwünschten oder unerwünschten Eigenschaftsänderungen, sondern auch zu Volumeneffekten. Unterdrückt bzw. zerstört werden kann die Überstrukturbildung entweder durch eine rasche Abkühlung oder durch eine langsame Erwärmung bis oberhalb der kritischen Temperatur. Der Übergang vom geordneten zum ungeordneten Zustand ist mit einer Volu-

[1]) Kurzperiodische Darstellung des periodischen Systems.

menvergrößerung verbunden. Im Bild 3.8. ist als Beispiel die Anomalie der thermischen Ausdehnung von Cu_3Au dargestellt. Die Volumenzunahme infolge Zerfalls des geordneten Zustandes überlagert sich der normalen thermischen Ausdehnung und macht sich durch einen fast senkrechten Anstieg der relativen thermischen Ausdehnung im kritischen Temperaturbereich bemerkbar.

Infolge der vielfach technologisch bedingten relativ hohen Abkühlungsgeschwindigkeiten und der bei vielen Mischkristallen begrenzten temperaturabhängigen Löslichkeit für die im Wirtsgitter aufgenommenen Atome des Partners, liegen die Mischkristalle technischer Legierungen und Erzeugnisse meist nicht in thermodynamisch stabiler Zusammensetzung vor. Wir haben es bei schneller Abkühlung der Legierungen meist mit übersättigten Mischkristallen zu tun, die bestrebt sind, durch Ausscheidung des über der Gleichgewichtskonzentration liegenden Anteils der Legierungskomponenten den stabilen Zustand anzunehmen. Dieser Zerfall übersättigter Mischkristalle verläuft in der Regel bei Raumtemperatur sehr langsam, bei erhöhten Temperaturen dagegen mit beträchtlicher Geschwindigkeit. Er ist z. B. bei Aluminiumlegierungen mit einer in manchen Fällen beachtlichen Volumenänderung des Werkstoffes verbunden.

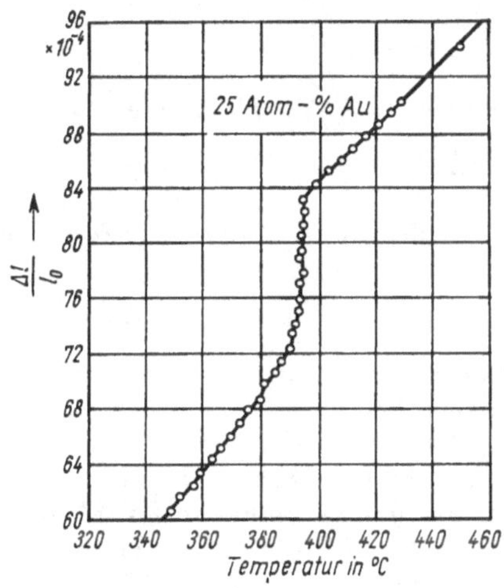

Bild 3.8. Relative thermische Ausdehnung von Cu_3Au (nach [4])

Der Betrag der Volumenänderung bei dem Zerfall eines übersättigten Mischkristalles setzt sich aus zwei Komponenten zusammen. Die eine wird durch die allmähliche Konzentrationsänderung des Mischkristalles und die daraus folgende Änderung der Gitterkonstanten verursacht und die andere durch die Ausbildung einer neuen Phase, die die ausgeschiedenen Atome mit einem Teil der Atome des Wirtsgitters bilden. Die Berechnung der Volumenänderung bei dem Zerfall binärer Mischkristalle hat deshalb beide Vorgänge zu berücksichtigen.

Der übersättigte Mischkristall soll insgesamt N A- und B-Atome der Komponente A und B enthalten. Infolge Entmischung scheiden sich $100 \cdot \alpha$ Atom% B-Atome unter Bildung einer neuen Phase der Zusammensetzung $A_m B_n$, die sowohl einen Mischkristall oder eine Verbindung darstellen kann, aus. Dadurch verarmt der übersättigte Mischkristall um N_1 Atome:

$$N_1 = \frac{m+n}{n} \alpha N.$$

Im Mischkristall verbleiben noch $N_2 = N - N_1$ Atome:

$$N_2 = N\left(1 - \frac{m+n}{n} \alpha\right).$$

Die relative Volumenänderung, die diesen Entmischungsprozeß begleitet ist dann

$$\frac{\Delta V}{V} = \frac{V_1 + V_2 - V}{V};$$

V Volumen des übersättigten Mischkristalls;
V_1 Volumen der ausgeschiedenen Phase;
V_2 Volumen des entmischten Mischkristalls.

Führt man die mittleren Atomvolumen v, v_1 und v_2 der einzelnen Phasen ein, die schematisch aus Atomzahl und Volumen der Elementarzelle berechnet werden können, so ergibt sich die relative Volumenänderung zu

$$\frac{\Delta V}{V} = \frac{N_1 v_1 + N_2 v_2 - N v}{N v}$$

$$= \frac{v_2 - v + \frac{m+n}{n} \alpha (v_1 - v_2)}{v}.$$

Als eine weitere Ursache für Volumenänderungen sind Reaktionen des Werkstoffes mit seiner Umgebung zu erwähnen. Die Reaktionen laufen in der Regel an der Oberfläche des Bauteiles ab, können sich aber auch bei entsprechender Gefügeausbildung (z. B. pulvermetallurgische Werkstoffe, Grauguß) im Inneren des Werkstoffes abspielen. Da die Reaktionsprodukte ein größeres spezifisches Volumen als die metallischen Komponenten aufweisen, sind Volumenvergrößerungen zu erwarten. In den meisten Fällen handelt es sich um Oxydationsprozesse.

Die Umweltbedingungen wirken nicht nur direkt über die eben erwähnten Volumenänderungen oder über ihren Einfluß auf den Verschleiß auf die Dimensionsstabilität ein, sondern auch indirekt über veränderte Werkstoffeigenschaften und zusätzliche Beanspruchungen der Bauteile, z. B. infolge der durch extreme Temperaturen hervorgerufenen zusätzlichen Spannungen, die die Deformation erhöhen.

Mit den erläuterten Ursachen für Volumenänderungen sind keinesfalls alle Möglichkeiten berücksichtigt worden. So führt z. B. die Ausbildung der spontanen Magnetisierung zu einem Volumeneffekt. Für die ferromagnetischen Metalle Eisen, Kobalt und Nickel wurden röntgenographisch Volumenvergrößerungen von 1,6%, 2,3% und 1,0% ermittelt. Eine weitere Möglichkeit stellt die Thermodiffusion — ein durch ein Temperaturgefälle hervorgerufener Materialtransport — dar, denn ein Massestrom oder ein äquivalenter Leerstellenstrom relativ zum Gitter bedingt Längenänderungen. Dieser Effekt ist bei Bauteilen denkbar, die längere Zeit unter einem großen Temperaturgefälle stehen, und deren Komponenten einen großen Diffusionskoeffizienten besitzen. So wurde für eine Platte ($100 \times 100 \times 5$ mm^3) aus einer Kupfer-Zink-Legierung mit 69 Atom% Kupfer bei einem normal zur Plattenebene vorhandenen Temperaturgefälle von 900 °C auf 500 °C eine relative Änderung der Ausgangskonzentration von lediglich etwa 10^{-3}% h^{-1} abgeschätzt, während unter gleichen Bedingungen bei einer Eisen-Kohlenstoff-Legierung eine Konzentrationsänderung der Ausgangskonzentration des Einlagerungselementes von etwa 0,1% h^{-1} möglich ist [5].

Solche Volumeneffekte spezieller Natur sind dann von Fall zu Fall zu berücksichtigen.

Im Zusammenhang mit der Dimensionsstabilität eines Bauteiles ist auch der thermische Ausdehnungskoeffizient des verwendeten Werkstoffes zu betrachten. Obwohl an Präzisionsgeräten immer mehr in klimatisierten Räumen gearbeitet wird, muß einerseits für einzelne funktionsbestimmende Bauteile auf Werkstoffe mit extrem niedrigen thermischen Ausdehnungskoeffizienten (siehe Abschnitt 2.8.) zurückgegriffen werden, und andererseits wird es immer Präzisionsgeräte geben, die im Freien in einem Temperaturbereich zwischen −25 °C und +45 °C funktionstüchtig sein müssen und eine zeitweilige Temperatureinwirkung von −60 °C bis +60 °C, z. B. während des Transportes, ohne nachteilige Folgen zu überstehen haben. Die allgemeine Forderung nach niedrigen thermischen Ausdehnungskoeffizienten läßt sich mit Rücksicht auf die anderen Werkstoffeigenschaften bei weitem nicht in jedem Fall erfüllen. Dann steht aber zumindest die Forderung, die Teile einer Baugruppe aus Werkstoffen zu fertigen, die annähernd den gleichen thermischen Ausdehnungskoeffizienten besitzen, um ein Verspannen und Dejustieren bei Temperaturschwankungen zu vermeiden.

3.2. Dimensionsstabilität von Bauteilen aus Eisenwerkstoffen

Präzisionsteile höchster Genauigkeit werden im wissenschaftlichen Gerätebau vorwiegend aus Eisenwerkstoffen gefertigt und zur Steigerung der Verschleißfestigkeit gehärtet oder nitriert. Gerade bei der Beurteilung ihrer Dimensionsstabilität, an die oft extreme Anforderungen gestellt werden, sind alle im Bild 3.1 dargestellten Einflußfaktoren zu berücksichtigen und die von ihnen zu erwartenden Anteile einer Dimensionsinstabilität zu analysieren.

Einen beachtlichen Beitrag zur elastischen Deformation größerer Bauteile verursachen Eigengewicht und innere Spannungen. Die Auswirkung des Eigengewichts hängt neben der Gestalt des Bauteils werkstoffseitig allein von dem Verhältnis des Elastizitätsmoduls zur spezifischen Masse ab. Während dieses Verhältnis bei den Stählen annähernd konstant ist, muß bei Grauguß die Sorten- und Wanddickenabhängigkeit des Elastizitätsmoduls (siehe Abschnitt 2.1.2.) beachtet werden.

Innere Spannungen sind bei der Fertigung von Präzisionsteilen grundsätzlich durch ein Spannungsarmglühen unterhalb des Umwandlunspunktes A_1, meist im Temperaturbereich von 550 bis 650 °C, mit nachfolgendem langsamen Abkühlen weitestgehend abzubauen. Es sollte bereits am Halbzeug in Verbindung mit eventuell notwendigen Richtarbeitsgängen und bei größerem Zerspanungsumfang zusätzlich nochmals nach dem Vorarbeiten erfolgen. Auch bei zu härtenden Teilen ist ein vorangehendes Spannungsarmglühen zu empfehlen, um den Härtevorgang so gering wie möglich zu halten.

Verschleißprobleme und die Möglichkeiten des Verschleißschutzes, auch in Verbindung mit einem Korrosionsschutz, stehen bei der Wahl des geeignetsten Werkstoffes oft zur Debatte. Eine unter den jeweiligen Bedingungen optimale Lösung ist nur bei komplexer Betrachtungsweise unter dem Aspekt der Einheit von Werkstoff und Technologie zu erwarten

Die folgenden Betrachtungen sind vorwiegend den eigentlichen Volumenänderungen der Werkstoffe, die z. B. bei der Fertigung von Maßverkörperungen von entscheidender Bedeutung sind, gewidmet.

3.2.1. Volumenstabilität von Stählen

Bei hohen Forderungen an die Dimensionsstabilität von Teilen werden allgemein gehärtete Stähle eingesetzt. Deshalb stehen auch die Volumenänderungen gehärteter Stähle im Mittelpunkt des Interesses, und ihrem Verhalten wurden bisher die meisten Untersuchungen auf diesem Gebiet gewidmet. Da auf die rationelle Fertigung solcher Präzisionsteile die Form- und Volumenänderungen beim Härten entscheidenden Einfluß nehmen, sollen ihre Ursachen und die Möglichkeit ihrer Beeinflussung in einem eigenen Abschnitt dargestellt werden. Ausgeklammert wird in diesem Zusammenhang lediglich das zwar für die Praxis sehr wichtige Problem der Entstehung von Härterissen, die natürlich eng mit den Form- und Volumenänderungen zusammenhängen, das aber bereits Gegenstand vieler Untersuchungen war. Allgemein gilt, daß Härterisse unter dem Einfluß innerer Zugspannungen in Verbindung mit Konstruktions-, Bearbeitungs-, Halbzeug- und Wärmebehandlungsfehlern entstehen [6].

3.2.1.1. Form- und Volumenänderungen beim Härten

Jeder Härteprozeß ist stets mit Form- und Volumenänderungen verbunden, die werkstoff- und verfahrensbedingt unvermeidbar sind. Lediglich ihr Ausmaß ist beeinflußbar. Die vermeidbaren Formänderungen werden oft als Verzug bezeichnet. Diese Definition besagt, daß zwar ein verzugsfreies Härten gefordert und teilweise auch realisiert werden kann, die unvermeidbaren Form- und Volumenänderungen aber nicht zu unterdrücken sind. Ein absolut maßänderungsfreies Härten gibt es deshalb nicht.

Die Form- und Volumenänderungen beim Härten sind auf drei Ursachen zurückzuführen:

Formänderungen durch Wärmespannungen,
Volumenänderungen durch Gefügeumwandlungen beim Härten,
Volumenänderungen durch Gefügeumwandlungen beim Anlassen.

Ihre Anteile überlagern sich und führen im Endresultat zu den den Wärmebehandlungsprozeß begleitenden unerwünschten Maßveränderungen. Zur Berechnung der Wärme- und Umwandlungsspannungen müssen die Änderung des spezifischen Volumens mit der Temperatur in Abhängigkeit von der Zeit und die im Werkstück herrschenden Temperatur- und Umwandlungsverhältnisse bekannt sein. Erste Ansätze dafür liegen vor [7].

3.2.1.1.1. Formänderungen durch Wärmespannungen

Beim Abschrecken von Härtetemperatur treten zwischen Rand und Kern eines jeden Querschnittes erhebliche Temperaturunterschiede auf, die zur Ausbildung eines charakteristischen Eigenspannungszustandes führen. Im Bild 3.9. sind die Abkühlungskurven für den Rand und den Kern eines Bolzens von 100 mm Durchmesser beim Abschrecken in Wasser und die zu erwartenden Wärmespannungen schematisch dargestellt. Die Randzone kühlt schneller als der Kern ab, und nach einer bestimmten Zeit W wird ein maximaler Temperaturunterschied zwischen Rand und Kern, der in diesem Fall 600 grd beträgt und einer Längendifferenz von 0,5 % entspricht, erreicht. Die Folgen dieser unterschiedlichen Abkühlung sind Zugspannungen an der Oberfläche und entsprechende Druckspannungen im Kern. Auch die Zugspannung in der Randzone erreicht zum Zeitpunkt W ihr Maximum und fällt danach mit zunehmendem Temperaturausgleich wieder ab (Kurve a). Bei vollständigem Temperaturausgleich zwischen Rand und Kern müßte dann das Teil — ein vollständig elastisches Verhalten vorausgesetzt — wieder absolut spannungsfrei sein. Da die Randzone die bei den noch relativ hohen Temperaturen wachsenden Zugspannungen entsprechend der vorliegenden Warmfestigkeit nur zum Teil elastisch aufnehmen kann, kommt es bis zum Zeitpunkt W zu einer plastischen Deformation der Randzone, (der noch heiße Kern läßt sich nicht entsprechend komprimieren), und die verbleibenden Zugspannungen sind im Gegensatz zu dem in Kurve a angenommenen rein elastischen Verhalten beträchtlich geringer

(Kurve b). Die nach dem Zeitpunkt W rasche Schrumpfung des Kerns muß deshalb in der Randzone bleibende Druckspannungen hervorrufen, denen entsprechende Zugspannungen im Kern (Kurve c) das Gleichgewicht halten. Die nach dem Abschrecken somit verbleibende Verteilung der Restspannungen über den Querschnitt entspricht prinzipiell dem rechten Teilbild in Bild 3.9.

Auf Grund dieser durch die unterschiedliche Abkühlung von Rand- und Kernzone entstehenden Wärmespannungen und der Tatsache, daß die im

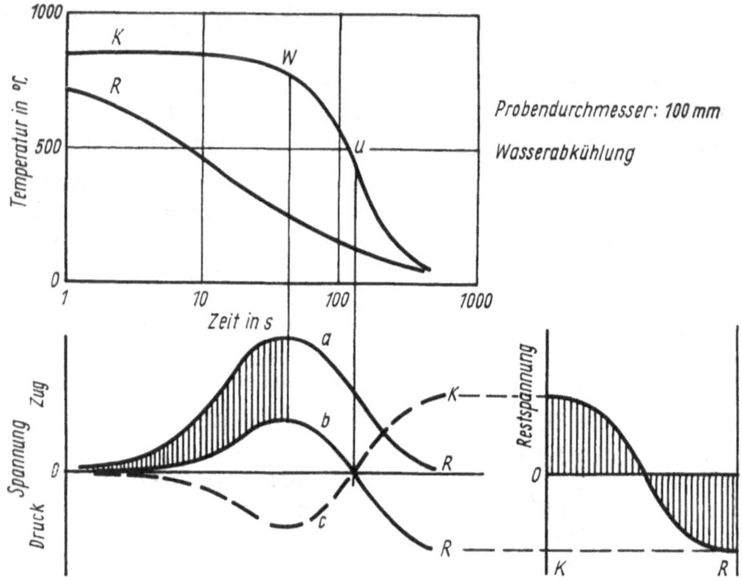

Bild 3.9. Entstehung von Wärmespannungen bei der Abkühlung ohne Berücksichtigung der Umwandlungsvorgänge (nach [8])

Vergleich zum noch heißen Kern kältere Randzone einen viel höheren Verformungswiderstand besitzt, und die Druckbeanspruchung des Kerns, die durch die äußere Schale verursacht wird, in Richtung der größten Ausdehnung größer als in Querrichtung ist, unterliegen alle Teile einer plastischen Deformation bestimmter Tendenz. Alle von der Kugelform abweichenden Körper sind bestrebt, ihre Form derjenigen der Kugel anzugleichen, indem sie in Richtung ihrer größten Ausdehnung schrumpfen und in Richtung der kleinsten Ausdehnung wachsen. Besonders stark schrumpfen vorstehende Ecken. Diese allgemeine Tendenz wirkt sich so aus, daß an würfelförmigen Körpern sich alle Flächen ausbauchen, prismatische Körper dicker und kürzer werden, und plattenförmige Körper bei einer Dickenzunahme in ihrer Flächenausdehnung schrumpfen. Diese Deformationen werden mit zunehmendem Temperaturunterschied zwischen Rand und Kern während der Abkühlung, d. h. mit steigender Abkühlungsgeschwindigkeit, Abschrecktemperatur und Abmessung sowie mit abnehmender Wärmeleitfähigkeit und Warmfestigkeit des verwendeten Werkstoffs grösser. Die praktische Beeinflußbarkeit dieser Deformation ist bei richtiger, den an das Bauteil gerichteten Anforderungen gerecht werdender Werkstoffwahl und Gestaltung allein auf die Überwachung der Einhaltung optimaler Wärmebehandlungsbedingungen beschränkt.

3.2.1.1.2. Volumenänderungen durch Gefügeumwandlungen beim Härten

Zusätzlich zu der ohne Berücksichtigung von Gefügeumwandlungen allein durch die Wärmespannungen bedingten Deformation ist das Härten stets mit Volumenänderungen infolge von Gefügeumwandlungen verbunden. So führt die Umwandlung von Ferrit in Austenit beim Erwärmen zunächst zu

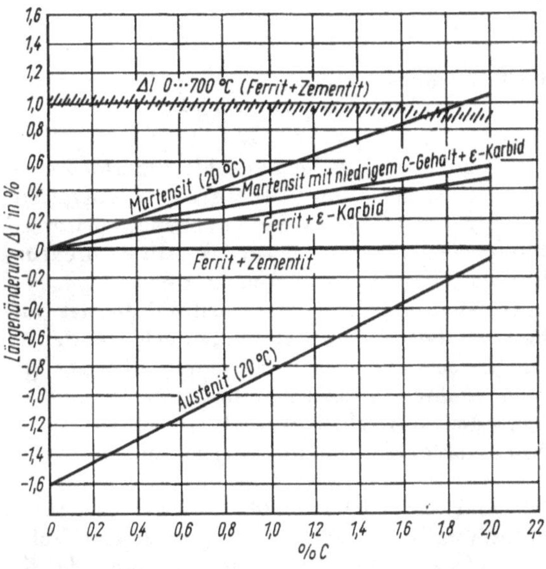

Bild 3.10. Die durch Gefügeumwandlungen unlegierter Stähle bedingten Längenänderungen in Abhängigkeit vom Kohlenstoffgehalt (nach [9])

einer Volumenminderung, der dann beim Abschrecken durch die Umwandlung des Austenits in Martensit eine Volumenvergrößerung folgt. Der beim Härten entstehende Martensit hat ein größeres spezifisches Volumen als das aus Ferrit und Zementit bestehende Weichglühgefüge vor dem Härten. Bild 3.10. zeigt die durch Gefügeumwandlungen bedingten Längenänderungen unlegierter Stähle bezogen auf das weichgeglühte perlitisch-ferritische Grundgefüge. Die Volumenzunahme bei der Martensitbildung wächst mit steigendem Kohlenstoffgehalt infolge zunehmender Verspan-

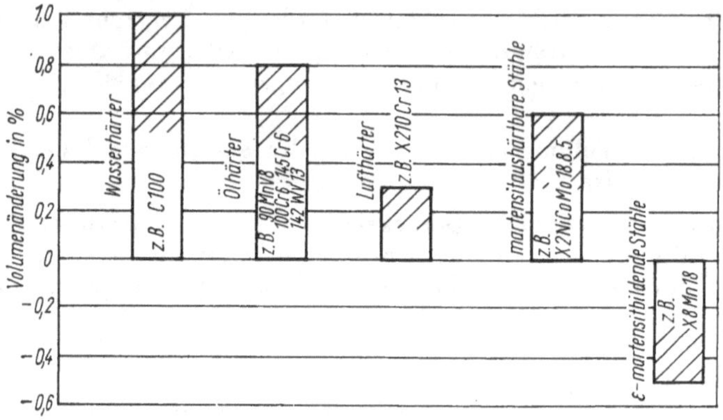

Bild 3.11. Volumenänderungen verschiedener Stähle durch Martensitbildung bei vollständigem Durchhärten

nung des Gitters und erreicht bei hochgekohlten Stählen einen Betrag, der einer Erwärmung des Stahles von 0 °C auf 700 °C entspricht. Mit zunehmender Anlaßtemperatur geht diese Volumenzunahme unter Bildung eines Übergangskarbides (ε-Karbid) wieder zurück. Auf die Bedeutung des Restaustenits wird im nächsten Abschnitt näher eingegangen.

Die Volumenzunahme für die Martensitbildung ist nicht nur vom Kohlenstoffgehalt, sondern im starken Maße auch von der Art und Menge der im Stahl enthaltenen Legierungselemente abhängig (Bild 3.11). Der größten Volumenzunahme unterliegen die unlegierten Stähle (Wasserhärter) gefolgt von den niedriglegierten (Ölhärter). Die hochlegierten ledeburitischen Chromstähle (Lufthärter) weisen die geringste Volumenzunahme auf.

Auch bei den martensitaushärtenden Stählen bewirkt die Austenit-Martensit-Umwandlung nach dem Lösungsglühen eine Volumenvergrößerung [10]. Sie ist jedoch in der Praxis uninteressant, da die Bearbeitung dieser Werkstoffe im lösungsgeglühten Zustand erfolgt. Bei hochmanganlegierten Stählen, die z. Z. noch keine nennenswerte praktische Bedeutung besitzen, tritt sogar infolge der Bildung des hexagonalen ε-Martensits — einem metastabilen Zwischenstadium bei der γ-α-Umwandlung — eine Volumenverminderung ein [11].

Neben der Zusammensetzung des Stahles beeinflußt auch die Härtetemperatur die zu erwartenden Volumenänderungen. Bei keiner Härtung erfolgt eine 100%ige Umwandlung des Austenits zu Martensit. Der Verbleib

von Restaustenit bedeutet aber, bezogen auf das Volumen des Ausgangszustandes, eine Volumenkontraktion, die der Volumendilatation infolge der Martensitbildung entgegenwirkt.' Bild 3.12 zeigt, daß mit zunehmender Austenitisierungstemperatur, besonders bei den legierten Stählen, durch Erhö-

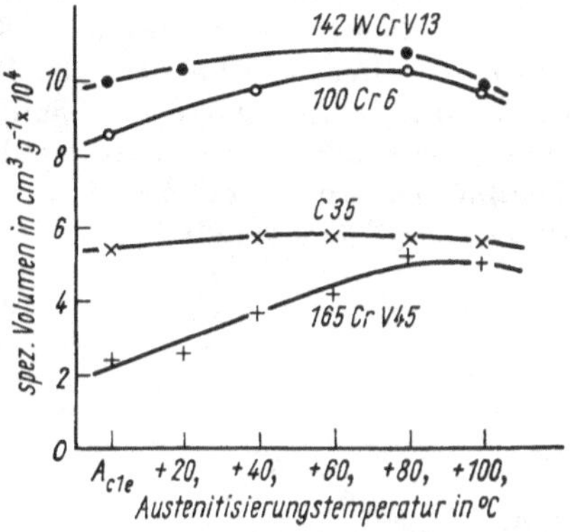

Bild 3.12. Änderung des spezifischen Volumens einiger Stähle in Abhängigkeit von der Austenitisierungstemperatur

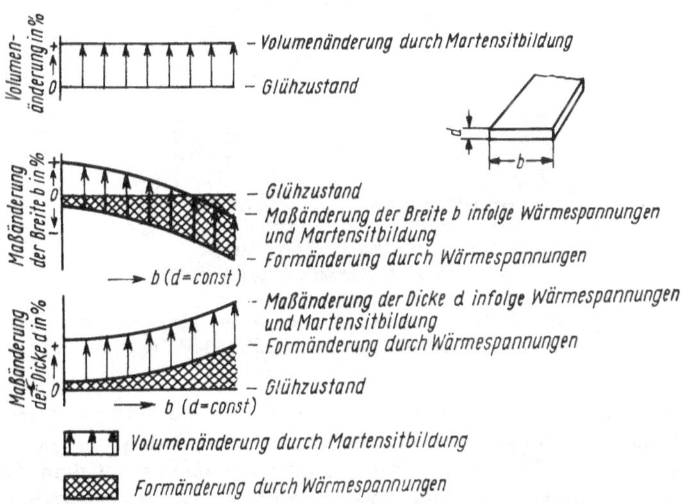

Bild 3.13. Maßänderung einer Platte der Breite *b* und der Dicke *d* bei Durchhärtung in Abhängigkeit von der Plattenbreite (nach [9])

hung des im Mischkristall gelösten Kohlenstoffgehaltes die Volumenzunahme zunächst noch gesteigert werden kann, bis sich dann der Einfluß des mit der Temperatur zunehmenden Restaustenitgehaltes bemerkbar macht.

Beim Härteprozeß überlagern sich die Volumenänderungen durch die Martensitbildung und die Formänderungen durch die Wärmespannungen. Im Bild 3.13 ist schematisch die Maßänderung einer Platte der Breite b und der Dicke d in Abhängigkeit von der Breite bei vollständiger Durchhärtung dargestellt. Während die Dicke mit steigender Breite zunimmt, kann die Breitenschrumpfung nur bis zu einer bestimmten Breite durch die Martensitbildung ausgeglichen werden. Die bei geringen Breiten noch überwiegende Volumenzunahme durch die Martensitbildung reicht ab einer bestimmten Breite nicht mehr zur Kompensierung der Breitenschrumpfung aus, und es kommt bei großen Flächenabmessungen nach dem Härten zu einer Verkürzung der Flächenmaße.

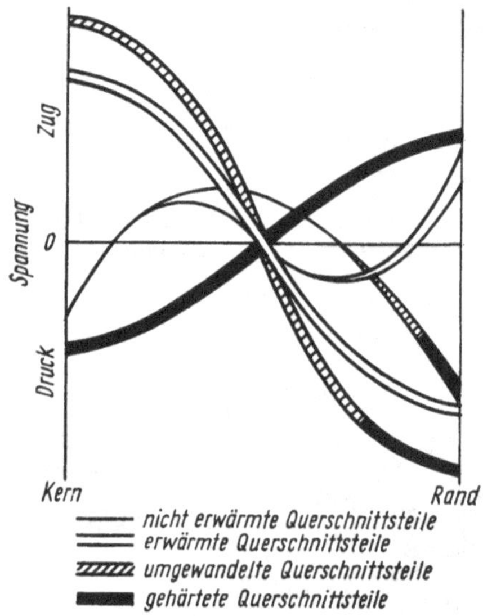

Bild 3.14. Möglicher Eigenspannungsverlauf bei Raumtemperatur nach unterschiedlicher Wärmebehandlung (nach [8])

Auch die im Bauteil verbleibenden Restspannungen werden von den Volumenänderungen beeinflußt, wobei von Bedeutung ist, ob die Umwandlung des Kerns oder des Randes vor oder nach dem Zeitpunkt der Spannungsumkehr U (Bild 3.9) stattfindet. Die grundsätzlichen Möglichkeiten des Eigenspannungsverlaufes nach Abschluß der Wärmebehandlung bei Raumtemperatur in Abhängigkeit von den erwärmten, umgewandelten bzw. gehärteten Querschnitten zeigt Bild 3.14.

Die bei der Wärmebehandlung verschiedenen Möglichkeiten der Gefügeumwandlungen beeinflussen natürlich auch den Eigenspannungszustand während der Abkühlung und zusammen mit den auftretenden Volumenänderungen die Form- und Volumenänderungen der einzelnen Wärmebehandlungsvarianten. So wird z. B. für die unvollständige Härtung des Querschnittes eines zylindrischen stabförmigen Körpers eine Längenzunahme und eine Durchmesserabnahme (mit Ausnahme der Zylinderenden, die im Durchmesser größer bleiben) vorausgesagt — eine Änderung, die der durch reine Wärmespannungen bedingten gerade entgegengesetzt gerichtet ist [9]. An induktiv gehärteten Spindeln wurden dagegen in der Praxis Längenabnahmen beobachtet.

Die in der Praxis auftretenden Maßänderungen beim Härten von Werkstücken liegen im allgemeinen zwischen den theoretisch möglichen Extremwerten. Da der Umwandlungsverlauf während der Abkühlung das Maßänderungsverhalten sehr wesentlich beeinflußt, sind die zu erwartenden Maßänderungen sowohl von der Gestalt und Abmessung des Werkstückes als auch von der Härtbarkeit des verwendeten Stahles und der Wärmebehandlungsvariante abhängig. Außerdem ist die Lage der Walzfaser von Einfluß. Ist bei einfach gestalteten Teilen eine qualitative Abschätzung der zu erwartenden Maßänderungen noch möglich, so wird eine quantitative Aussage im voraus schon problematisch, ganz abgesehen von kompliziert gestalteten Werkstücken, deren Maßänderungsverhalten oft nicht zu übersehen ist. Die Erfahrungen der Praxis lehren außerdem, daß die Chargenabhängigkeit des Maßänderungsverhaltens vielfach so groß ist, daß bei hohen Genauigkeitsforderungen nicht mit konstanten Korrekturfaktoren gearbeitet werden kann.

3.2.1.1.3. Volumenänderungen durch Gefügeumwandlungen beim Anlassen

Dem Härten schließt sich in der Regel ein Anlassen zum Zwecke des Abbaus von Spannungsspitzen und zur Zähigkeitssteigerung an, welches mit volumenändernden Gefügeumwandlungen verbunden ist. Diese bewirken eine weitere Maßveränderung der gehärteten Teile.

Nach dem Härten weist der Stahl die Gefügebestandteile Martensit und Restaustenit auf, die beide als instabile feste Lösungen zu betrachten sind. Der Zerfall beider Phasen verläuft bei Raumtemperatur mit äußerst geringer Geschwindigkeit und wird deshalb in der Praxis durch Anwendung erhöhter Temperaturen beschleunigt. In Abhängigkeit von der Temperatur unterscheidet man verschiedene Anlaßstadien, denen jeweils charakteristische Vorgänge im Gefüge zugeordnet werden. Bei Kohlenstoffstählen unterteilt man das Anlassen in folgende Intervalle [12]:

1. Anlaßstufe 100 bis 150 °C,
2. Anlaßstufe 250 bis 325 °C,
3. Anlaßstufe 325 bis 400 °C,
4. Anlaßstufe über 450 °C.

In der 1. Anlaßstufe bildet sich ohne Härteverlust aus dem Abschreckmartensit der Anlaßmartensit. Unter Verringerung der Tetragonalität des

Martensits scheidet sich aus der festen Lösung Kohlenstoff aus und bildet das hexagonale ε-Karbid. Dieses erste Stadium des Martensitzerfalls ist mit einer Volumenkontraktion verbunden (Bild 3.10).

Der Restaustenitzerfall wird der 2. Anlaßstufe zugeordnet. Man nimmt an, daß kleine Restaustenitmengen sich direkt unter Kohlenstoffanreicherung aus dem Martensit auf dem Diffusionswege in Karbid umwandeln, während größere Restaustenitmengen nach dem Mechanismus der unteren Zwischenstufe zerfallen [13]. Der Restaustenitzerfall bedingt eine Volumenvergrößerung.

In der 3. Anlaßstufe wird der restliche Kohlenstoff unter Bildung von Zementit und bei Verschwinden von ε-Karbid ausgeschieden. Das zweite Stadium des Martensitzerfalls kann grundsätzlich nach zwei Mechanismen

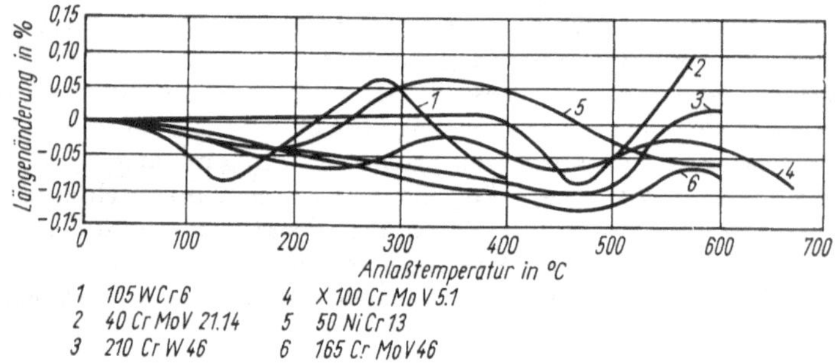

Bild 3.15. Längenänderung beim Anlassen einiger ausgewählter gehärteter Stähle in Abhängigkeit von der Anlaßtemperatur

verlaufen. Entweder wandelt sich das ε-Karbid in Zementit (Fe_3C) um, oder es erfolgt direkt eine kohärente Ausscheidung des Zementits aus dem Martensit unter Lösung des ε-Karbids. Diese Vorgänge führen wieder zu einer Volumenkontraktion.

Die 4. Anlaßstufe, die nur höher legierten Stählen eigen ist, beinhaltet die Bildung von Sonderkarbiden.

In der Praxis überlagern sich beim Erwärmen der gehärteten Teile auf Anlaßtemperatur die einzelnen Anlaßstufen, so daß die nach dem Anlassen eingetretenen Maßänderungen aus der Summe der die Einzelvorgänge begleitenden Volumenänderungen resultieren. Dabei wird bei fast allen experimentellen Untersuchungen zur Maßstabilität gehärteter Teile der Faktor Eigenspannungen ausgeklammert, obwohl alle Autoren ihre Messungen an relativ einfach gestalteten Proben vornehmen.

Im Bild 3.15 sind die Maßänderungen verschiedener Stähle beim Anlassen in Abhängigkeit von der Anlaßtemperatur aufgetragen. Bei den niedriglegierten Stählen, besonders am Beispiel des 105WCr6, kommen die einzelnen Anlaßstadien deutlich zum Ausdruck. Der Volumenkontraktion infolge der ε-Karbidausscheidung im Bereich niedriger Anlaßtemperaturen folgt durch die Restaustenitumwandlung wieder ein gewisser Volumenzuwachs, ehe dann der fortschreitende Martensitzerfall in der 3. Anlaßstufe zu einer weiteren Volumenverminderung führt. Je nach Restaustenitgehalt, der sowohl von der Härtetemperatur als auch von dem Gehalt an Legierungselementen abhängt, kann es in der 2. Anlaßstufe sogar insgesamt zu einer Volumenzunahme kommen. Die Legierungselemente beeinflussen nicht nur die Höhe des Restaustenitgehaltes, sondern auch seine Zerfallstemperatur. Bei den hochlegierten Stählen, z. B. beim 210CrW46, ist deutlich eine Stabilisierung des Austenits zu beobachten, so daß der positive Volumeneffekt erst bei wesentlich höheren Anlaßtemperaturen auftritt.

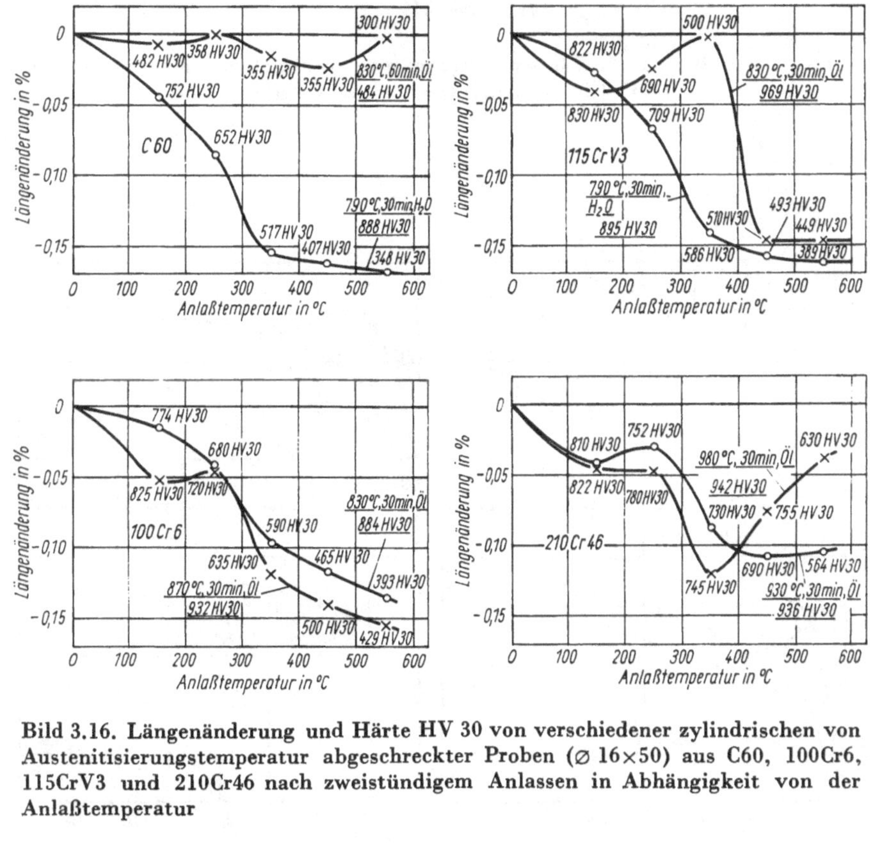

Bild 3.16. Längenänderung und Härte HV 30 von verschiedener zylindrischen von Austenitisierungstemperatur abgeschreckter Proben (⌀ 16×50) aus C60, 100Cr6, 115CrV3 und 210Cr46 nach zweistündigem Anlassen in Abhängigkeit von der Anlaßtemperatur

Die im Bild 3.15 dargestellten Längenänderungen in Abhängigkeit von der Anlaßtemperatur tragen informatorischen Charakter. Sie orientieren nur auf die Größenordnungen der zu erwartenden Änderungen, denn die Absolutwerte hängen stark von den Wärmebehandlungsbedingungen ab.

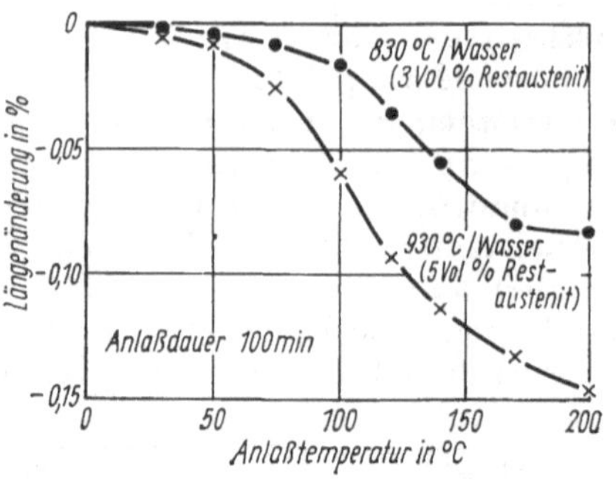

Bild 3.17. Längenänderung von gehärtetem und tiefgekühltem 85CrMo7.2 in Abhängigkeit von der Anlaßtemperatur

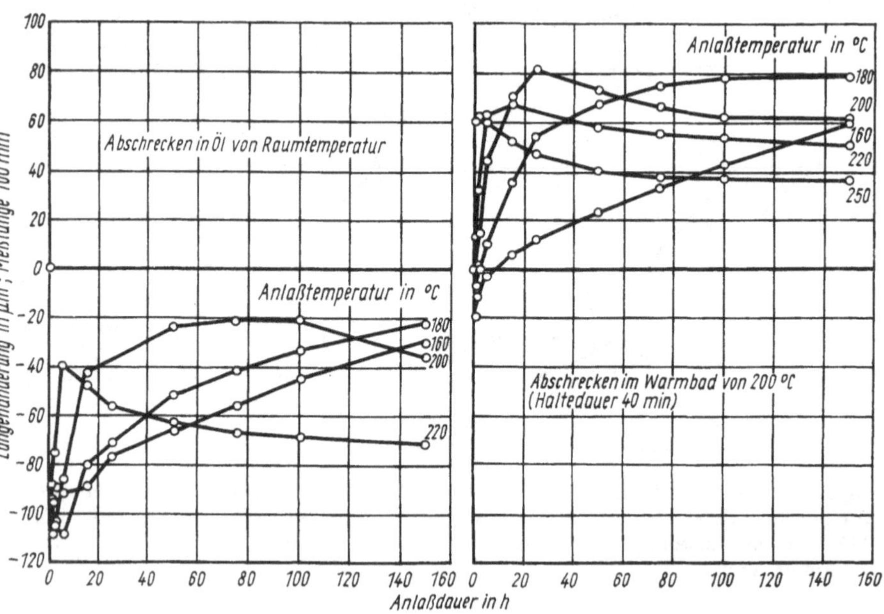

Bild 3.18. Längenänderung von 100Cr6 beim Anlassen nach dem Austenitisieren im Salzbad 20 min bei 880 °C und unterschiedlichen Abschreckbedingungen (nach [14])

Besonders die Austenitisierungstemperatur (Bild 3.16), die die Menge des in Lösung gebrachten Kohlenstoffs und den Restaustenitgehalt bestimmt, macht sich stark bemerkbar. Am Beispiel des 85CrMo7.2 (Bild 3.17) wird deutlich, daß der Abbau der mit steigender Austenitisierungstemperatur zunehmenden Tetragonalität des Abschreckmartensits durch ε-Karbidausscheidungen in der 1. Anlaßstufe zu einer mit der Austenitisierungstemperatur zunehmenden Volumenkontraktion führt. Aber auch die Abschreckbedingungen sind von Einfluß, wie Bild 3.18 am Beispiel von im Öl bei Raumtemperatur und im Warmbad abgeschreckten 100Cr6 zeigt. Die im Warmbad teilweise vorweggenommene Anlaßwirkung läßt bei dem im Warmbad abgeschreckten Stahl im wesentlichen nur noch die durch die Restaustenitumwandlung bedingte Volumenzunahme zur Geltung kommen. Lediglich bei den höheren Anlaßtemperaturen deutet sich bereits die im letzten Stadium des Anlaßvorganges mit der Karbidausscheidung verbundene Volumenkontraktion an.

Für Präzisionsteile finden auch martensitaushärtbare Stähle (siehe Abschnitt 2.1.1.10.) Anwendung. Diese Stähle werden beim Anwender lediglich durch Warmauslagern im Temperaturbereich von 430 bis 480 °C zunder- und maßänderungsarm ausgehärtet. Die Maßänderung durch Volumenkontraktion infolge der Ausscheidungsvorgänge beim Warmauslagern liegt z. B. bei dem Stahl X2NiCoMo18.8.5 mit 0,54% Titan nur bei −0,05% [10]. Diese Kontraktion wird an anderer Stelle für die aushärtenden Stähle X2NiCrMoTi18.9.5, X2CrNiMoTi11.10.2 und X2CrNiCuTiMo-13.8.2 [15] sowie für die 18% Nickel enthaltenden Nickel-Kobalt-Molybdän-Stähle [16] bestätigt. Die relativ gute Maßstabilität beim Aushärten ist aber nur ein Vorteil der martensitaushärtbaren Stähle gegenüber den herkömmlichen Werkzeugstählen.

3.2.1.1.4. Maßänderungen beim Einsatzhärten

Die theoretische Maßänderung in den Achsrichtungen bewegt sich beim Einsatzhärten, soweit sie nicht durch Verzug überdeckt wird, in der Größenordnung von +0,1 bis +0,2% [17]. Die Ergebnisse in der Praxis weichen davon je nach Abmessung der Teile sowie in Abhängigkeit von den Aufkohlungs- und Abschreckbedingungen mehr oder weniger stark ab. Für einsatzgehärtete Proben der Abmessung $10 \times 10 \times 100$ mm³ aus 20MoCr5 wurde z. B. bei einer aktiven Kohlungszeit von etwa 10 h lediglich eine mit der Aufkohlungstemperatur im Bereich von 900 bis 960 °C zunehmende Längenänderung von +0,005 bis +0,03% beobachtet. Mit Erhöhung der Aufkohlungstemperatur nimmt sowohl die Einsatzhärtungstiefe als auch die Kohlenstoffkonzentration der aufgekohlten Randzone zu.

Während bei kompakten Teilen der Kernwerkstoff für das Maßänderungsverhalten im wesentlichen verantwortlich ist, wirkt sich bei Teilen, wie sie im wissenschaftlichen Gerätebau üblich sind, die einsatzgehärtete Zone stark aus. Der Einfluß einer aufgekohlten Oberflächenzone auf das Maßänderungsverhalten entsprechend des veränderten Umwandlungsverhaltens des Stahles während der kontinuierlichen Abkühlung wird um so größer sein, je höher der Anteil der Einsatzschicht am Gesamtquerschnitt ist.

Bei dünnwandigen Teilen besteht zwischen dem Maßänderungsverhalten und den Aufkohlungsbedingungen ein charakteristischer, in Bild 3.19 angedeuteter Zusammenhang. Dieses Bild zeigt den Einfluß der Dicke runder im Warmbad gehärteter Plättchen auf die Beziehung zwischen Kohlungs-

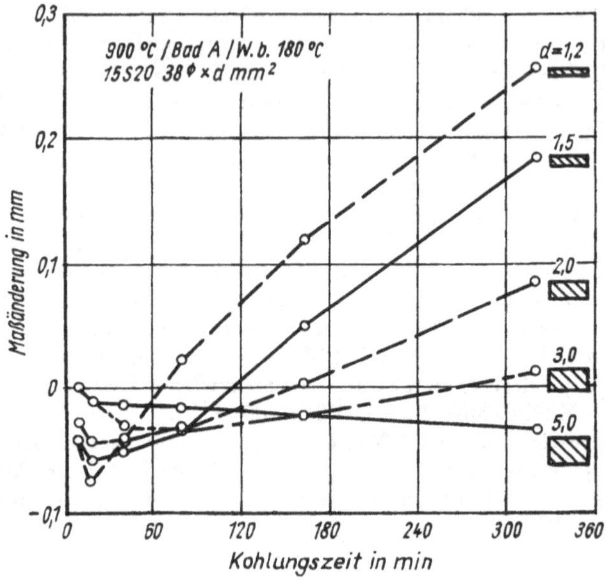

Bild 3.19. Einfluß der Dicke von runden, im Salzbad bei 900 °C aufgekohlten und im Warmbad gehärteten Plättchen mit einem Durchmesser von 38 mm aus 15S20 auf die Durchmesseränderung in Abhängigkeit von der Kohlungszeit (nach [9])

zeit und Maßänderung. Man erkennt die sich mit abnehmender Plättchendicke ausprägende Tendenz, daß mit zunehmender Kohlungszeit der Durchmesser zunächst abnimmt, ein Minimum erreicht und dann mit weiter steigender Kohlungszeit wieder wächst. Da sich die aufgekohlte Randzone zeitlich nach dem nichtaufgekohlten Kern, nachdem die Wärmespannungen ihr Maximum schon überschritten haben, in Martensit umwandelt, kommt es zunächst zu einer Verringerung der größten Abmessung. Mit zunehmendem Anteil der aufgekohlten Randzone am Gesamtquerschnitt und infolge des mit dem aufgekohlten Kohlenstoffgehalt wachsenden spezifischen Volumens des Martensits überwiegt mit wachsender Kohlungszeit die die Martensitbildung begleitende Volumenzunahme.

Die Maßänderungen sind nicht nur von der Einsatzhärtungstiefe, sondern im starken Maße auch von der Aufkohlungs- und Abschrecktemperatur abhängig (Bild 3.20). Durch Herabsetzen der Aufkohlungstemperatur in das heterogene Gebiet werden die Maßänderungen und Eigenspannungen 1. Art verringert. Damit ist es möglich, die in der Feinwerktechnik oft beobachtete Verkürzung der einsatzgehärteten Teile um mehrere zehntel Millimeter zu vermeiden [18].

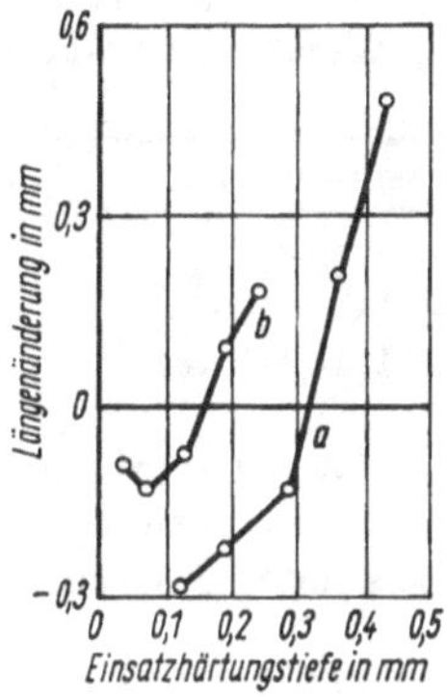

Bild 3.20. Längenänderung einsatzgehärteter Proben (200 × 10 × 1,5 mm³) aus C10 mit zunehmender Einsatzhärtungstiefe (nach [18])
a bei 900 °C in endotherm erzeugtem Trägergas und Propan, C-Potential = 1%, aufgekohlt und im Härteöl abgeschreckt;
b bei 840 °C in endotherm erzeugtem Trägergas und Propan, C-Potential = 0,8%, aufgekohlt und im Härteöl abgeschreckt

Obwohl Maßänderungen beim Einsatzhärten wegen der Vielzahl der Einflußgrößen nicht berechnet werden können, sind unregelmäßige Maßänderungen, die auf Schwankungen der Werkstoffbeschaffenheit und der Wärmebehandlungsbedingungen beruhen, zu beherrschen. Die besten Voraussetzungen dafür bieten in der Praxis Durchstoßanlagen mit relativ kleinen Chargen, getrennter Vorwärmkammer, Zwangsumwälzung der Kohlungsatmosphäre, Kohlenstoff-Potentialregelung und einer geeigneten Abschreckeinrichtung [17].

3.2.1.2. Volumenstabilität gehärteter Stähle über lange Zeiten

Nach dem Härten liegt der Stahl in einem metastabilen Zustand vor, der zwar mit zunehmender Anlaßtemperatur verändert und stabilisiert wird, aber immer noch den stabilen Zustand anstrebt. Es handelt sich dabei vor allem um die Umwandlung der metastabilen Gefügebestandteile Restaustenit und Martensit. Auch bei Zimmertemperatur werden deshalb im Laufe der Zeit im Stahl zwar mit sehr geringer, aber doch endlicher

Geschwindigkeit Vorgänge ablaufen, die denen beim Anlassen entsprechen. Wir müssen deshalb bei gehärteten Teilen immer mit gewissen Volumenänderungen über große Zeiträume hinweg rechnen. Diese müssen besonders bei Lehren, Maßstäben, Maßverkörperungen, Wälzlagern, Düsen und einer Reihe anderer Präzisionsteile berücksichtigt und durch eine gezielte Wärmebehandlung in tragbaren Grenzen gehalten werden.

Besonders hohe Anforderungen werden an die Maßstabilität von Endmaßen gestellt, deren Instabilität nach TGL 12015 zwölf Monate nach Auslieferung durch den Hersteller folgende Werte nicht übersteigen darf:

Genauigkeitsgrad	zulässige Längenänderung
00	0,02 μm + $2 \cdot 10^{-7}$Länge
0	0,02 μm + $5 \cdot 10^{-7}$Länge
1, 2, 3	0,05 μm + $1 \cdot 10^{-6}$Länge

Bei gehärteten nichtangelassenen Teilen ist eine mit der angewandten Härtetemperatur zunehmende Volumenkontraktion zu beobachten (Bild 3.21). Sie ist erklärbar, denn mit steigender Austenitisierungstem-

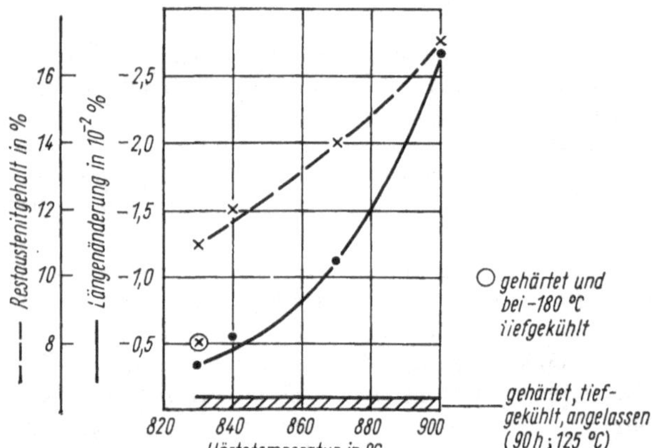

Bild 3.21. Restaustenitgehalt und Längenänderung von 100Cr6 drei Jahre nach dem Härten (Ölabschreckung) in Abhängigkeit von der Härtetemperatur

peratur steigt auf Grund der wachsenden Löslichkeit des Mischkristalls für Kohlenstoff die Tetragonalität des Abschreckmartensits und damit auch die mit seiner Verringerung verbundene Volumenkontraktion. Der mit der Austenitisierungstemperatur ebenfalls zunehmende Restaustenitgehalt verändert diese Tendenz ebenso wie eine dem Härten nachfolgende Tieftemperaturbehandlung, die der Verringerung des Restaustenitgehaltes dient, nicht. Die im gehärteten Zustand auftretenden Volumenänderungen sind relativ groß. Sie können und müssen für Präzisionsteile durch zielgerichtetes Tiefkühlen und Anlassen um mindestens eine Zehnerpotenz verringert werden. Ein Anlassen in der 1. Anlaßstufe — auch als künstliches Altern bezeichnet — mindert die Tendenz zur Volumenkontraktion über lange Zeiten erheblich und kann sogar bei hohen Restaustenitgehalten in eine Volumendilatation umschlagen (Bild 3.22).

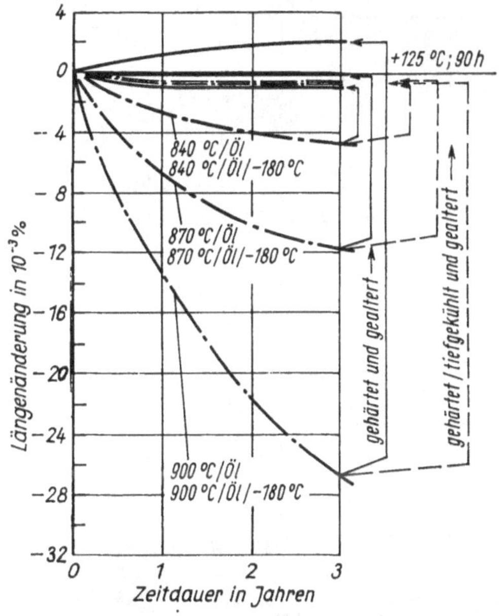

Bild 3.22. Längenänderung von 100Cr6 in Abhängigkeit vom Wärmebehandlungszustand über eine Lagerzeit von drei Jahren (nach [19])

Das Maßänderungsverhalten des in der 1. Anlaßstufe angelassenen Stahles 100Cr6 zeigt in vergrößertem Maßstab noch einmal Bild 3.23. Ein dem Härten nachfolgendes Tiefkühlen und Anlassen führt zu einer von der Härtetemperatur nahezu unabhängigen Maßverkleinerung, die zu einem beträchtlichen Teil im ersten Halbjahr abläuft. Erfolgt zwischen Härten und Anlassen keine Tieftemperaturbehandlung, verringert sich mit steigender Härtetemperatur die Verkürzungstendenz und geht ab einer bestimmten Härtetemperatur sogar in ein Wachsen der Teile über. Das Anlassen in der 1. Anlaßstufe nimmt die Volumenkontraktion infolge des Abbaus der Tetragonalität des Martensits durch die ε-Karbidausscheidung im wesentlichen vorweg, so daß im Rahmen der natürlichen Alterung nur noch sehr geringe Verkürzungen auftreten können. Ein solches Anlassen beeinflußt aber den Restaustenitgehalt nicht. Ein mit zunehmender Härtetemperatur steigender Restaustenitgehalt strebt aber auch bei Raumtemperatur allmählich noch zur Umwandlung, die bekanntlich mit einer Volumenvergrößerung verbunden ist. Bei relativ hohen Restaustenitge-

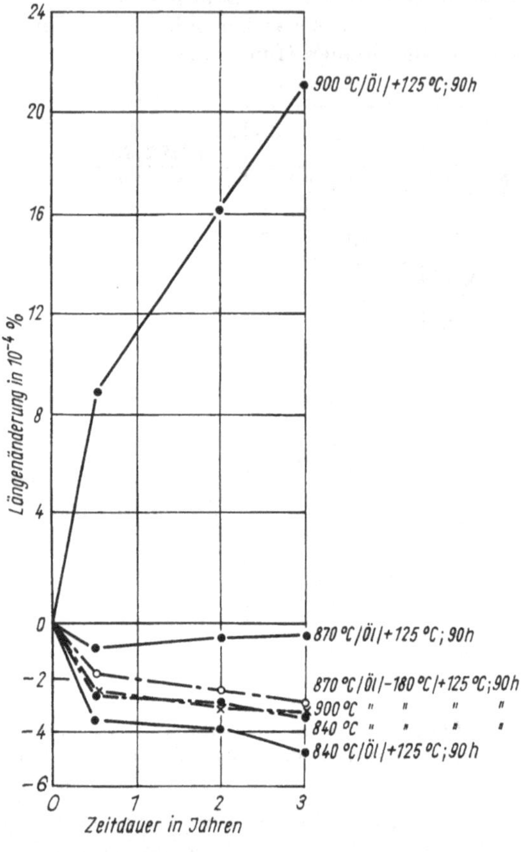

Bild 3.23. Längenänderung von angelassenem 100Cr6 über eine Lagerzeit von drei Jahren (nach [19])

halten überwiegt deshalb die Volumenzunahme infolge Restaustenitzerfalls der mit der ε-Karbidausscheidung verbundenen Volumenverminderung. Bei überhitzt gehärteten Teilen kann deshalb das Wachsen über lange Zeiten ein beachtliches Ausmaß erreichen. Bild 3.24 zeigt, daß der Stahl 100Cr6 bei Restaustenitgehalten über 15% im Laufe der Zeit bei Raumtemperatur positiven Längenänderungen unterliegt, die mit steigendem Restaustenitgehalt sehr stark zunehmen. Restaustenitgehalte unter 12% führen in jedem Fall zu Maßverringerungen, deren Ausmaß im ersten Halbjahr größer als in den darauf folgenden Jahren ist.

Für den Stahl 100Cr6 gilt zusammengefaßt, daß beste Volumenstabilität bei höchster Härte durch Abschrecken von einer knapp über dem Ac_3-

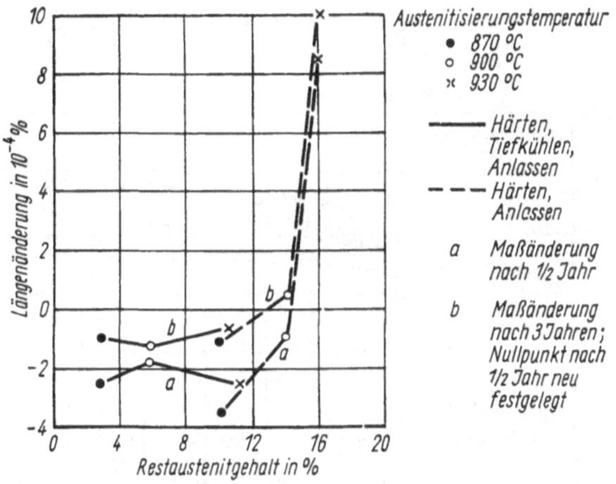

Bild 3.24. Maßänderungsverhalten von 100Cr6 in Abhängigkeit vom Restaustenitgehalt (nach [19])

Punkt liegenden Temperatur mit sofortigem Tiefkühlen (unter —135 °C) und anschließendem Anlassen (z. B. 90 h bei 125 °C) in der ersten Anlaßstufe garantiert ist. Das Tiefkühlen bietet Sicherheit gegen überhitztes Härten, das infolge des chargenabhängigen Ac_3-Punktes, wenn dieser nicht für jede Charge bestimmt wird, nicht immer zu vermeiden ist. Da im Laufe der Zeit eine gewisse Stabilisierung des Restaustenits erfolgt, muß das Tiefkühlen möglichst gleich nach dem Abschrecken vorgenommen werden. Die Volumenstabilität der gehärteten Teile wird noch beträchtlich verbessert, wenn nach dem Härten, Tiefkühlen und Anlassen der Fertigungsprozeß für einen gewissen Zeitraum unterbrochen wird. Man gibt damit dem Werkstoff die Gelegenheit, im Rahmen einer natürlichen Alterung einen beträchtlichen Teil der Volumenänderungen, die im Laufe der Zeit abklingen, vorwegzunehmen, ehe mit der Endbearbeitung begonnen wird.

Wenn auf eine Tieftemperaturbehandlung nach dem Härten verzichtet wird, müssen längere Anlaßzeiten bei höheren Temperaturen zur Erzielung der entsprechenden Stabilität angewandt werden. So setzt z. B. eine Längenänderung des Stahles 100Cr6 von weniger als 5 μm, bezogen auf 100 mm, nach 10000 h bei 100 °C — eine unter den Gesichtspunkten der Wälzlagertechnik als ausreichend angesehene Stabilität — Anlaßbehandlungen von 150 h bei 160 °C, 50 h bei 180 °C, 15 h bei 200 °C oder 5 h bei 220 °C voraus (Bild 3.25) [14]. Das anscheinend stabilere Verhalten des kurzzeitig bei 160 °C angelassenen Stahles ist auf die vorübergehende Kompensation zweier gegenläufiger, durch Martensitabbau und Restaustenitumwandlung bedingter Volumenänderungen zu erklären. Erfolgt das Abschrecken der Teile in einem angewärmten Ölbad, dann ist in Hinblick auf beste Volumenstabilität ein Nachkühlen der Teile auf möglichst tiefe Temperaturen vor dem Anlassen zu empfehlen [20].

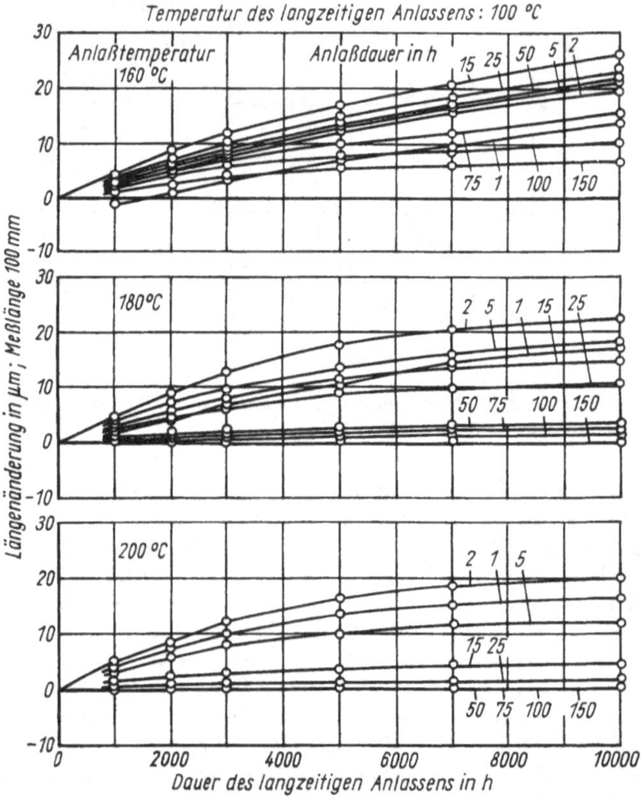

Bild 3.25. Längenänderung von 880 °C in Öl von Raumtemperatur abgeschreckter und bei 160 °C, 180 °C und 200 °C über 1 bis 150 h angelassener 100Cr6-Proben durch langzeitige Beanspruchung bei 100 °C (nach [14])

In diesem Zusammenhang sei auch das des öfteren empfohlene Regenerieren abgenutzter Lehren durch Tiefkühlen erwähnt. Es führt jedoch in der Regel nur dann zum Erfolg, wenn die Meßmittel nach dem Härten keiner Tieftemperaturbehandlung unterlagen und etwas überhitzt gehärtet wurden. Ist die letztgenannte Voraussetzung nicht erfüllt, reicht der Volumengewinn durch den Restaustenitzerfall meist nicht zum Kompensieren des Verschleißvolumens aus.

Hinsichtlich ihrer Maßstabilität sind besonders solche Teile gefährdet, die erhöhten Betriebstemperaturen ausgesetzt sind, wie z. B. Kolbenbolzen von Dieselmotoren, deren Betriebstemperatur etwa 150 °C beträgt. Unab-

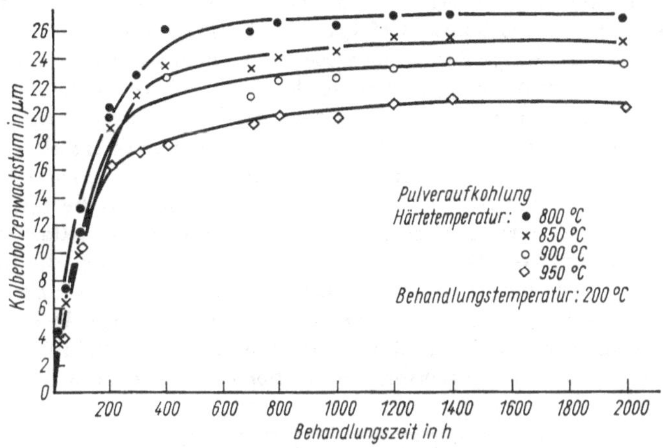

Bild 3.26. Durchmesserwachstum von Kolbenbolzen aus 16MnCr5 (65 mm ∅) nach einer Beanspruchung bei 200 °C in Abhängigkeit von der Härtetemperatur (nach [21])

hängig von der Einsatzhärtungstiefe zwischen 0,5 und 1,5 mm zeigen Kolbenbolzen aus 16MnCr5 nach dem Härten und Anlassen (2 h bei 150 °C) bei Beanspruchung auf Betriebstemperatur eine Durchmesserzunahme, deren Absolutwerte von der Härtetemperatur abhängig sind (Bild 3.26). Das Wachstum der Kolbenbolzen ist bei 150 °C erst nach 2000 h, bei 200 °C dagegen bereits nach 600 h im wesentlichen beendet [21]. Restaustenitzerfall und ε-Karbidausscheidung überlagern sich in diesem Fall. Diese Tatsache erklärt auch das mit zunehmender Abschrecktemperatur verminderte Wachstum, das trotz steigendem Restaustenitgehaltes infolge der zunehmenden Volumenkontraktion, bedingt durch die mit der Temperatur wachsenden Tetragonalität des Martensits, zustande kommt. Ein Tiefkühlen nach dem Härten führt zur Restaustenitumwandlung und damit zu praktisch wachstumsfreien Kolbenbolzen.

3.2.1.3. Volumenstabilität weicher Stähle

Auch bei weichen Stählen muß mit Volumenänderungen gerechnet werden, die mit der Alterung der Stähle einhergehen. Obwohl dem Altern der Stähle — worunter man allgemein die mit der Zeit auftretenden

Eigenschaftsänderungen eines Werkstoffes versteht – umfangreiche Untersuchungen galten, stand der Aspekt der Volumenänderungen nie im Vordergrund.

Ursache des Alterns der Stähle ist die temperaturabhängige Löslichkeit von verschiedenen, den Stählen bewußt oder unbewußt zugesetzten Elementen im Ferrit. Wird der Ferrit von erhöhten Temperaturen nahe dem Umwandlungspunkt rasch abgekühlt, entsteht ein metastabiler übersättigter α-Mischkristall. Erfolgt die Veränderung dieses metastabilen Zustandes über lange Zeit ohne wesentliche Erwärmung, dann spricht man von natürlicher Alterung, wird sie durch Abschrecken hervorgerufen und durch ein Erwärmen ausgelöst, heißt es Abschreckalterung, und wird sie durch Kaltverformung beschleunigt, bezeichnet man sie als Reckalterung. In jedem Fall findet eine Entmischung in Form von Ausscheidungen statt, über deren Mechanismus noch keine völlige Klarheit besteht, zumal sich aus der Überlagerung verschiedener Einflüsse eine Vielfalt der Erscheinungen ergibt. Bei den weichen Stählen sind besonders die interstitiellen Elemente Kohlenstoff und Stickstoff zu beachten, ohne aber den Einfluß der übrigen Legierungs- und Begleitelemente auf die Alterung vernachlässigen zu können. Man nimmt an, daß die Ausscheidung des Kohlenstoffs aus dem übersättigten Ferrit bei der Abschreckalterung mit der

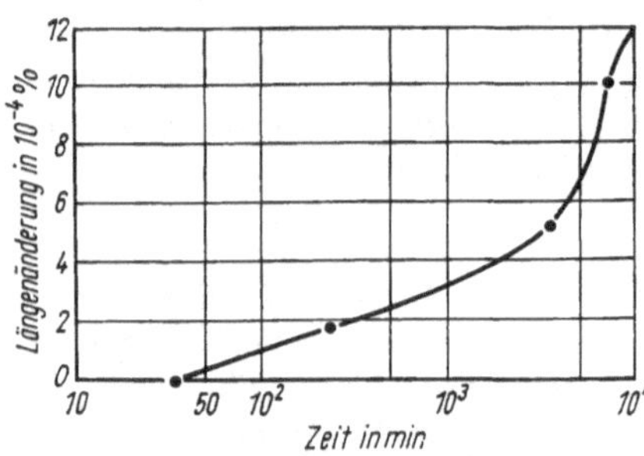

Bild 3.27. Isotherme Längenänderung von Weicheisen mit 0,03% C bei 100 °C nach einem Lösungsglühen bei 720 °C mit Luftabkühlung

ε-Karbidbildung sowohl in der Matrix als auch an Versetzungen beginn und als zweistufiger Ausscheidungsprozeß bis zur Zementitbildung fortschreitet. Es existiert aber auch die Vorstellung von einer nur einstufigen Karbidausscheidung. Der Stickstoff scheidet sich bei Temperaturen bis 250 °C als metastabile α''-Phase ($Fe_{16}N_2$) und über 250 °C als γ'-Nitrid (Fe_4N) aus [22]. Bei gemeinsamer Ausscheidung von Kohlenstoff und Stickstoff wird die Bildung von Karbonitriden angenommen.

Dieser Entmischungsprozeß ist mit Volumenänderungen verbunden. An Weicheisen wurde wiederholt infolge dieser Ausscheidungen eine geringe Längenzunahme der Proben gemessen. Bild 3.27 soll lediglich die Größenordnung des bei weichen Stählen zu erwartenden Volumeneffektes andeuten. Er dürfte für die Praxis in der Regel bedeutungslos sein, da Präzisionsteile solcher Genauigkeit in jedem Fall aus verschleißfesteren Werkstoffen gefertigt werden.

3.2.1.4. Maßänderungen beim Nitrieren

Das Nitrieren ist auf Grund seiner im Vergleich zum Härten niedrigen Arbeitstemperatur und des nicht notwendigen Abschreckens allgemein als Verfahren mit geringen Form- und Maßänderungen bekannt. Beim Nitrieren von Präzisionsteilen können sie aber trotzdem nicht vernachlässigt werden.

Auf Grund der Stickstoffaufnahme und der damit verbundenen Ausscheidungsvorgänge in der Nitrierschicht tritt eine Volumenzunahme auf. Sie führt zu einer Dickenzunahme pro Fläche von 2,5% der Nitriertiefe. Infolge der Zunahme des spezifischen Volumens in der Nitrierschicht entstehen in ihr erhebliche Druckspannungen, die auf den Kern Zugspannungen ausüben. Diese Spannungen wirken sich um so stärker aus, je kleiner die Wanddicke im Verhältnis zur Nitriertiefe ist. Man beobachtet eine zunehmende Verlängerung ΔL der Teile, die näherungsweise nach folgender Beziehung abgeschätzt werden kann [23]:

$$\Delta L = K \frac{A_N}{A_K} \text{ in\%} \quad \left(\text{gültig bis } \frac{A_N}{A_K} = 0{,}7\right);$$

A_N, A_K Querschnittsfläche der Nitrierschicht bzw. des Kerns;
K querschnittsform- und stahlmarkenabhängige Konstante.

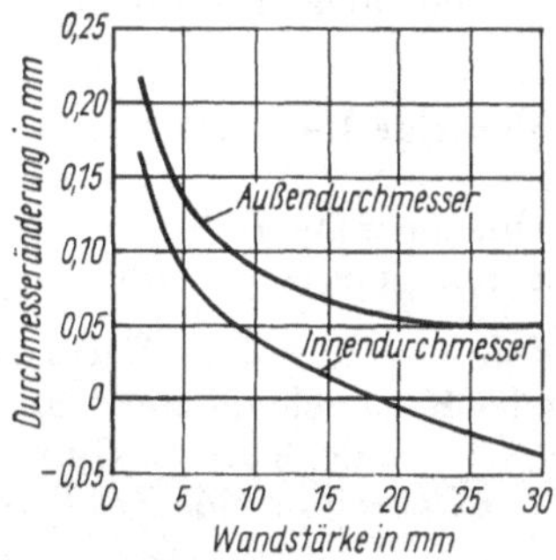

Bild 3.28. Durchmesseränderung von 72 h zweistufig (524 °C) nitrierten Hohlzylindern mit 70 mm Außendurchmesser in Abhängigkeit von der Wanddicke (nach [24])

Für den Stahl 34CrAlMo5 wurde K zu 0,3 und 0,4 und für den Stahl 31CrMoV9 zu 0,15 und 0,2 ermittelt, wobei jeweils die erstgenannte Zahl für den Kreisquerschnitt und die zweitgenannte für Quadrat- oder Flachquerschnitte gilt.

Bei sehr dünnwandigen zylindrischen Teilen muß mit beachtlichen Durchmesseränderungen gerechnet werden, wie Bild 3.28 zeigt.

3.2.2. Dimensionsstabilität von Bauteilen aus Gußeisen

Gußeisen mit Lamellen- und Kugelgraphit ist ein bewährter Konstruktionswerkstoff des wissenschaftlichen Gerätebaus. Bei kaum einem anderen Werkstoff sind aber die Möglichkeiten, die zu einer Dimensionsinstabilität führen können, so mannigfaltig und komplex wie bei Gußeisen. Will man deshalb Aussagen über die Dimensionsstabilität von Gußeisenteilen machen, so muß man zunächst die möglichen Ursachen getrennt betrachten und ihre Anteile dann abschätzen. Neben dem Verzug infolge Änderung des Eigenspannungszustandes spielen Volumenänderungen — allgemein bekannt unter dem Begriff Wachsen — eine wesentliche Rolle.

3.2.2.1. Verzug durch Eigenspannungsänderung

Jedes Gußteil ist mit mehr oder weniger hohen inneren Spannungen behaftet, deren Größe und Richtung von den Gieß- und Abkühlungsbedingungen, von den Abmessungen und der Gestalt des Teiles sowie von den Werkstoffparametern abhängen. Die Ursachen für das Entstehen der inneren Spannungen sind durch den Erstarrungs- und Abkühlungsprozeß verfahrensbedingt und auf mechanische, thermische und strukturbedingte Vorgänge zurückzuführen. Letztere bewirken vorwiegend Gefügespannungen im Mikrobereich, die sich im Makrobereich nur selten auswirken.

Innere Spannungen, im Makrobereich auch als Stückspannungen bezeichnet [25], werden durch

form- und anschnittstechnisch abhängige Behinderung der Schwindung und Kontraktion des Gußstückes,
unterschiedliche Abkühlung verschiedener Querschnitte und
unterschiedliche Abkühlung innerhalb eines Querschnittes

hervorgerufen. Diese drei Ursachen können aus einer Betrachtung der in Bild 3.29 dargestellten Verhältnisse leicht abgeleitet werden.

Wird die Kontraktion des in Bild 3.29a angedeuteten Gußstückes durch die Form behindert, so entsteht in der Querrippe eine Zugspannung.

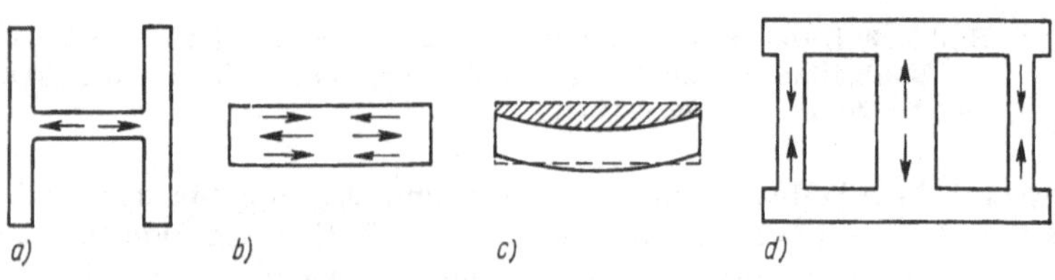

Bild 3.29. Eigenspannungszustand verschiedener Gußteilquerschnitte

Die Spannungsverteilung innerhalb eines Querschnittes beruht auf der unterschiedlichen Abkühlungsgeschwindigkeit und daraus folgernd auf einer unterschiedlichen Kontraktion der oberflächennahen Zonen und des Kerns. Die äußere Zone, z. B. einer Platte (Bild 3.29b), kühlt rascher als der Kern ab. Solange die Temperatur des Kernmaterials noch eine plastische Verformung zuläßt, werden die Druckspannungen, unter denen der Kern zunächst steht, abgebaut. Ist die Abkühlung jedoch soweit fortgeschritten, daß weder Randzone noch Kern Spannungen über eine plastische Verformung abbauen können, führt die Kontraktion des weiter abkühlenden Kerns zu der in Bild 3.29b angedeuteten Spannungsverteilung. Die auf diese Weise entstehenden Spannungen sind bei langsamer Abkühlung in Sandform in der Regel gering, können aber besonders bei plattenförmigen Teilen durch ungleichmäßiges Abarbeiten äußerer Querschnittsbereiche

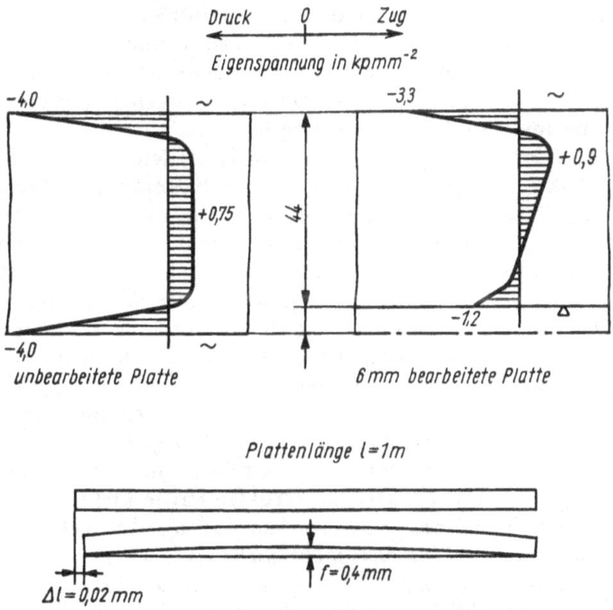

Bild 3.30. Verzug einer eigenspannungsbehafteten Platte bei einseitiger Bearbeitung (nach [26])

infolge des gestörten Gleichgewichts der inneren Spannungen zu einem Verzug der Teile führen (Bild 3.29c). Richtung und Größenordnung des Verzugs soll an Hand eines Gedankenmodells am Beispiel einer 50 mm dicken und 1 m langen Platte, die einseitig 6 mm abgearbeitet wird, im Bild 3.30 dargestellt werden. Die einseitige Bearbeitung stört das Spannungsgleichgewicht empfindlich, und die Platte verbiegt und verkürzt sich so lange, bis der Spannungsverlauf über den Querschnitt sich wieder im Gleichgewicht befindet. In diesem Fall führt die Bearbeitung zu einer Verkürzung von 0,02 mm in der Längsrichtung und einer auf die Plattenlänge bezogenen Durchbiegung von 0,4 mm.

Von größerer Bedeutung sind jedoch im allgemeinen die durch unterschiedliche Abkühlung der verschiedenen Querschnitte eines Teiles (Bild 3.29d) bedingten inneren Spannungen. Die dünneren Querschnitte kühlen sehr rasch ab und können bereits nach relativ kurzer Zeit die durch die Schwindung und Kontraktion des dickeren Querschnitts entstehenden Spannungen nicht mehr durch plastische Verformung abbauen. Die rascher abkühlenden Querschnitte stehen deshalb unter Druck- und die langsamer abkühlenden unter Zugspannungen. Die Höhe der Spannungen wird entscheidend von dem Temperaturunterschied zwischen den verschiedenen Querschnitten zum Zeitpunkt des Übergangs des verzögert abkühlenden Querschnitts in den elastischen Bereich bestimmt.

In Abhängigkeit von der Gestalt des Teiles kann es weiterhin zu einer Überlagerung mit Biege- und Torsionseigenspannungen kommen. Eine quantitative Voraussage des zu erwartenden Eigenspannungszustandes ist somit für die meisten Teile nicht möglich [27].

Die Folgen der Eigenspannungen von Gußteilen sind sowohl ein Verzug nach der Abkühlung und nach einer den Spannungszustand ändernden Bearbeitung als auch eine Verminderung der zulässigen Beanspruchung des Teiles. Innere und äußere Spannungen überlagern sich und führen zu Deformationen, die auf Grund der äußeren Spannungen allein überhaupt nicht zu erwarten sind. In ungünstigen Fällen sind die Eigenspannungen so groß, daß sie allein oder durch Überlagerung äußerer Spannungen, z. B. durch den Transport hervorgerufen, der Werkstoff nicht mehr ertragen kann, und es zur Rißbildung kommt.

Zur Vermeidung dieser unerwünschten Folgeerscheinungen hat zunächst der Konstrukteur Sorge dafür zu tragen, daß durch eine entsprechende Gestaltung der Teile die Gefahr des Entstehens innerer Spannungen soweit wie möglich gebannt wird. Die konstruktiv sowie gießtechnologisch nicht vermeidbaren Spannungen müssen dann durch entsprechende technologische Maßnahmen auf einen sich nicht mehr auswirkenden Anteil abgebaut werden. Die früher vorwiegend angewandte langzeitige Lagerung der Gußteile — auch als natürliches Altern bekannt — führt zu keiner wesentlichen Verringerung der Spannungen und gilt heute als überholt.

Die heute in der Praxis umfangreich angewandte und zugleich sicherste Methode zum Spannungsabbau stellt das Spannungsarmglühen — meist Spannungsfreiglühen genannt — dar.

Der Spannungsabbau nimmt mit zunehmender Temperatur, besonders über 400 °C, rasch zu und erfolgt durch plastische Formänderungen bis auf den Wert der Warmfließgrenze des Werkstoffes bei der angewandten Glühtemperatur. Bild 3.31 zeigt den Abbau von Eigenspannungen und die Beeinflussung der Härte mehrerer Gußeisenmarken in Abhängigkeit von der Glühtemperatur. Unter 400 °C verläuft der Spannungsabbau nur sehr unvollkommen. Die obere Temperaturgrenze liegt für unlegierten Grauguß bei etwa 550 bis 600 °C. Das ist die Temperatur, bei der Gefügeänderungen und demzufolge Eigenschaftsänderungen im merklichen Maße auftreten. Der Einfluß der Dauer einer Entspannungsglühung auf den Spannungsabbau nimmt mit zunehmender Dauer stark ab (Bild 3.32). Der Hauptanteil der Spannungen wird während der ersten Stunde, nachdem das Gußstück die vorgesehene Temperatur erreicht hat, abgebaut.

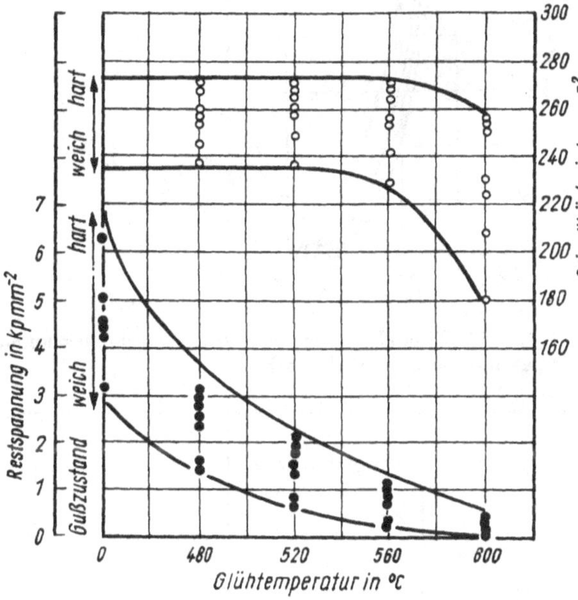

Bild 3.31. Einfluß der Glühtemperatur auf die Eigenspannungen und Härte von Gußeisen (nach [26])

Der Erfolg des Spannungsarmglühens hängt nicht allein von der optimalen Wahl der Glühtemperatur und -dauer, sondern im entscheidenden Maße auch von der Abkühlungsgeschwindigkeit ab. Eine zu hohe Abkühlungsgeschwindigkeit kann das Ergebnis jeder vorangegangenen Entspannung zunichte machen, da infolge ungleichmäßiger Abkühlung der unterschiedlichen Querschnitte des Teiles neue innere Spannungen entstehen. So konnte an Motorkurbelgehäusen nachgewiesen werden, daß nach einem Spannungsarmglühen über 6 h bei 530 °C die Eigenspannungen teilweise größer und der Spannungszustand inhomogener sein können als nach dem Gießen [27]. Im Bild 3.33 sind die Eigenspannungsbereiche, in denen die aus röntgenografischen Spannungsmessungen an einzelnen Meßpunkten ermittelten Werte liegen, nach den verschiedenen Fertigungsstufen dargestellt.

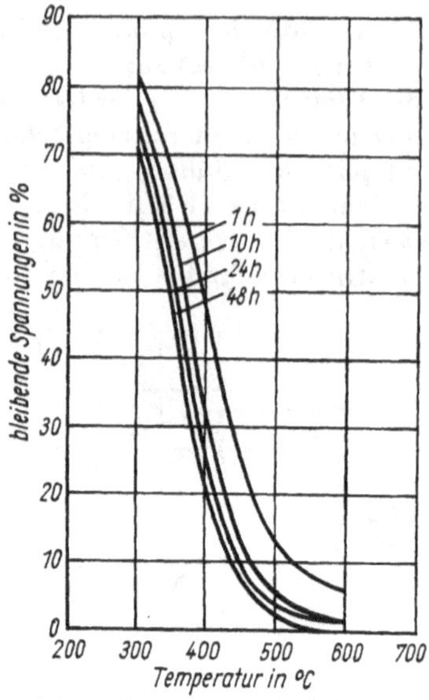

Bild 3.32. Einfluß der Dauer einer Spannungsarmglühung auf den Spannungsabbau (nach [28])

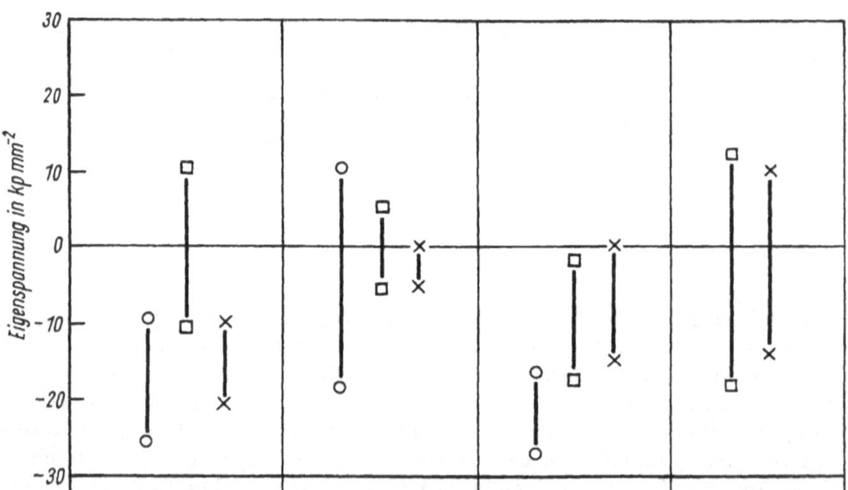

Bild 3.33. Änderung des Eigenspannungszustandes von drei Gußteilen aus GGL-20 und GGL-25 (○, □, ×) in Abhängigkeit vom Fertigungszustand (nach Werten von [27])

Die durch die spanende Bearbeitung entstehenden Eigenspannungen erstrecken sich selbst bei höheren Zerspanungsleistungen nur auf Bereiche in einer Tiefe von einigen Zehntel Millimeter von der Oberfläche [29, 30] und nehmen meist auf den Gesamtspannungszustand des Teiles keinen wesentlichen Einfluß.

Für Gußteile, die sowohl während der Fertigung (spanende Bearbeitung, Oberflächenbehandlung und besonders Lacktrocknung der fertigbearbeitenden Teile bei erhöhten Temperaturen) als auch während des Gebrauchs keinem wesentlichen Verzug unterliegen dürfen, ist eine Spannungsarmglühung zwischen 550 und 625 °C unbedingt erforderlich. Die Aufheizgeschwindigkeit soll je nach Gestalt und Abmessung der zu glühenden Teile zwischen 30 und 100 °C/h liegen, um Warmrisse durch Überlagerung von während des Aufheizens entstehenden Eigenspannungen mit den schon vom Gießen stammenden zu vermeiden. Die Teile sollen mindestens bis 300 °C, kompliziert gestaltete Teile bis zu noch tieferen Temperaturen (100 °C) im Ofen abgekühlt werden, wobei die Abkühlungsgeschwindigkeit je nach Abmessung und Gestalt des Teiles 10 bis 50 °C/h nicht überschreiten soll. Für kompliziert gestaltete Teile wären Öfen mit Luftumwälzung von Vorteil.

Der des öfteren erwähnte Abbau von Eigenspannungen in Teilen aus Gußeisen mit Lamellengraphit durch eine Rüttelbehandlung stellte sich als nur sehr unvollkommen heraus[31].

3.2.2.2. Das Kriechen von Gußeisen mit Lamellengraphit

Gußeisen mit Lamellengraphit neigt unter ruhenden Spannungen selbst bei Raumtemperatur zum Kriechen, d. h. zu fortschreitender plastischer Verformung bei konstanter Belastung. Das Kriechen von Gußeisen tritt bereits bei verhältnismäßig geringen Spannungen auf und wächst mit zunehmender Spannung erheblich an. Es nimmt mit der Zeit zwar exponentiell ab, kommt aber selbst nach 1,5 Jahren nicht zum Stillstand.

Das Ausmaß dieser Kriecherscheinungen ist Bild 3.34 zu entnehmen. Es zeigt die Änderung der Durchbiegung einseitig eingespannter Rechtkantstäbe ($220 \times 12 \times 4$ mm^3) der Gußsorten GGL-20, GGL-25 und GGL-30 nach etwa 17 h, 1 Monat und 1 Jahr in Abhängigkeit von der Biegevorspannung. Andere Autoren weisen selbst bei einer Spannung von 1,6 kp mm^{-2} noch gut meßbare Kriechvorgänge nach [26]. Das Kriechen tritt somit bereits bei Spannungen auf, die weit unter den zulässigen Werten liegen. Im Bild 3.34 sind zum Vergleich die nach [32] berechneten zulässigen Zugspannungen für ruhende Belastung mit eingezeichnet.

3.2.2.3. Volumenänderung von Gußeisen

Die irreversiblen Volumenänderungen von Gußeisen sind sowohl auf Gefügeänderungen als auch auf Reaktionen mit der umgebenden Atmosphäre (vor allem Oxydation) zurückzuführen.

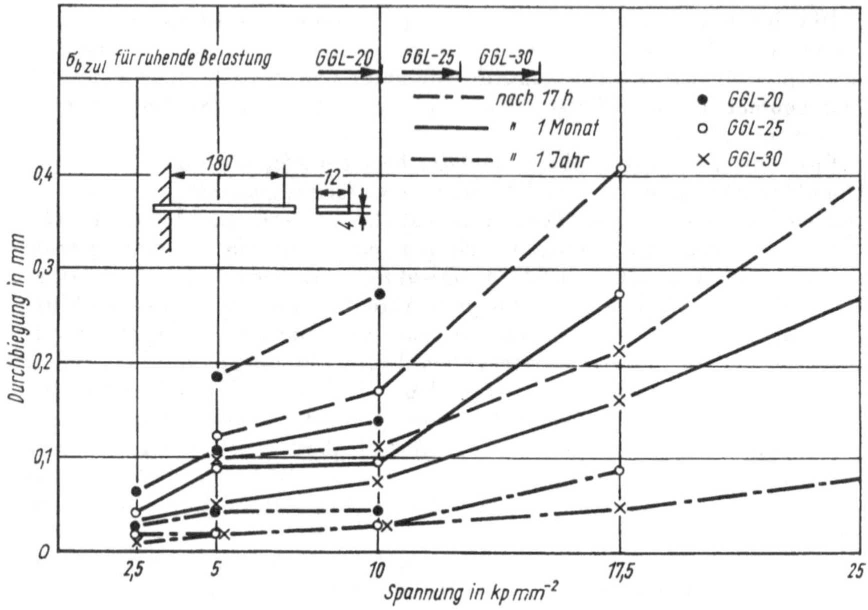

Bild 3.34. Durchbiegung ruhend belasteter Stäbe aus Gußeisen mit Lamellengraphit (nach Werten von [31])

Es ist allgemein bekannt, daß Gußeisen mit Lamellengraphit bei längerem Halten auf Temperaturen über 400 °C, bei wiederholter Erwärmung auf solche Temperaturen und besonders bei Glühungen um oder über dem Ac_3-Punkt bleibenden Volumenzunahmen in der Größenordnung bis 5% (in Extremfällen auch darüber) unterliegt. Diese Erscheinung wird als das „Wachsen von Gußeisen" bezeichnet. Sie veranlaßte eine Vielzahl von Studien, ohne sich aber über die Ursachen, besonders quantitativ, restlos einig zu werden. Zu diesem Wachstum können folgende Ursachen einen Beitrag leisten:

1. Zerfall des freien und perlitischen Zementits (Fe_3C),
2. innere Oxydation,
3. Rißbildung,
4. Diffusionsporosität.

Der Zerfall von Zementit zu Ferrit und Graphit ist auf Grund der nur geringen Dichte des Graphits (2 g cm^{-3}) mit einer Volumenzunahme verbunden, deren Absolutwert von der Höhe des gebundenen Kohlenstoffgehaltes und den Zerfallsbedingungen (Temperatur, Zeit) abhängt. Wird 1% an Fe_3C gebundener Kohlenstoff frei, so führt dies zu einer Längenzunahme von 0,71% [33]. Die Geschwindigkeit des Karbidzerfalls kann durch die Art und Menge der Legierungsbestandteile beeinflußt werden.

Die karbidstabilisierenden Elemente, besonders Cr, aber auch Ni, Mn, Sn und Cu wirken wachstumshemmend, während den Karbidzerfall fördernde Elemente, wie z. B. Si, das Wachstum begünstigen. Für unlegiertes Gußeisen wird für eine Temperatur von 715 °C folgende empirisch ermittelte Gleichung für das lineare Wachstum angegeben [28]:

lineares Wachsen in % = 0,32 − 0,21 (%Mn) + 0,13 (%Si) − 0,73 (%P).

Gußeisen mit Kugelgraphit neigt bei erhöhten Temperaturen auf Grund seiner kugelförmigen Graphitausbildung viel weniger zum Wachsen als Gußeisen mit Lamellengraphit. Der Wachstumsbetrag hängt von der Temperatur, der Dauer der Temperatureinwirkung sowie der chemischen Zusammensetzung und der Gefügeausbildung des Gußwerkstoffes ab (Bild 3.35).

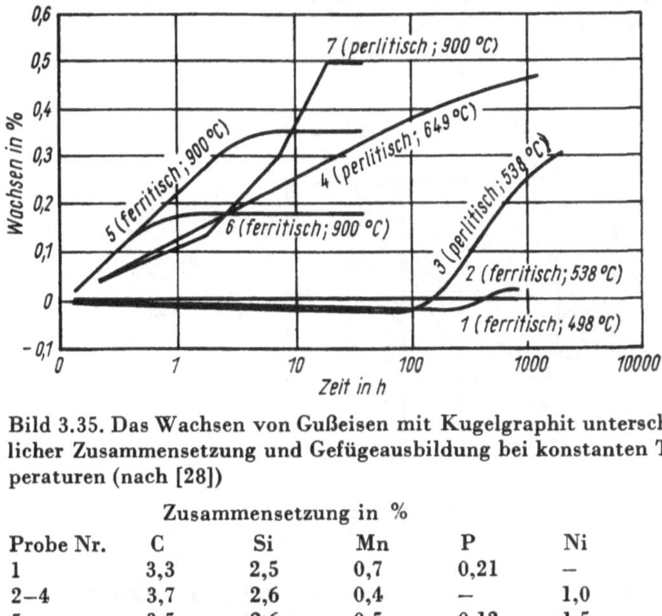

Bild 3.35. Das Wachsen von Gußeisen mit Kugelgraphit unterschiedlicher Zusammensetzung und Gefügeausbildung bei konstanten Temperaturen (nach [28])

	Zusammensetzung in %				
Probe Nr.	C	Si	Mn	P	Ni
1	3,3	2,5	0,7	0,21	–
2–4	3,7	2,6	0,4	–	1,0
5	3,5	2,6	0,5	0,12	1,5
6–7	3,4	2,2	0,5	0,13	1,9

In der Praxis wird sowohl Gußeisen mit Lamellengraphit als auch mit Kugelgraphit in großen Mengen mit Zinn oder mit Zinn und Chrom zur Perlitstabilisierung legiert. Als sich aus dem einheitlichen bei höheren Temperaturen stabilen perlitischen Gefüge ergebende Vorteile werden neben der Volumenstabilität eine erhöhte Verschleißfestigkeit, eine geringere Wanddickenabhängigkeit der Härte, eine gute Bearbeitbarkeit und eine bessere Zunderbeständigkeit genannt.

Beim Gußeisen mit Lamellengraphit kommt der inneren Oxydation zweifellos ein beachtlicher Anteil an den Volumenänderungen zu (Bild 3.36).

Die dort in Form eines zusammenhängenden Netzes erfolgte Graphitausbildung läßt die Luft, begünstigt durch das Abheben der metallischen Matrix vom Graphit beim Erwärmen auf Grund des großen Unterschiedes der Wärmeausdehnungskoeffizienten, tief in den Gußwerkstoff eindringen, und die entstehenden Oxydationsprodukte mit ihrem im Vergleich zu den Metallen größeren spezifischen Volumen bewirken die Volumenzunahme. So ist der das Wachsen stark begünstigende Einfluß des Siliziums zu einem großen Teil auf seine bevorzugte Oxydation zu SiO_2 zurückzuführen [34]. Auch die Oxydationsgeschwindigkeit wird von der chemischen Zusammensetzung und der Graphitausbildung des Gusses beeinflußt. Chromzusätze steigern den Oxydationswiderstand am wirksamsten. Gedrungene Graphitteilchen verleihen dem Grauguß bessere Volumenstabilität als eine ausgedehnte blättrige Ausbildung.

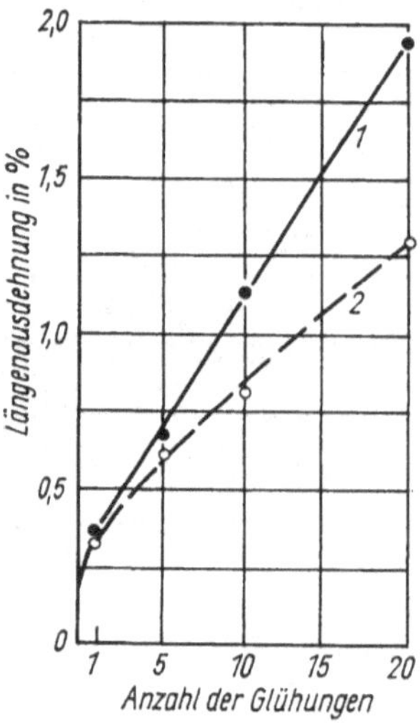

Bild 3.36. Wachsen von Gußeisen mit Lamellengraphit (3,52% C, davon 2,74% als Graphit, 2,60% Si, 0,51% Mn, 0,66% P und 0,10% S) durch wiederholtes halbstündiges Glühen bei 850 °C (nach [33])

1 offen an der Atmosphäre geglüht;
2 eingepackt, geschützt geglüht

Die Rißtheorie, die beim wiederholten Erhitzen über den Ac_3-Punkt die Ausbildung feiner innerer Risse infolge der Modifikationsänderung und thermischer Spannungen annimmt, ist zumindest für die Erklärung der großen Volumenänderungen, wie sie bei Pendelglühungen um den Ac_3-Punkt auch unter Vakuum auftreten, unbefriedigend. Die α-γ-Umwandlung ist mit einer Volumenkontraktion verbunden, die bei lamellarer Graphitausbildung unweigerlich zu inneren Spannungen führt. Es mutet aber trotzdem als unwahrscheinlich an, daß es im Bereich der Warmplastizität zur Rißbildung kommen soll.

Die bisher genannten drei Mechanismen sind jeweils an bestimmte Bedingungen geknüpft. In letzter Zeit wird ein Mechanismus universellen Charakters diskutiert, der das Wachsen sowohl unter oxydierender als auch unter nicht oxydierender Atmosphäre sowie unabhängig von der Graphitausbildung erklärt [35,36]. Er geht davon aus, daß oberhalb des Ac_3-Punktes ein Teil des als Graphit vorliegenden Kohlenstoffgehaltes im Austenit gelöst wird und sich beim Abkühlen wieder ausscheidet. Das Lösen des Graphits im Austenit ist nicht nur mit einer Gitteraufweitung, die beim Ausscheiden natürlich wieder zurückgeht, verbunden, sondern auch mit einer Diffusionsporosität entsprechend des Kirkendall-Effektes. Dieser besagt, daß bei gegenseitiger Diffusion von Partnern mit sehr unterschiedlichen partiellen Diffusionskoeffizienten im schneller diffundierenden Partner, sobald er in den anderen eindiffundiert, Löcher entstehen. Da sich bei den Diffusionspartnern Kohlenstoff und Eisen die Diffusionskoeffizienten um einige Zehnerpotenzen unterscheiden, entstehen beim Lösen des Kohlenstoffs, d. h. bei der Diffusion vom Kohlenstoff in den Austenit, im Graphit Löcher, die die bleibende Volumenzunahme verursachen, wenn sich der Kohlenstoff als Graphit während der Abkühlung an neuen Stellen wieder abscheidet.

Bei der Fertigung von Präzisionsteilen interessieren die soeben beschriebenen, unter dem Begriff Wachsen bekannten Volumenänderungen weniger als die Frage, ob auch unter 400 °C Volumenänderungen auftreten, und in welcher Größenordnung sie sich bewegen. Im Gegensatz zu den Literaturangaben [34, 37], die bis 400 °C eine vollkommene Volumenstabilität annehmen, sind selbst bei 250 °C noch Volumenänderungen nachweisbar, die in früheren Arbeiten sicher wegen der unzureichenden Meßgenauigkeit nicht erfaßt werden konnten.

An GGL-15 und GGL-25 der in Tabelle 3.1 angegebenen Zusammensetzung ist beim isothermen Glühen im Temperaturbereich von 150 bis 350 °C ein mit der Temperatur zunehmendes Wachsen zu beobachten (Bild 3.37). Für GGL-15 wurde jeweils eine größere Volumenzunahme als für GGL-25 ermittelt. Ein vorangegangenes Entspannungsglühen bei 550 °C mindert das Wachsen teilweise erheblich, kann es aber nicht verhindern.

Tabelle 3.1.
Eigenschaften der untersuchten Gußproben

Gußeisenmarke	Zusammensetzung in %						Perlitanteil	Härte HB 5/750
	C ges.	C geb.	Si	Mn	P	S	in %	
GGL-15	3,26	0,43	2,90	0,61	0,14	0,081	10...45	122
GGL-25	3,25	0,53	2,07	0,73	0,13	0,083	>90	166

Die Ursachen des Wachsens bei diesen niedrigen Temperaturen werden sich zumindest teilweise von denen für hohe Temperaturen geschilderten unterscheiden. Auszuschließen sind mit Sicherheit die Diffusionsporosität, die innere Rißbildung und auch der Karbidzerfall. Als Zerfallstemperatur für reines Fe_3C wurden 400 °C [38] oder noch höhere Temperaturen [39] ermittelt. Die Zerfallstemperatur für als Gefügebestandteil in Legierungen vorliegendes Fe_3C dürfte noch höher liegen, da der durch die Volumenver-

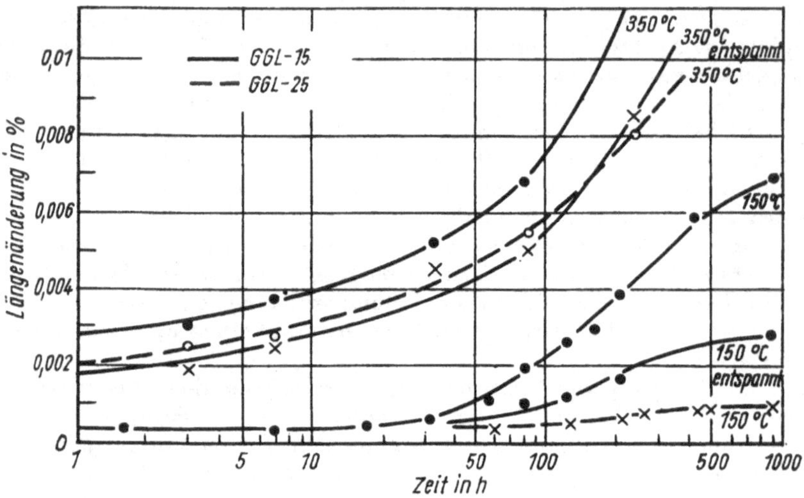

Bild 3.37. Längenänderung von GGL-15 und GGL-25 nach isothermen Glühen bei 150 und 350 °C

größerung bedingte Druckanstieg im Inneren dem Zerfall entgegenwirkt. Eine innere Oxydation, die bei Gußeisen erst oberhalb 650 °C auftreten soll [28], ist aber nicht ausgeschlossen, wie die Ergebnisse in Bild 3.38 beweisen. Hinzu kommt die Entmischung übersättigter Mischkristalle, die ebenfalls mit Volumenänderungen verbunden ist. Bei der relativ schnellen Abkühlung der Gußteile kann sich im Ferrit nie die Gleichgewichtskonzentration einstellen. Er wird bei Raumtemperatur stets, vor allem an Kohlenstoff, übersättigt und somit bestrebt sein, über eine Entmischung (vorwiegend Tertiär-Zementit- und Nitridausscheidungen) den Gleichgewichtszustand anzunehmen.

Oxydation und Entmischung des Ferrits verursachen bei Gußeisen mit Lamellengraphit die zwei wesentlichsten Anteile der Volumenänderungen beim Erwärmen auf Temperaturen unter 400 °C. Im Vergleich zur Erwärmung an normaler Atmosphäre zeigen die unter einem Vakuum von 10^{-4} Torr behandelten Proben nur eine etwa halb so große Längenzunahme. Die Differenz muß deshalb auf Reaktionen mit der Atmosphäre zurückzuführen sein. Daß die Entmischung des Ferrits, die natürlich auch unter Vakuum abläuft, zu einer Volumenzunahme führt, konnte an Reineisen mit 0,05% Kohlenstoff bestätigt werden. Reineisenproben, die bei der Temperatur der maximalen Löslichkeit für Kohlenstoff bei 720 °C geglüht und anschließend zwecks Verhinderung einer weitgehenden Entmischung an Luft abgekühlt wurden, unterliegen beim isothermen Anlassen bei 250 °C Volumenzunahmen, die beträchtlich über den Werten des Gußeisens

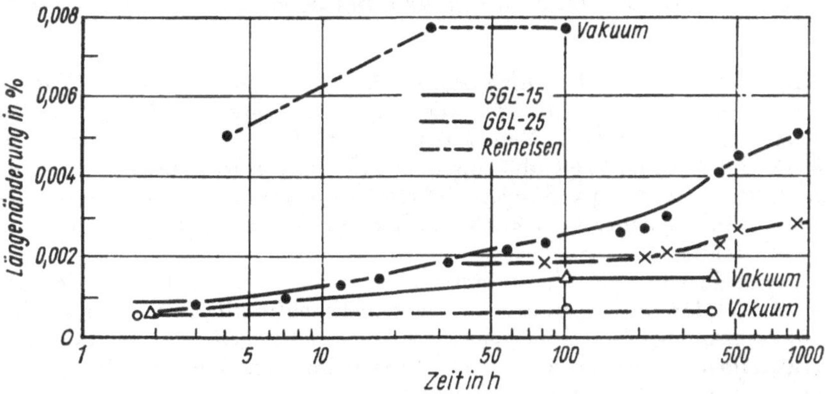

Bild 3.38. Längenänderung von GGL-15, GGL-25 und Reineisen nach isothermen Glühen bei 250 °C an Luft und im Vakuum

liegen. Der von der Entmischung stammende Anteil der Volumenzunahme des Gußeisens hängt von der Abkühlungsgeschwindigkeit, d. h. dem Grad der Übersättigung, und dem Ferritanteil des Werkstoffes ab. Mit steigender Abkühlungsgeschwindigkeit und wachsendem Ferritvolumen nimmt er zu. Das erklärt auch die an GGL-15 stets größeren gemessenen Volumenänderungen als an GGL-25 und die wachstumshemmende Wirkung des vorangegangenen Entspannungsglühens, welches infolge der bewußt langsam geführten Abkühlung den Übersättigungsgrad des Ferrits stark mindert.

3.2.2.4. Schlußfolgerungen

An Eigenspannungen arme, durch gußgerechte Konstruktion und optimale Wärmebehandlung erhaltene Gußrohlinge bzw. vorgearbeitete Teile sind die Voraussetzung für dimensionsstabile Bauteile aus Gußeisen mit Lamellen- und Kugelgraphit. Der Erfolg einer Entspannungsglühung hängt von der gleichmäßigen Erwärmung und besonders der gleichmäßigen Abkühlung aller Querschnitte des Teiles ab. Für Gußeisenteile, deren Betriebstemperatur in der Regel von Raumtemperatur kaum wesentlich abweicht, ist das Wachsen bei Temperaturen über 400 °C nur hinsichtlich der Festlegung der Größe der Aufmaße vor der Wärmebehandlung zu beachten.

Bei Dauerbeanspruchung der Teile unter 400 °C muß mit Volumenänderungen gerechnet werden, die unter Umständen auch 0,01% Längenänderung übersteigen. Volumenänderungen infolge kurzzeitiger Erwärmung auf Temperaturen unter 400 °C ($<$10 h, z. B. Lacktrocknen) können in der Regel unbeachtet bleiben, da sie 0,005% Längenänderung nicht überschreiten.

3.3. Dimensionsstabilität von Bauteilen aus Aluminiumwerkstoffen

Die Beherrschung der Dimensionsstabilität ist eine wesentliche Voraussetzung für den verstärkten Einsatz von Aluminiumwerkstoffen im wissenschaftlichen Gerätebau. Neben der eigentlichen Volumenstabilität des Werkstoffes, die im Folgenden ausführlich behandelt wird, müssen vor allem der Einfluß innerer Spannungen, der relativ große Längenausdehnungskoeffizient, ein möglicher Verschleiß und der relativ niedrige Elastizitätsmodul berücksichtigt werden.

Die Halbzeuge aus Aluminium und Aluminiumlegierungen werden entsprechend der garantierten Festigkeitseigenschaften im mehr oder weniger kaltverformten oder im ausgehärteten Zustand angeliefert. Vor allem der kaltverformte Zustand birgt gefährliche innere Spannungen, die während der spanenden Bearbeitung durch Veränderung des Eigenspannungszustandes des Halbzeuges zu unerwünschtem Verzug führen können. Durch ein Spannungsarmglühen zwischen 150 und 300 °C oder ein Weichglühen zwischen 300 und 450 °C können sie zwar weitgehend abgebaut werden, doch ist damit gleichzeitig eine Entfestigung verbunden, die sowohl die zulässige Beanspruchung des Werkstoffes als auch seine Spanbarkeit mindert. Dieser Tatsache ist unbedingt Rechnung zu tragen, wenn man bei der auf den kaltverformten Zustand bezogenen Belastung nicht vom elastischen in den plastischen Bereich kommen will.

Aluminiumgußteile sind ebenfalls mit Eigenspannungen behaftet, deren Ursachen im wesentlichen den bei Gußeisen (siehe Abschnitt 3.2.2.1.) geschilderten entsprechen. Ihr Abbau gelingt entweder durch eine entsprechende Spannungsarmglühung, durch nachträgliches Aushärten oder durch eine volumenstabilisierende Behandlung.

Der Längenausdehnungskoeffizient der Aluminumwerkstoffe ist doppelt so groß wie bei Eisenwerkstoffen (mit Ausnahme der austenitischen Stähle) und bereitet nicht nur Schwierigkeiten hinsichtlich der absoluten Längenausdehnung, sondern auch bei der Kombination von Eisen- und Aluminiumbauteilen. Der Längenausdehnungskoeffizient unterliegt auch bei Aluminiumwerkstoffen relativ starken, vom Gefügezustand und von der Zusammensetzung abhängigen Schwankungen. Zum Beispiel wurden für GD-AlSi10Mg-Legierungen Werte zwischen 17,0 und $21{,}4 \cdot 10^{-6}$ grd^{-1} gemessen.

Verschleißbeanspruchte Aluminiumteile sind in jedem Fall zu anodisieren. Dabei ist das Hartanodisieren zu bevorzugen, da es im Gegensatz zum herkömmlichen, vor allem dem Korrosionsschutz dienenden Anodisieren, ein nachträgliches Feinstbearbeiten (Schleifen, Läppen) auf Grund der wesentlich größeren Schichtdicke zuläßt.

Die eigentlichen Volumenänderungen des Werkstoffes, die sowohl während des technologischen Fertigungsprozesses des Einzelteiles als auch während des Gebrauchs des Erzeugnisses möglich sind, müssen bewußt berücksichtigt werden, wenn eine reproduzierbare Fertigung von Präzisionsteilen aus Aluminiumwerkstoffen und eine sichere Funktion der Erzeugnisse garantiert werden sollen. Der Volumenstabilität von Aluminiumwerkstoffen wurde jedoch bisher wenig Aufmerksamkeit gewidmet. Sie soll deshalb ausführlich behandelt werden.

Unsere technischen Aluminiumwerkstoffe liegen alle als Halbzeug oder Gußteil in einem mehr oder weniger instabilen Zustand vor. Er ist entweder durch eine technologisch verfahrensbedingte relativ hohe Abkühlungsgeschwindigkeit bedingt oder infolge des Aushärtungseffektes bewußt angestrebt. Volumenänderungen von Aluminiumwerkstoffen sind deshalb hauptsächlich durch die Entmischung übersättigter Mischkristalle und die damit verbundenen Phasenänderungen zu erwarten. In den nächsten Abschnitten werden die möglichen Volumenänderungen der im wissenschaftlichen Gerätebau vorwiegend verarbeiteten Legierungen und die Möglichkeiten zu deren Stabilisierung näher untersucht.

3.3.1. Volumenstabilität von Aluminiumknetlegierungen

3.3.1.1. Aluminium-Magnesium-Legierungen

Von den nicht aushärtenden Aluminiumknetlegierungen werden im wissenschaftlichen Gerätebau vorwiegend die Aluminium-Magnesium-Legierungen der Marken AlMg3, AlMg5 und AlMg7 verarbeitet.

Im System Aluminium-Magnesium liegt eine begrenzte und stark temperaturabhängige Löslichkeit für Magnesium im α-Mischkristall vor, so daß bei Raumtemperatur für diese Legierungen der heterogene Zustand bestehend aus α-Mischkristallen und β-Phase (Al_3Mg_2) der thermodynamisch stabile ist. Mit Rücksicht auf ihre Neigung zur interkristallinen Korrosion im heterogenen Zustand werden die Aluminium-Magnesium-Legierungen aber in einem mehr oder weniger homogenen Zustand angeliefert und verarbeitet. In diesem Zustand bestehen sie aus an Magnesium übersättigten α-Mischkristallen, die erreicht werden durch rasches Abkühlen von Temperaturen hoher Löslichkeit des α-Mischkristalls für Magnesium (>400 °C). Das birgt aber die Gefahr einer mit zunehmender Temperatur begünstigten Entmischung, welche mit Volumenänderungen verbunden ist.

Homogenisierte und abgeschreckte Aluminium-Magnesium-Legierungen zeigen selbst bei Raumtemperatur Volumenänderungen. Es wurden jeweils

Volumenkontraktionen gemessen. An einer reinen Aluminium-Magnesium-Legierung mit 9,88% Magnesium stellte man nach einem Homogenisieren bei 420 °C mit Luftabkühlung nach 100stündigem Lagern eine Längenänderung von $-3{,}6 \cdot 10^{-3}$% fest [40]. Im Gegensatz zu einer dabei gemachten Feststellung, daß eine solche Verkürzung bei in Wasser abgeschreckten Proben nicht erfolgt, kann man auch nach dem Abschrecken diesen Effekt beobachten [41]. Für eine Legierung mit 8,00% Magnesium, 0,17% Mangan und 0,95% Zink wurde nach dem Abschrecken von 430 °C nach 100stündigem Lagern eine Verkürzung von $4 \cdot 10^{-3}$% gemessen (siehe auch Abschnitt 3.3.2.1.). Dieser Volumeneffekt ist auf die Zonenbildung im Sinne einer Entmischung in allseitiger Kohärenz mit dem Gitter zurückzuführen. Die Entmischung geht dabei vor allem durch Zunahme der Zahl der Zonen und weniger über das Wachstum der Zonen vor sich.

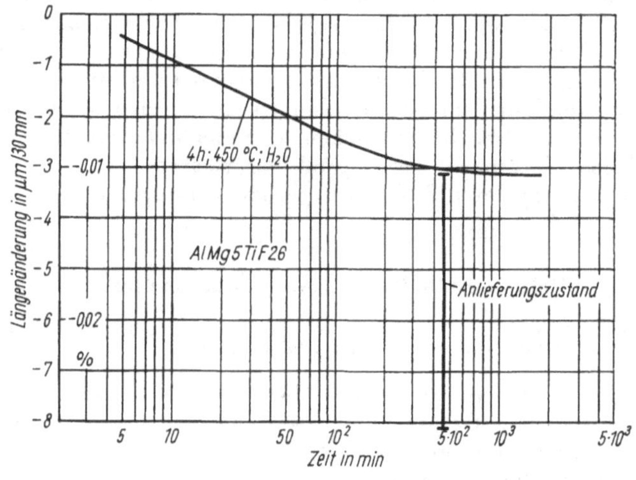

Bild 3.39. Längenänderung der Legierung AlMg5(S) beim Warmauslagern im Temperaturbereich zwischen 100 und 220 °C

An bei 450 °C homogenisierten AlMg5 (S) wurde beobachtet, daß während einer Erwärmung auf Temperaturen zwischen 100 und 220 °C unabhängig von der Temperatur eine Volumenkontraktion entsprechend des im Bild 3.39 dargestellten Verlaufs auftritt. Alle Proben zeigten eine stetige Verkürzung, die nach 5 h im wesentlichen abgeschlossen ist und einen Wert von etwa 0,01% erreicht. Auch im Anlieferungszustand unterliegt diese Legierung bei einer Temperaturbeanspruchung zwischen 100 und 220 °C einer kontinuierlich mit der Zeit zunehmenden Kontraktion. Nach 5stündiger Wärmebehandlung wurden Werte zwischen 0,01 und 0,03% gemessen. Es konnte ebenfalls keine Systematik in Bezug auf die Temperatur festgestellt werden, so daß die Vermutung nahe liegt, daß noch andere

Faktoren, z. B. innere Spannungen, die Geschwindigkeit und das Ausmaß der Volumenänderungen beeinflussen. Außerdem ist, wenn man eine Entmischung bis zur Gleichgewichtsphase β (Al_3Mg_2) mit kubisch flächenzentrierter Struktur und einer Gitterkonstanten von 28,16 Å annimmt, auf Grund der Änderung der Gitterparameter eine wesentlich größere Volumenkontraktion zu erwarten. Diese Struktur wird aber angezweifelt; andere Autoren fanden eine hexagonale Struktur [42, 43].

Bei homogenen Aluminium-Magnesium-Legierungen muß somit infolge von Entmischungsvorgängen mit Volumenkontraktionen gerechnet werden. Sind die Längenänderungen bei Raumtemperatur zu vernachlässigen, da auch meist zwischen Homogenisierung des Halbzeugs und Verarbeitung desselben ein mehr oder weniger großer Zeitraum liegt, in dem die Entmischung weitgehend ablaufen kann, so müssen die Längenänderungen infolge einer Erwärmung des maßlich fertig bearbeiteten Teiles unter Umständen berücksichtigt werden. Sie liegen um eine Größenordnung höher und bewegen sich für AlMg5 im Bereich einer Verkürzung um einige Hundertstel Prozent. Durch eine heterogenisierende Wärmebehandlung (z. B. 8 h bei 160 °C) kann die Legierung zwar in einen volumenstabilen Zustand überführt werden, der aber eine Verschlechterung der Korrosionsbeständigkeit, besonders gegenüber interkristaller und Spannungskorrosionen, zur Folge hat. Dieser Nachteil ist bei korrosiv beanspruchten Teilen zu berücksichtigen.

3.3.1.2. Aluminium-Kupfer-Magnesium-Legierungen

An einer binären Aluminium-Kupfer-Legierung mit 4,08% Kupfer (Rest Reinstaluminium 99,99%) wurden die einzelnen Phasen der Entmischung volumenmäßig verfolgt (Bild 3.40) [44]. Nach dem Lösungsglühen (525 °C in Wasser abgeschreckt) führen Temperaturen bis zu 100 °C infolge der einphasigen Entmischung ausschließlich zu einer Volumenkontraktion. Bei Temperaturen bis zu 200 °C folgt auf die Kontraktion infolge Ausbildung der Θ'-Phase eine Dilatation. Dabei überlagern sich die beiden Vorgänge, und mit zunehmender Temperatur wird die Kontraktion durch die Volumenzunahme infolge der Ausscheidung überdeckt. Temperaturen über 200 °C bewirken ausschließlich eine Volumenzunahme. Die Umwandlung der Θ'-Phase in die Θ-Phase verursacht bei Temperaturen über 260 °C im Anschluß an die Dilatation wieder eine Kontraktion. Oberhalb von 200 °C nimmt der Absolutwert der Volumenzunahme kontinuierlich mit der mit der Temperatur steigenden Löslichkeit des Mischkristalls für Kupfer ab.

Die Kinetik der Entmischung und die Art der Volumenänderung sind bei Aluminium-Kupfer-Magnesium-Legierungen stark von der Zusammensetzung abhängig. Es besteht ein Zusammenhang zwischen dem Verhältnis des Kupfergehaltes zu dem des Magnesiums und der Art der Volumenänderung beim Auslagern bei Raumtemperatur nach dem Lösungsglühen.

Bei einem Verhältnis <4 ist eine Volumenzunahme zu erwarten, und bei einem Verhältnis zwischen 4 bis 10 folgt der Volumenzunahme nach einer gewissen Zeit wieder eine Abnahme, die sich größenordnungsmäßig kompensieren können. Ein Verhältnis über 10 führt ausschließlich zu einer Kontraktion [41].

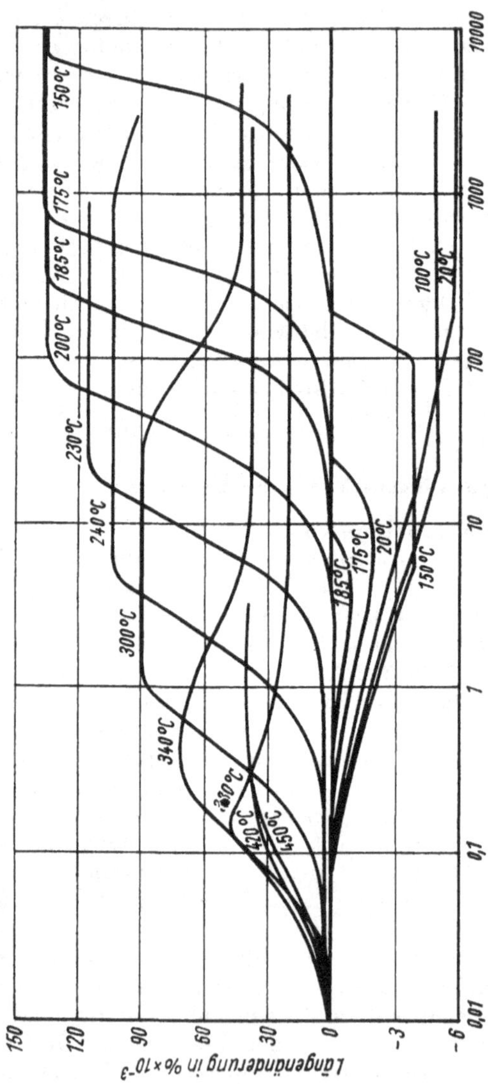

Bild 3.40. Längenänderung einer Al-Cu-Legierung mit 4% Cu bei verschiedenen Auslagerungstemperaturen (nach [44])

Im vorschriftsmäßig ausgehärteten Zustand weisen die Legierungen eine gegen alle klimatisch bedingten Temperaturschwankungen auch für höchste Ansprüche ausreichende Volumenstabilität auf. Lediglich bei langzeitiger Beanspruchung über 100 °C ist die mögliche Volumenzunahme in der Größenordnung bis zu einigen Zehntel Prozent zu berücksichtigen.

3.3.1.3. Aluminium-Magnesium-Silizium-Legierungen

Obwohl das Aushärtungsverhalten der technisch sehr wichtigen Aluminium-Magnesium-Silizium-Legierungen eingehend studiert wurde, sind die Kenntnisse über die die Entmischung begleitenden Volumenänderungen noch sehr lückenhaft. Die Reihenfolge für den Entmischungsverlauf von Aluminium-Magnesium-Silizium-Legierungen sieht man heute so, daß zunächst nadelförmige Guinier-Preston-Zonen entstehen, die sich später durch Ausprägen einer inneren Ordnung stabilisieren. Vor Bildung der stabilen Gleichgewichtsphase Mg_2Si in Form von Plättchen beobachtet man stäbchenförmige Ausscheidungen, die teilweise kohärent sind. Es liegen aber keine Anzeichen für das Bestehen einer metastabilen Zwischenphase vor [45].

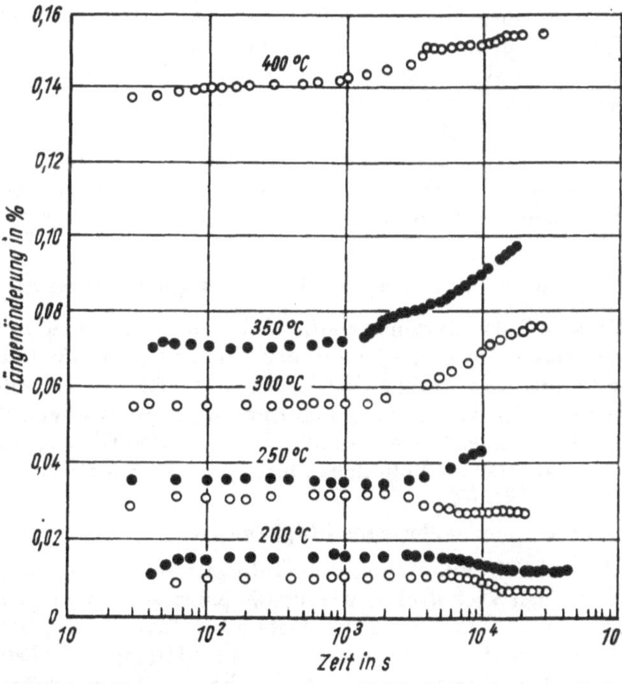

Bild 3.41. Längenänderung einer Al-Mg-Si-Legierung mit 1,12% Mg, 0,63% Si, 0,04%Cu und 0,13%Fe beim Warmauslagern zwischen 200 und 400 °C (nach [46])

Aus den spärlichen dilatometrischen Messungen ist zu entnehmen, daß das Auslagern von Legierungen mit 0,89% Magnesium und 0,37% Silizium bzw. mit je 1% Magnesium und Silizium bei Raumtemperatur nach dem Lösungsglühen von einer Dilatation begleitet wird, die nach 12 Tagen $5 \cdot 10^{-3}$% erreicht [42]. Beim Warmauslagern beobachtet man im Temperaturbereich um 200 °C eine Kontraktion und bei Temperaturen über 250 °C eine Dilatation (Bild 3.41). Während die letztgenannte Dilatation mit Sicherheit auf das Ausscheiden der Gleichgewichtsphase zurückzuführen ist, ist es auf Grund des vorliegenden experimentellen Materials nicht möglich, die anderen Volumeneffekte eindeutig bestimmten Entmischungsvorgängen zuzuordnen.

Solange die Aluminium-Magnesium-Silizium-Legierungen im warmausgehärteten Zustand verarbeitet und die daraus gefertigten Erzeugnisse nicht langzeitig bei erhöhten Temperaturen beansprucht werden, dürfte die Volumenstabilität dieser Legierungen selbst für Präzisionsteile voll ausreichen.

3.3.1.4. Aluminium-Zink-Magnesium-Legierungen

An zwei Aluminium-Zink-Magnesium-Legierungen, die bis auf den fehlenden bzw. zu geringen Kupfergehalt im Analysenbereich der Legierung AlZnMg0,5 liegen, wurde nach dem Homogenisieren (450 °C, Wasser) beim Lagern bei Raumtemperatur eine Volumenkontraktion beobachtet [41]. Die gemessene Längenänderung erreichte nach 10 Tagen einen Wert von $-6 \cdot 10^{-3}$ bis $-8 \cdot 10^{-3}$%. Mit steigender Auslagerungstemperatur vergrößert sich die Volumenkontraktion. An einer Legierung mit 1,47% Magnesium und 5,61% Zink wurde beim Lagern im Temperaturbereich um 170 °C der 5fache Wert der genannten Verkürzung gemessen [47].

3.3.2. Volumenstabilität von Aluminiumgußlegierungen

Der Werkstoff der Aluminiumgußteile befindet sich nach dem Gießen auf Grund der relativ raschen Abkühlung der Teile, die die Ausbildung des für Raumtemperatur stabilen Gleichgewichtszustandes verhindert, in einem mehr oder weniger instabilen Gefügezustand in Form übersättigter Mischkristalle, der in seinem Streben nach dem stabilen Gleichgewichtszustand teilweise beträchtlichen Volumenänderungen unterliegen kann.

3.3.2.1. Aluminium-Magnesium-Legierungen

Für die Aluminium-Magnesium-Gußlegierungen gelten die gleichen metallkundlichen Verhältnisse wie für die Knetlegierungen gleichen Typus. Die relativ rasche Abkühlung der Teile nach dem Gießen, besonders nach dem Kokillen- und Druckgießen, bewirkt, daß der Werkstoff in Form übersättigter Mischkristalle vorliegt. Die Entmischung verläuft bei Raumtemperatur als Zonenbildung einphasig in allseitiger Kohärenz mit dem Gitter und bei erhöhter Temperatur über die Ausscheidung der metastabilen β'-Phase mit unbekannter Struktur bzw. der Gleichgewichtsphase β. Bei Anlaßtemperaturen zwischen 150 und 300 °C wird in den Korngrenzen die Gleichgewichtsphase β ausgeschieden, und innerhalb der Körner beginnt die Ausscheidung mit der Bildung der metastabilen β'-Phase. Die β-Phase entsteht dann über einen Keimbildungsvorgang an den Stellen von β'-Kristallen [43].

Die Entmischung bei Raumtemperatur führt, wie von mehreren Autoren [40, 41] festgestellt wurde (Bild 3.42.), zu einer Volumenkontraktion, die erst nach mehreren Wochen im wesentlichen abgeschlossen zu sein scheint. Sie strebt einen Wert von $-1 \cdot 10^{-2}$% Längenänderung an. Der Absolutwert der

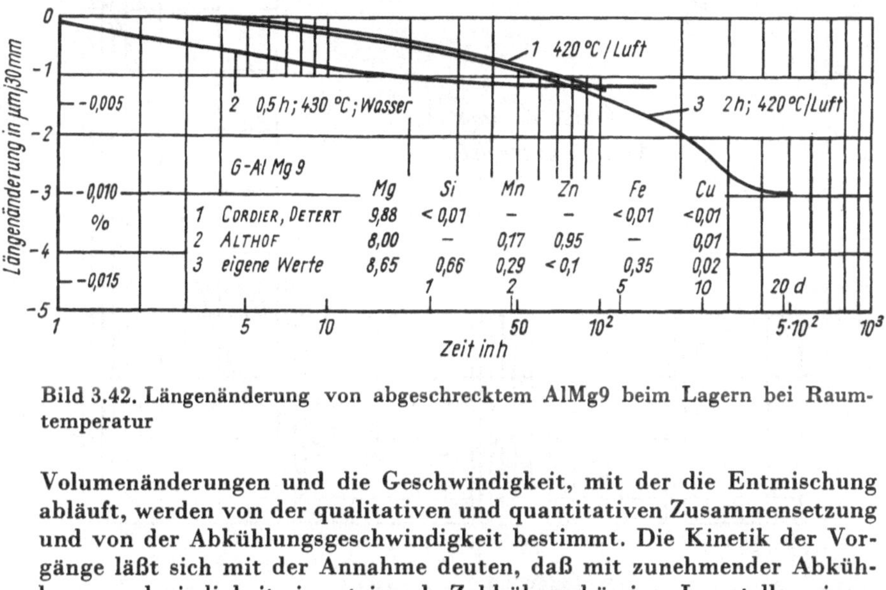

Bild 3.42. Längenänderung von abgeschrecktem AlMg9 beim Lagern bei Raumtemperatur

Volumenänderungen und die Geschwindigkeit, mit der die Entmischung abläuft, werden von der qualitativen und quantitativen Zusammensetzung und von der Abkühlungsgeschwindigkeit bestimmt. Die Kinetik der Vorgänge läßt sich mit der Annahme deuten, daß mit zunehmender Abkühlungsgeschwindigkeit eine steigende Zahl überschüssiger Leerstellen eingefroren wird, die über eine Erhöhung der Diffusionsgeschwindigkeit die Beschleunigung der Platzwechselvorgänge bewirkt.

Die bei Raumtemperatur ablaufenden Volumenänderungen sind gegebenenfalls bei solchen Teilen zu berücksichtigen, die unmittelbar nach dem Gießen (besonders Kokillen- und Druckguß) auf ihr Fertigmaß bearbeitet werden. Ein mehrwöchiges Zwischenlagern würde die Volumenänderungen im wesentlichen vorwegnehmen, und der Werkstoff gelangt dann in einem bei Raumtemperatur praktisch volumenstabilen Zustand zur Bearbeitung.

Werden die aus dem Bereich homogener Mischkristalle schnell abgekühlten Legierungen bei erhöhten Temperaturen gelagert, so ist zunächst eine Volumenkontraktion zu beobachten, der nach einer gewissen Zeit eine Volumendilatation folgt. Bild 3.43 zeigt einen typischen Verlauf der isothermen Längenänderung der homogenisierten Druckgußlegierung GD-

AlMg9 bei 180 °C. Entsprechend dieses Verlaufes muß die Entmischung über zwei Vorgänge ablaufen — einer mit einer Volumenabnahme, der allmählich von einem mit einer Volumenzunahme abgelöst wird und bis zur Erreichung des Gleichgewichtszustandes eine relativ lange Zeit benötigt. Eine Zuordnung der Volumenänderungen zu bestimmten Entmischungsvorgängen ist noch nicht eindeutig möglich, da sie zumindest hinsichtlich ihrer Auswirkung auf das spezifische Volumen für AlMg5 und G-AlMg9 im Bereich des Warmauslagerns qualitativ unterschiedlicher Natur sein dürften.

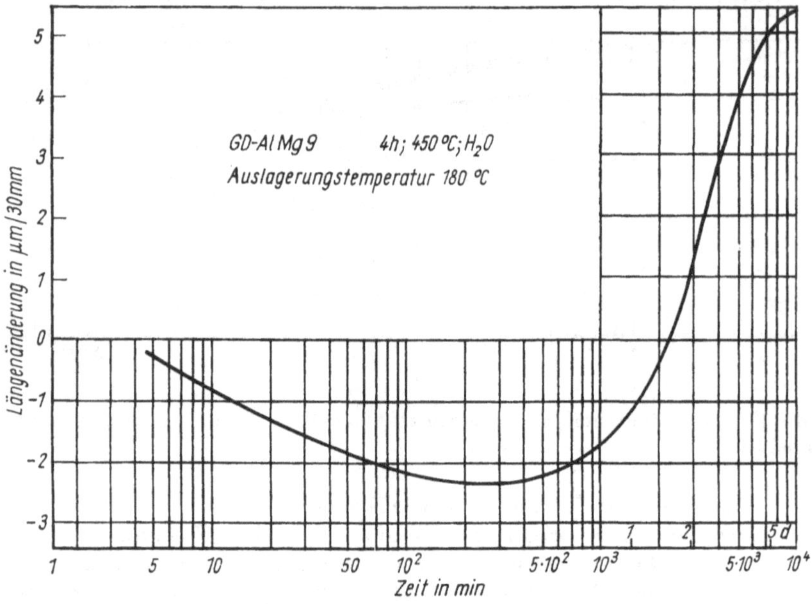

Bild 3.43. Isotherme Längenänderung von GD-AlMg9 bei 180 °C (8,65% Mg, 0,66% Si, 0,29% Mn, 0,35% Fe, 0,1% Zn, 0,02% Cu, 0,05% Titan)

Für eine volumenstabilisierende Behandlung von Teilen, die längere Zeiten erhöhten Temperaturen ausgesetzt werden, wird, da die Entmischung im Bereich der Warmauslagerung recht träge verläuft, vor der Endbearbeitung eine Glühung entweder von 8 Tagen bei 180 °C oder von 2 h bei 350 °C [48] mit Luftabkühlung empfohlen. Die zweite Variante ist für Druckgußteile nicht anwendbar, denn die im Druckguß vorhandenen Lufteinschlüsse führen bei dieser relativ hohen Temperatur infolge Expansion zu Aufblähungen. Auf die infolge der Heterogenisierung verminderte Korrosionsbeständigkeit wurde bereits bei den Aluminium-Magnesium-Knetlegierungen hingewiesen.

3.3.2.2. Aluminium-Silizium-Legierungen

Aus übersättigten binären Aluminium-Silizium-Mischkristallen scheidet sich im Verlauf der Auslagerung nur elementares Silizium aus. Die Zahl der sich ausscheidenden Siliziumteilchen wird stark von der Abkühlungsgeschwindigkeit nach dem Homogenisieren beeinflußt. Sie steigt mit zunehmender Abkühlungsgeschwindigkeit. Anzeigen für eine einphasige Entmischung binärer Aluminium-Silizium-Mischkristalle bzw. für das Auftreten einer metastabilen Übergangsphase liegen nicht vor [49].

Da die Siliziumatome im eigenen Gitter ein größeres Volumen als im Gitter des Mischkristalls einnehmen, können binäre Aluminium-Silizium-Legierungen infolge einer Entmischung übersättigter Mischkristalle nur einer Volumenzunahme unterliegen, die in der Größenordnung der im Folgenden beschriebenen Legierung AlSi10Mg liegt. Für sie wurden Längenänderungen bis zu + 0,1 % gemessen.

3.3.2.3. Aluminium-Silizium-Magnesium-Legierungen

Im Gegensatz zu den binären Aluminium-Silizium-Legierungen unterliegen die Al-Mg_2Si-Legierungen, deren starke Aushärtung auf eine abnehmende Löslichkeit des Aluminium-Mischkristalls für die Phase Mg_2Si zurückzuführen ist, einem völlig anderen Entmischungsverhalten. Diese Legierungen zeigen sowohl eine einphasige Entmischung als auch die Ausbildung einer metastabilen Übergangsphase. Beide – die nadelförmigen Übergangszonen und die Übergangsphase – sollen bereits eine der Gleichgewichtsphase Mg_2Si entsprechende Zusammensetzung besitzen.

Die im wissenschaftlichen Gerätebau als Sand-, Druck- und Kokillenguß dominierende Legierung AlSi10Mg weist nach dem Gießen eine Matrix

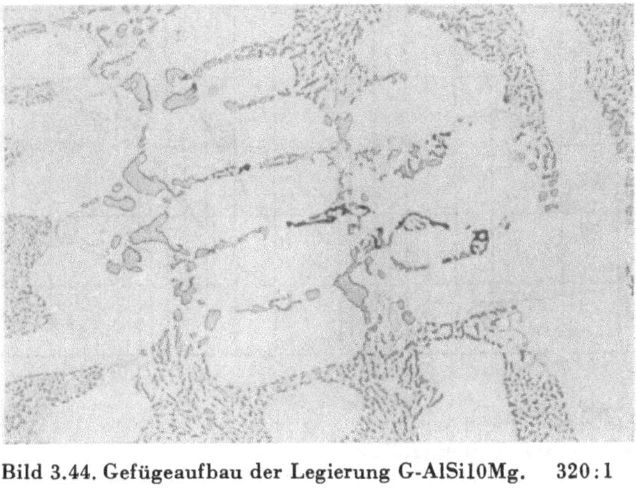

Bild 3.44. Gefügeaufbau der Legierung G-AlSi10Mg. 320:1

mehr oder weniger übersättigter α-Mischkristalle auf. Das Gefüge dieser Legierung zeigt neben den primären α-Mischkristallen das aus α-Mischkristallen und Siliziumkristallen (hellgrau) bestehende Eutektikum sowie die im Gefügebild dunkler erscheinende intermetallische Phase Mg_2Si (Bild 3.44). Beim Entmischen des Mischkristalls werden sowohl Siliziumausscheidungen als auch Entmischungsstadien ähnlich wie bei Al-Mg_2Si-Legierungen zu erwarten sein, die mit Volumenänderungen verbunden sind. Bei erhöhten Auslagerungstemperaturen bis 160 °C ist zunächst eine auf eine einphasige Entmischung zurückzuführende Kontraktion zu beobachten, der sich eine Dilatation infolge von Siliziumausscheidungen überlagert (Bilder 3.45 und 3.46). Da die einphasige Entmischung schneller einsetzt als die Siliziumausscheidung, die immer über Keimbildung und Keimwachstum ablaufen muß, können bei relativ tiefen Auslagerungstemperaturen beide Vorgänge noch getrennt wahrgenommen werden. Bei höheren Auslagerungstemperaturen überdeckt die dann auch schnell einsetzende Siliziumausscheidung den durch die einphasige Entmischung bedingten Volumeneffekt. Die Geschwindigkeit der Entmischung nimmt mit steigender Temperatur zu (Bilder 3.47 und 3.48).

Der Absolutwert der Volumenänderungen ist vom Grad der Übersättigung der Mischkristalle, der wiederum von der Abkühlungsgeschwindigkeit

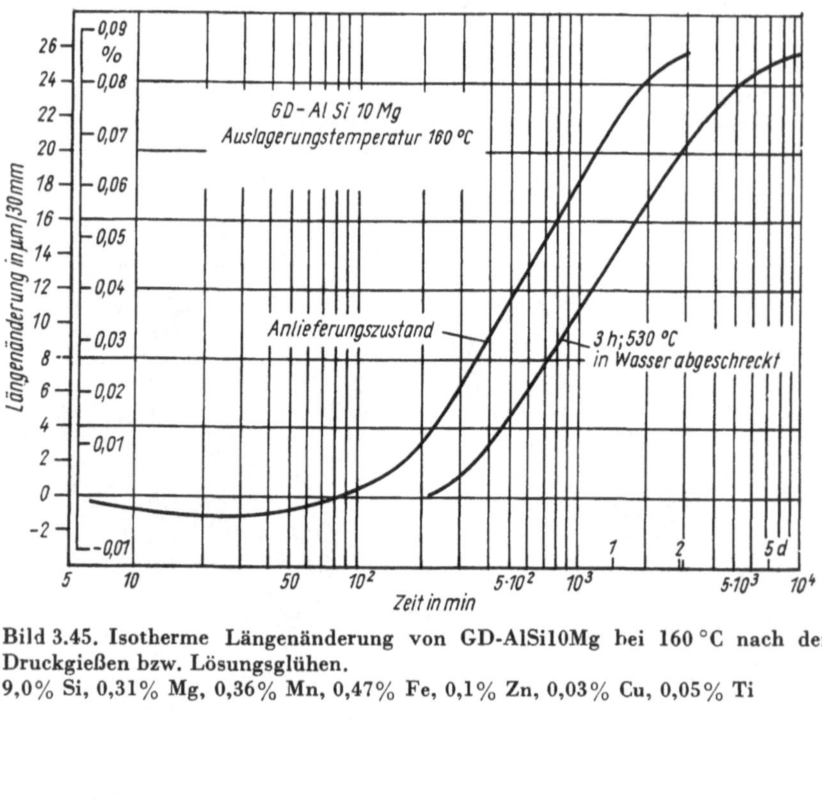

Bild 3.45. Isotherme Längenänderung von GD-AlSi10Mg bei 160 °C nach dem Druckgießen bzw. Lösungsglühen.
9,0% Si, 0,31% Mg, 0,36% Mn, 0,47% Fe, 0,1% Zn, 0,03% Cu, 0,05% Ti

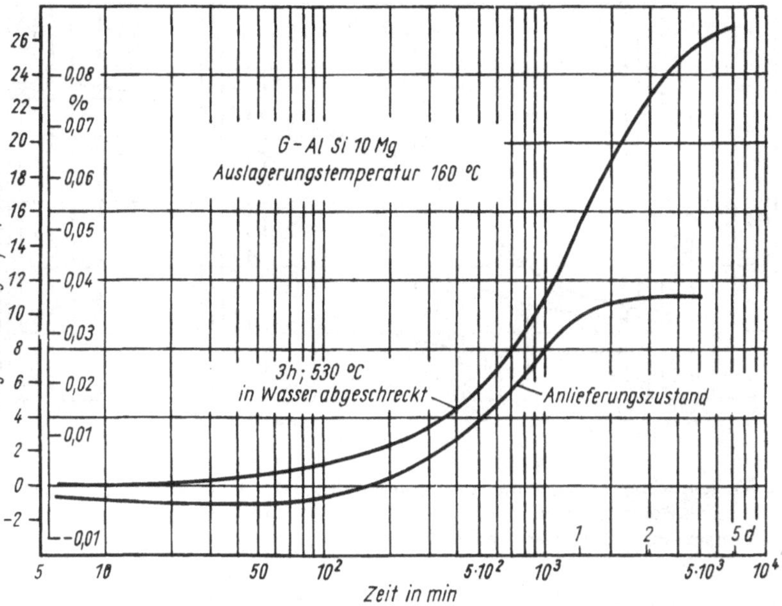

Bild 3.46. Isotherme Längenänderung von G-AlSi10Mg bei 160 °C nach dem Sandgießen bzw Lösungsglühen.
9,8% Si, 0,2% Mg, 0,21% Mn, 0,48% Fe, 0,1% Zn, 0,02% Cu, 0,05% Ti

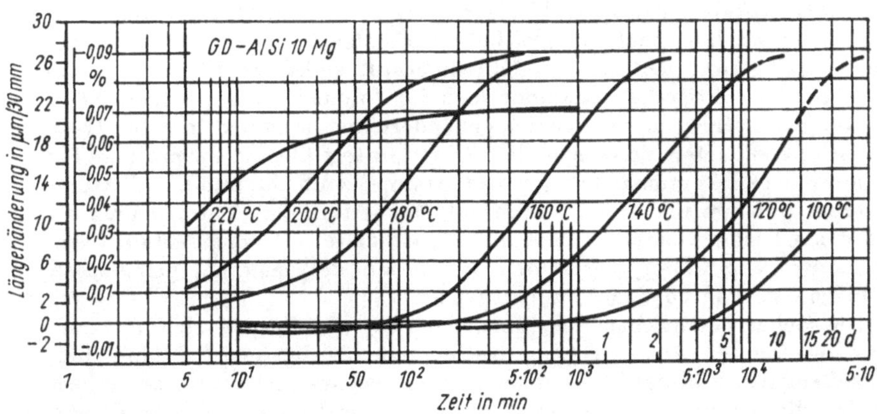

Bild 3.47. Isotherme Längenänderung von GD-AlSi10Mg nach dem Druckgießen bei verschiedenen Temperaturen.
Zusammensetzung der Legierung wie bei Bild 3.45

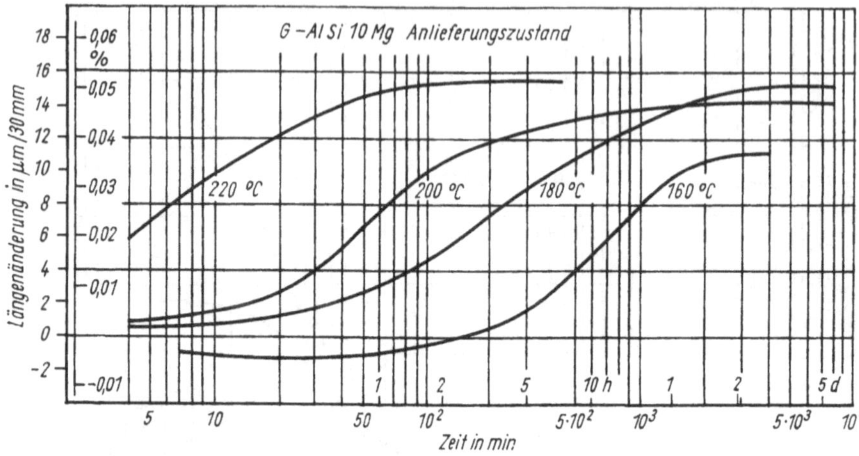

Bild 3.48. Isotherme Längenänderung von G-AlSi10Mg nach dem Sandgießen bei verschiedenen Temperaturen.
Zusammensetzung der Legierung wie bei Bild 3.46

entscheidend bestimmt wird, abhängig. Deshalb sind die Volumenänderungen der im Sand vergossenen Legierungen kleiner als die der nach dem Druckgießverfahren verarbeiteten, da sich der Übersättigungsgrad mit fallender Abkühlungsgeschwindigkeit verringert. Nach dem Druckgießen liegt die Legierung GD-AlSi10Mg praktisch im Zustand maximaler Übersättigung der α-Mischkristalle vor. Im bei 530 °C lösungsgeglühten Zustand, der dem Zustand maximaler Übersättigung nahe kommt, streben Druck- und Sandguß dann auch den gleichen maximalen Volumenänderungen zu. Mit Verringerung der Lösungsglühtemperatur sinkt der Übersättigungsgrad der Mischkristalle und damit auch die Volumenänderung (Bild 3.49).

Die gemessenen maximalen Längenänderungen stimmen mit den theoretisch berechneten Volumenänderungen sehr gut überein. Wenn man für eine mittlere Zusammensetzung von 90 Atomprozent Aluminium, 9,7 Atomprozent Silizium und 0,3 Atomprozent Magnesium eine Entmischung bis zu den Gleichgewichtsphasen annimmt, ist diese mit einer Volumenvergrößerung um 0,34% verbunden, die genau der maximal gemessenen Längenänderung von +0,11% entspricht.

Die soeben beschriebenen Volumenänderungen vollziehen sich im Laufe des sogenannten Auslagerungsprozesses beim Aushärten. Da Sand- und Kokillengußteile dieser Legierungen in der Regel ausgehärtet werden sollen, laufen die Volumenänderungen bereits vor der Endbearbeitung ab und brauchen nicht berücksichtigt zu werden. Druckgußteile, die auf Grund ihrer Lufteinschlüsse nicht über 300 °C erwärmt werden dürfen, da die expandierende Luft sonst bei der mit der Temperatur fallenden Warm-

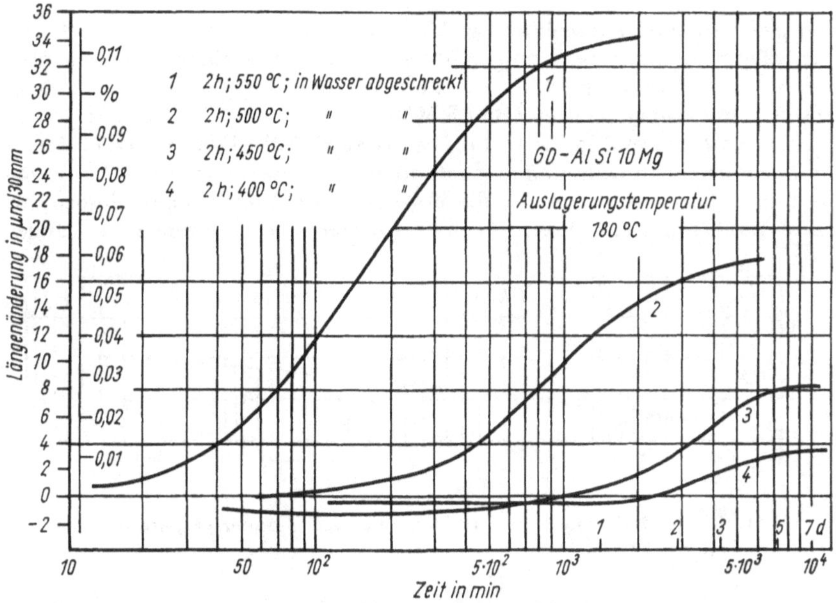

Bild 3.49. Einfluß der Lösungsglühtemperatur auf die isotherme Längenänderung von GD-AlSi10Mg bei 180 °C

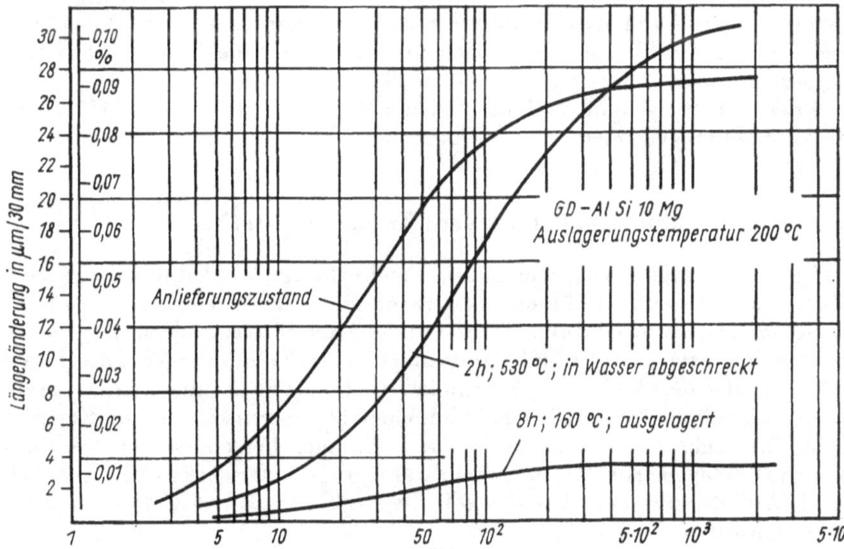

Bild 3.50. Isotherme Längenänderung von GD-AlSi10Mg bei 200 °C im Gußzustand, nach dem Lösungsglühen und nach einer volumenstabilisierenden Behandlung

festigkeit zu einer Blasenbildung führt, werden dagegen nicht ausgehärtet. Sie müssen deshalb zu ihrer Volumenstabilisierung einer volumenstabilisierenden Behandlung in Form eines Warmauslagerns (8 h bei 160 bis 180 °C) unterzogen werden (Bild 3.50).

Zusammenfassend ist über die Legierung G-AlSi10Mg zu sagen, daß sie im gegossenen unbehandelten Zustand bei Zimmertemperatur Längenänderungen bis etwa +0,01%, die erst nach 10 Tagen abgeschlossen sind (Bild 3.51), und bei erhöhter Temperatur (bis 200 °C) bleibenden Längen-

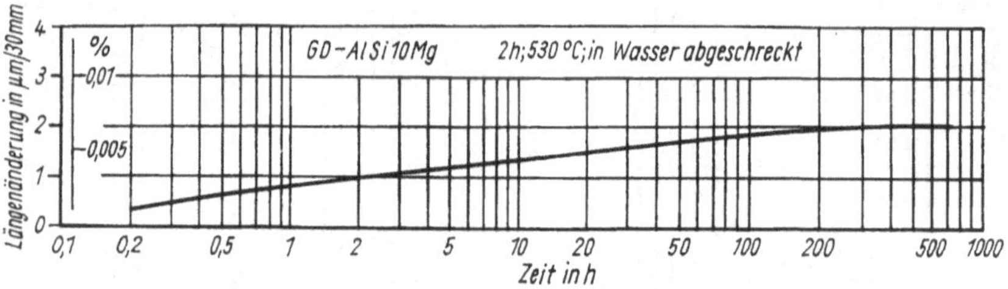

Bild 3.51. Längenänderung von GD-AlSi10Mg bei Zimmertemperatur nach dem Abschrecken von 530 °C

änderungen bis zu +0,11% bei Druckguß und bis zu +0,06% bei Sandguß, die mit zunehmender Temperatur bereits nach wenigen Stunden im wesentlichen abgelaufen sind, unterliegen kann. Vorschriftsmäßig ausgehärtete Sand- und Kokillengußteile sowie volumenstabilisierte Druckgußteile weisen im Temperaturbereich bis zu 200 °C eine Volumenstabilität $<+0{,}02\%$ auf.

Praktisch das gleiche Verhalten ist von den Legierungen G-AlSi7Mg und G-AlSi5Mg zu erwarten.

3.4. Volumenstabilität von Kupferwerkstoffen

Die meisten Kupferlegierungen sind mehrphasige Werkstoffe, die je nach Zusammensetzung, Abkühlungsgeschwindigkeit und Verformungsgrad mit zunehmender Temperatur sehr mannigfaltigen Phasenumwandlungen sowie Ordnungsvorgängen und damit auch Volumenänderungen unterliegen können. Bei der Vielzahl der technischen Kupferlegierungen sind unsere Kenntnisse über die möglichen Volumeneffekte zumindest in quantitativer Hinsicht noch sehr lückenhaft, so daß z. Z. noch keine allgemein verbindlichen Aussagen zur Volumenstabilität von Kupferwerkstoffen möglich sind. Am Beispiel des Messings soll die Problematik lediglich kurz angedeutet werden.

In Kupfer-Zink-Legierungen im Zusammensetzungsbereich des Übergangsgebietes zwischen α- und β-Mischkristallen können mehrere instabile Phasen auftreten, die unter verschiedenen Bedingungen alle aus dem durch Abschrecken entstandenen übersättigten β-Mischkristall gebildet werden

[50]. An einer Kupfer-Zink-Legierung mit 60% Kupfer wurde nach einer von der Temperatur abhängigen Anlaufphase, während der sich Konzentrationsschwankungen ausbilden, die an geeigneten Stellen die Umwandlung ermöglichen, durch röntgenographische Untersuchungen die Ausscheidung instabiler Zwischenphasen festgestellt. Zunächst entsteht ein Zwischenzustand, der mehr dem β-Mischkristall ähnelt und in einen zweiten, dem α-Mischkristall ähnlichen übergeht. Beide sind mit dem Ausgangsgitter kohärent und daher sicher auch stark verspannt. Diesen zwei Schritten auf dem Wege zum kubisch flächenzentrierten α-Mischkristall folgt dann als dritter Teilvorgang der allmähliche Übergang der dem α-Mischkristall ähnlichen Zwischenphase, die noch geordnet sein muß, in den ungeordneten α-Mischkristall [51].

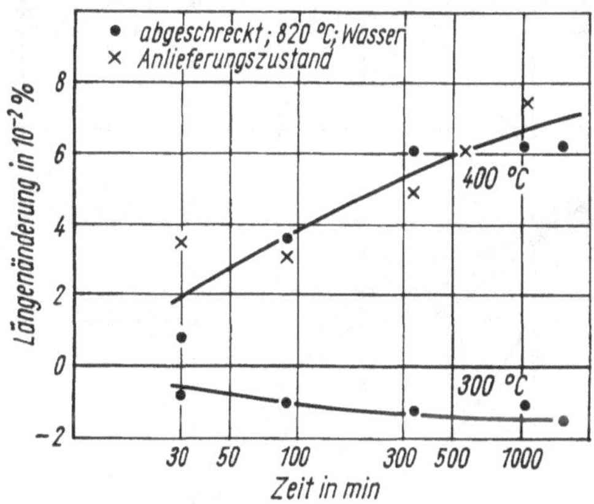

Bild 3.52. Längenänderung von CuZn40Pb2 nach einem Auslagern bei 300 und 400 °C

Im Bild 3.52 sind die Längenänderungen der abgeschreckten Legierung CuZn40Pb2 infolge Auslagerns bei 300 und 400 °C dargestellt. Dabei ist anzunehmen, daß die Volumendilatation nach dem Auslagern bei 400 °C mit dem Übergang der geordneten instabilen Zwischenphase in den ungeordneten α-Mischkristall im Zusammenhang steht. Dem widerspricht auch die Tatsache nicht, daß parallel untersuchte Proben im Anlieferungszustand dem gleichen Volumeneffekt unterlagen, denn der Anlieferungszustand der Halbzeuge ist meist weit vom Gleichgewichtszustand entfernt. Ob die nach dem Auslagern bei 300 °C beobachtete Kontraktion einem Zwischenstadium der β-α-Umwandlung oder einem anderen Volumenänderungen bedingten Effekt zuzuordnen ist, soll hier offen bleiben.

Für die Praxis bedeuten diese Erkenntnisse, daß bei $\alpha + \beta$-Messingen, wenn diese auch nur kurzzeitig erhöhten Temperaturen ausgesetzt werden, mit der Möglichkeit irreversibler Volumenänderungen in der Größenordnung einiger hundertstel Prozent zu rechnen ist.

3.5. Dimensionsstabilität von Bauteilen aus Plastwerkstoffen

Ohne den vorgegebenen Rahmen zu sprengen, sollen zur Abrundung dieses Kapitels und der zunehmenden Bedeutung der Plaste als Konstruktionswerkstoff Rechnung tragend auch einige grundsätzliche Bemerkungen zur Dimensionsstabilität von Bauteilen aus organischen Hochpolymeren nicht fehlen.

Die Dimensionsstabilität von Bauteilen aus Plastwerkstoffen, für die grundsätzlich die selben Überlegungen wie für metallische Bauteile gelten,

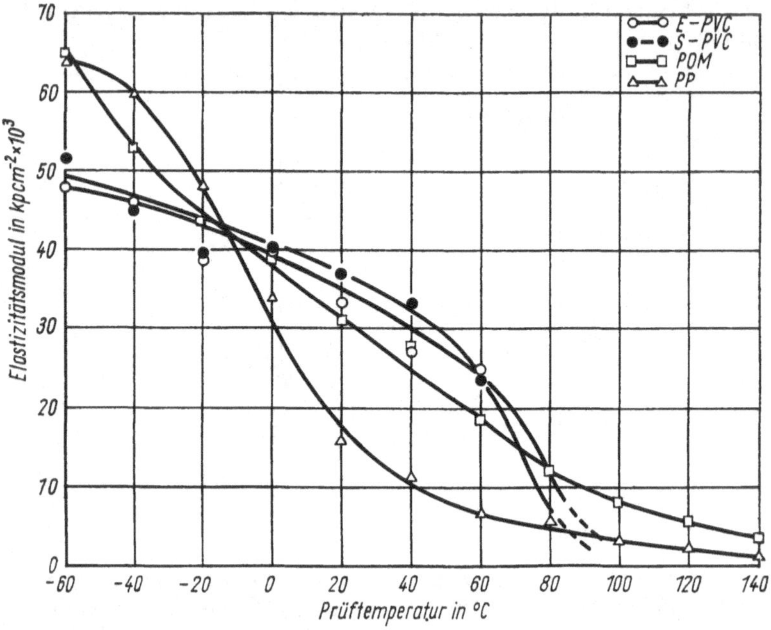

Bild 3.53. Temperaturabhängigkeit des Elastizitätsmoduls von Emulsions- und Suspensions-Polyvinylchlorid, Polypropylen und Polyoxymethylen-Copolymerisat (nach [52])

wird im wesentlichen von den Eigenschaften der Plaste geprägt, die allgemein als ihre Nachteile im Vergleich zu den Metallen genannt werden. Es sind dies vor allem der um eine Zehnerpotenz höher liegende lineare Ausdehnungskoeffizient, der um zwei Zehnerpotenzen niedrigere Elastizitätsmodul, die starke Abhängigkeit der Festigkeitseigenschaften von der Temperatur und der Belastungsdauer sowie die Alterung und die durch Quellung und Schwindung hervorgerufenen Volumenänderungen. Der Einfluß dieser Faktoren überlagert sich, und je nach Beanspruchung und

Technoklima ist die Dimensionsstabilität von Plastbauteilen um einige Größenordnungen geringer als die metallischer Teile.

Der Elastizitätsmodul, der neben dem Bauteilquerschnitt dessen Stabilität bestimmt, unterliegt bei Plasten im Bereich klimatisch möglicher Schwankungen einer starken Temperaturbeeinflussung, die im Gegensatz zu der der Metalle im gleichen Temperaturbereich unbedingt beachtet werden muß. Der Elastizitätsmodul fällt mit zunehmender Temperatur, wie im Bild 3.53 für einige thermoplastische Kunststoffe dargestellt, sehr rasch.

Im Gegensatz zu den metallischen Konstruktionswerkstoffen tritt bei den Plasten die Abhängigkeit der Festigkeits- und Verformungskennwerte auf Grund des außerordentlich komplexen Deformationsmechanismus von der Temperatur der Hochpolymeren bereits im Bereich normaler Umgebungstemperaturen in erheblichem Ausmaß auf. Während für die Kennzeichnung des Werkstoffverhaltens bei statischer Beanspruchung in erster Linie das Kriech- und das Relaxationsverhalten in Betracht kommen, entscheiden über den Einsatz für schwingende mechanische Beanspruchung die Ergebnisse von Dauerschwingversuchen. Das Kriechverhalten, das die Zunahme der Verformung in Abhängigkeit von der Belastungszeit bei konstanter mechanischer Beanspruchung kennzeichnet, entscheidet darüber, ob ein Konstruktionsteil, das langzeitig einer bestimmten Spannung ausgesetzt ist, sich durch Kriechen so weit verformt, daß es dem ihm zugedachten Zweck nicht mehr genügt. Im Bild 3.54 sind z. B. die Zeitdehngrenzlinien einiger Thermoplaste für eine Dehnung von 1% bei den Temperaturen 20, 40 und 60 °C aufgetragen. Wenn für ein bestimmtes Konstruktionsteil bei einachsiger Beanspruchung zur Erhaltung der Funktionsfähigkeit eine 1%ige Dehnung nicht überschritten werden darf, kann man aus diesen Diagrammen für die vorliegenden Belastungszeiten und Temperaturen die zulässigen mechanischen Beanspruchungen direkt entnehmen.

Abgesehen von der Schwindung der Plastteile kommt es bei jedem Wechsel der Umgebungsatmosphäre entsprechend den verschiedenen Quellungszuständen zu Volumenänderungen. Die in die Oberfläche der Plastteile eindiffundierenden Fremdatome führen zu einer Aufweitung der Knäulstruktur und somit zu einer Volumenzunahme. Mit zunehmender Vernetzung und Kristallinität der Plastwerkstoffe steigt ihre Beständigkeit.

Die Schwindung der Plastteile setzt sich aus den Anteilen der Verarbeitungs- und der Nachschwindung zusammen. Beide sind stark vom Werkstoff und von den Verarbeitungsbedingungen abhängig. Bei duroplastischen Formmassen beträgt die Schwindung bis zu 2,5%, und bei thermoplastischen Formmassen reicht sie bis etwa 4% [53]. Die Nachschwindung ist nur eine Alterungserscheinung der Plaste und kann durch eine geeignete Wärmebehandlung weitgehend vorweggenommen werden.

Die Plaste unterliegen in noch viel stärkerem Maße als die metallischen Werkstoffe der Alterung, die zu unmittelbar wahrnehmbaren und technologisch bedeutsamen Eigenschaftsänderungen führt. Neben Volumenänderungen interessieren in der Praxis vor allem die Veränderungen der mecha-

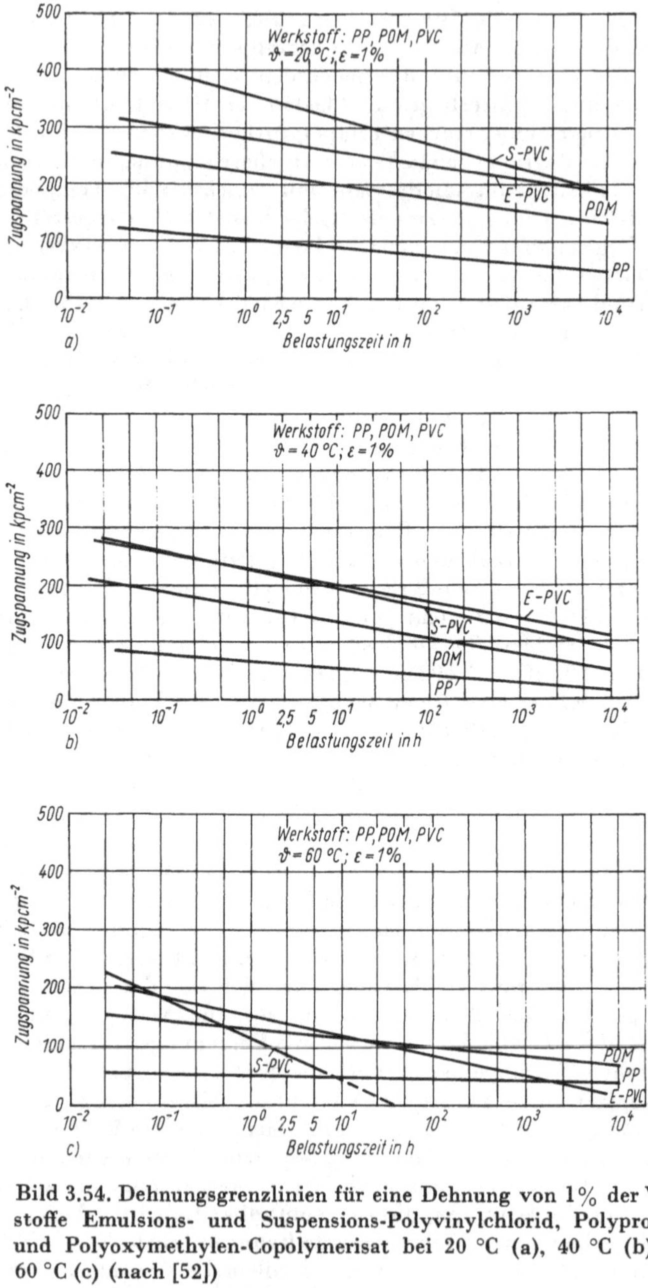

Bild 3.54. Dehnungsgrenzlinien für eine Dehnung von 1% der Werkstoffe Emulsions- und Suspensions-Polyvinylchlorid, Polypropylen und Polyoxymethylen-Copolymerisat bei 20 °C (a), 40 °C (b) und 60 °C (c) (nach [52])

nischen Eigenschaften, der Farbe, der elektrischen Eigenschaften, der Transparenz, der Konsistenz, der Löslichkeit, der chemischen und der Verarbeitungseigenschaften.

Die Alterungserscheinungen können innere und äußere Ursachen haben. Sie wirken meist komplex. Zu den inneren Ursachen zählen sowohl unvollständige chemische Reaktionen der Ausgangskomponenten, die infolge der Weiterreaktion zum Nachschwinden führen, als auch instabile Kristallisationszustände und flüchtige Bestandteile, die über Gefügeänderungen bzw. die Verdampfung der flüchtigen Anteile Maß- und Volumenänderungen auslösen. Als äußere Ursachen gelten die chemischen und physikalischen Einwirkungen der Umgebung auf den Werkstoff. Der Verarbeitungseinfluß beruht im wesentlichen auf den bei der thermoplastischen Verformung erforderlichen relativ hohen Temperaturen, die die chemische Struktur ändern und andere Vorgänge, besonders die Oxydation, aktivieren. Bei normalen Temperaturen und Abwesenheit von Lichteinwirkung erfolgt die Alterung durch Luftsauerstoff sehr langsam. Durch Einwirkung von Wärme und Licht werden jedoch die Oxydationsreaktionen stark beschleunigt, indem die zur Einleitung der Reaktion benötigte Aktivierungsenergie zugeführt wird. Der Einfluß von Feuchtigkeit und Chemikalien wirkt sich über die Wassseraufnahme, Quellungs- und Lösungsprozesse sowie chemische Umsetzungen auf die Maß- und Volumenstabilität aus.

Die Neigung zur Alterung und die speziellen Alterungseffekte sind bei den einzelnen Plastwerkstoffen verschieden. Durch geeignete Stabilisierungsverfahren gelingt es, die durch Wärme, Licht und Oxydation an Plastwerkstoffen hervorgerufenen Veränderungen mehr oder weniger zu verhindern. Die Stabilisierung von Hochpolymeren erfolgt entweder durch Zumischen von Stabilisatoren oder Modifizierung des Polymeren durch chemische oder physikalische Behandlung bzw. durch Copolymerisation mit stabilisierenden Comonomeren [54].

Verbundwerkstoffe mit organischer Matrix — Laminate und faserverstärkte Verbundwerkstoffe — gewinnen zunehmend an Bedeutung. Besonders die verbesserten Festigkeitseigenschaften machen diese Werkstoffe für viele Anwendungen so attraktiv. Aber auch die faserverstärkten Verbundwerkstoffe sind nicht alterungsbeständig, obwohl das Alterungsverhalten verbessert werden kann. Es wird im wesentlichen von der Alterungsbeständigkeit der Polymerbindemittel und der Grenzflächengestaltung bestimmt.

Galvanisierte Plastteile weisen neben verbesserter Schlagfestigkeit und Formsteifigkeit auf Grund ihres Metallüberzuges einen Schutz gegen Umgebungseinflüsse auf und zeichnen sich somit durch beachtenswerte Temperatur-, Licht- und Witterungsbeständigkeit aus [55].

4. Das elastische Verhalten metallischer Werkstoffe

Zu den kennzeichnenden Eigenschaften der metallischen Werkstoffe zählen ihre Elastizität und Plastizität. Die reversible (elastische) und die irreversible (plastische) Verformung unterscheiden sich gitterphysikalisch folgendermaßen: Im elastischen Bereich hebt die angreifende Spannung ein Atom nur wenig aus der seinem Gleichgewicht entsprechenden Potentialmulde ($x = 0$), ohne den zwischen zwei benachbarten Atomen liegenden Potentialberg zu überschreiten (Punkt 1), und das Atom kehrt deshalb bei Entlastung stets in seine Ausgangslage zurück (Bild 4.1). Bei plastischer Verformung überschreiten die Atome dagegen den Potentialberg (Punkt 2) und nehmen nach Abschluß der Verformung eine andere Potentialmulde ein.

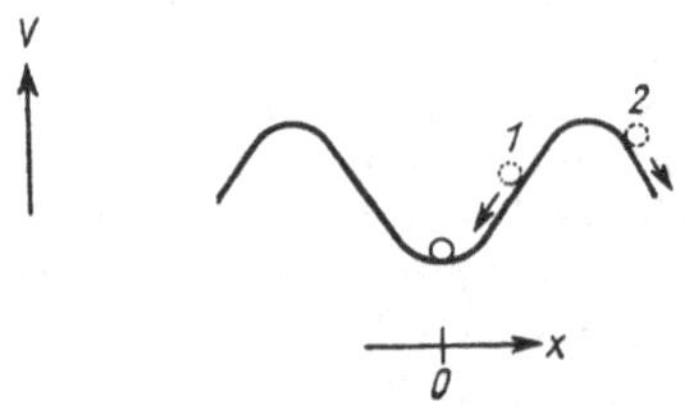

Bild 4.1. Schematische Darstellung der Atombewegungen im Potentialmodell $V(x)$ (nach [1])

4.1. Die elastischen Konstanten

Legt man an einen stabförmigen Körper der Länge l eine Zugspannung σ an, so bewirkt diese eine mit ihr wachsende Längenzunahme Δl, wie es in dem im Bild 4.2 schematisch für metallische Werkstoffe dargestellten Spannungs-Dehnungs-Diagramm zum Ausdruck kommt. Die zunächst einsetzende elastische Verformung geht bei Überschreiten der Elastizitätsgrenze in eine plastische über. Wird nach Erreichen des plastischen Bereiches z. B. im Punkt a entlastet, dann tritt zwar längs b—c eine elastische Verkürzung auf, aber es bleibt in jedem Fall eine bleibende Dehnung zurück. Bei erneuter Belastung mündet die Kurve nach Durchlaufen eines erweiterten elastischen Bereiches d, der die durch die vorangegangene plastische Verformung erfolgte Verfestigung des Werkstoffes ausdrückt, bei e wieder in die ursprüngliche Kurve ein.

Im elastischen Bereich wächst die Dehnung ε linear mit der Spannung σ, und für isotrope Stoffe gilt das Hookesche Gesetz in der Formulierung

$$\sigma = E \frac{\Delta l}{l} = E\,\varepsilon.$$

Im Schubversuch gilt entsprechend $\tau = G\,\gamma$, d. h., daß die Scherung γ der Schubspannung τ proportional ist. Die Proportionalitätsfaktoren E und G werden Elastizitätsmodul und Schub- oder Torsionsmodul genannt.

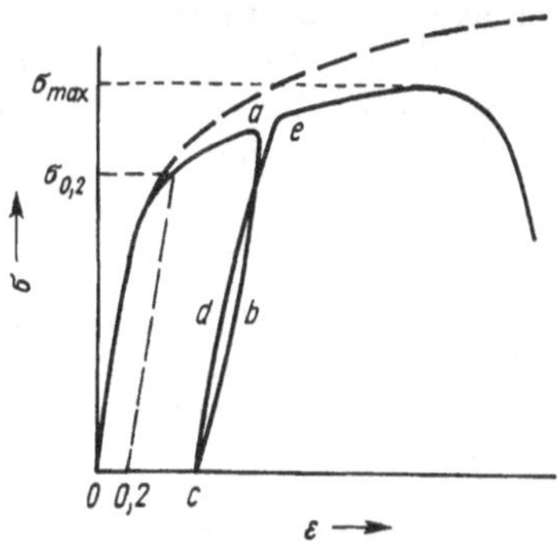

Bild 4.2. Schematische Darstellung des Spannungs-Dehnungs-Diagramms (nach [1]).

——— Kraft, bezogen auf den Ausgangsquerschnitt, d. h. technische oder effekitve Spannung;

– – – – Kraft, bezogen auf den durch die Querschnittskontraktion (besonders die Einschnürung) reduzierten momentanen Querschnitt, d. h. wahre Spannung;

$\sigma_{\max}$ Zugfestigkeit;

$\sigma_{0,2}$ Streckgrenze

Die Zugspannung bewirkt, wie die Beobachtungen zeigen, nicht nur eine Dehnung, sondern sie ruft auch eine Kontraktion ε_q in einer Richtung senkrecht zur Dehnungsrichtung hervor, die der Dehnung proportional ist:

$$\frac{\varepsilon_q}{\varepsilon} = \nu.$$

Der Proportionalitätsfakror ν heißt Poissonsche Konstante.

Die allgemeinste Darstellung der elastischen Deformation eines beliebigen anisotropen Kristalls lautet:

$$\varepsilon_{xx} = s_{11}\,\sigma_{xx} + s_{12}\,\sigma_{yy} + s_{13}\,\sigma_{zz} + s_{14}\,\tau_{yz} + s_{15}\,\tau_{zx} + s_{16}\,\tau_{xy},$$
$$\varepsilon_{yy} = s_{21}\,\sigma_{xx} + s_{22}\,\sigma_{yy} + s_{23}\,\sigma_{zz} + s_{24}\,\tau_{yz} + s_{25}\,\tau_{zx} + s_{26}\,\tau_{xy},$$
$$\varepsilon_{zz} = s_{31}\,\sigma_{xx} + s_{32}\,\sigma_{yy} + s_{33}\,\sigma_{zz} + s_{34}\,\tau_{yz} + s_{35}\,\tau_{zx} + s_{36}\,\tau_{xy},$$
$$\gamma_{yz} = s_{41}\,\sigma_{xx} + s_{42}\,\sigma_{yy} + s_{43}\,\sigma_{zz} + s_{44}\,\tau_{yz} + s_{45}\,\tau_{zx} + s_{46}\,\tau_{xy},$$
$$\gamma_{xz} = s_{51}\,\sigma_{xx} + s_{52}\,\sigma_{yy} + s_{53}\,\sigma_{zz} + s_{54}\,\tau_{yz} + s_{55}\,\tau_{zx} + s_{56}\,\tau_{xy},$$
$$\gamma_{xy} = s_{61}\,\sigma_{xx} + s_{62}\,\sigma_{yy} + s_{63}\,\sigma_{zz} + s_{64}\,\tau_{yz} + s_{65}\,\tau_{zx} + s_{66}\,\tau_{xy}.$$

Hier bedeuten

σ_{xx}, σ_{yy}, σ_{zz} die Zug- oder Druckspannungskomponenten;
τ_{yz}, τ_{zx}, τ_{xy} die Schubspannungskomponenten;
ε_{xx}, ε_{yy}, ε_{zz}, γ_{xy}, γ_{xz}, γ_{yz} die entsprechenden Verformungskomponenten;
s_{11} bis s_{66} elastische Konstanten.

Die Zahl der elastischen Konstanten reduziert sich schrittweise beim Übergang zu Kristallen höherer Symmetrie. So verbleiben im hexagonalen System fünf voneinander unabhängige Konstanten, und im kubischen Kristall wird das elastische Verhalten nur noch durch drei Konstanten bestimmt. In der Technik werden diese drei Konstanten durch den Elastizitäts- und Schubmodul sowie die Querkontraktion ausgedrückt:

$$s_{11} = \frac{1}{E}, \qquad s_{12} = -\frac{\nu}{E}, \qquad s_{44} = \frac{1}{G}.$$

Unsere technisch genutzten metallischen Werkstoffe sind vielkristallin, und wenn keine Textur bewußt oder unbewußt erzeugt wird, quasiisotrope Körper. Für diese gilt die folgende für isotrope Körper bestehende Verknüpfung zwischen den elastischen Konstanten:

$$E = 2G(1 + \nu).$$

Da für metallische Werkstoffe die Querkontraktion zwischen 0,2 und 0,45 liegt, lautet für diese die Grenzbeziehung

$$0{,}42\,E \geqq G \geqq 0{,}34\,E.$$

Für die Dimensionierung von Bauteilen ist nicht nur die Kenntnis der zulässigen Spannung des vorgesehenen Werkstoffes, sondern in vielen

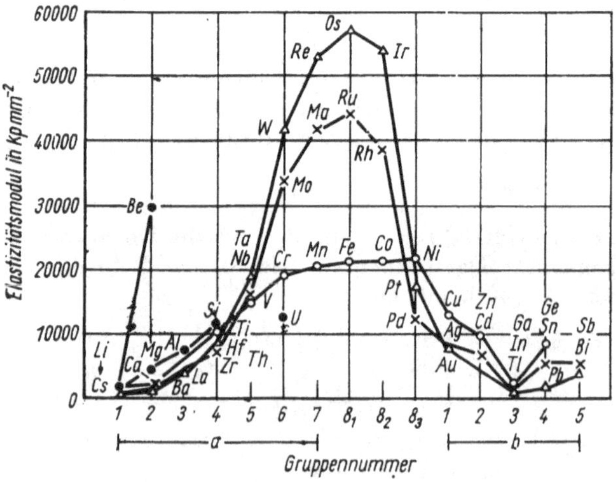

Bild 4.3. Der Elastizitätsmodul im periodischen System (nach [2])

Fällen, wo es sich um Präzisionsteile handelt, auch die der elastischen Konstanten erforderlich. Bestimmen die Festigkeitswerte die maximal mögliche Belastung des Bauteiles, ohne daß eine plastische Deformation eintritt – was grundsätzlich bei jedem Konstruktionselement vorausgesetzt wird, so gibt der Elastizitätsmodul Auskunft über die Höhe der elastischen Deformation in Abhängigkeit von der angelegten Spannung. Bei Präzisionsteilen ist es nicht immer möglich, die für den gewählten Werkstoff zulässige Spannung voll auszunutzen – im Gegenteil, es muß oft überdimensioniert werden, um die Spannung herabzusetzen und die elastische Deformation in Grenzen zu halten. Deshalb kommt im wissenschaftlichen Gerätebau dem Elastizitätsmodul oft größere Bedeutung als den Festigkeitseigenschaften zu, und der Wunsch nach möglichst hohem Elastizitätsmodul ist verständlich.

Die elastischen Konstanten gehören zu den verhältnismäßig wenig störungsempfindlichen Eigenschaften. Sie sind dagegen ausgesprochen richtungsabhängige, durch die Kristallstruktur und die aus dem Atomaufbau bedingten Bindungsverhältnisse gegebene Eigenschaften. Der Elastizitätsmodul wird deshalb nur unbedeutend von der Korngröße und Verteilung der Gefügebestandteile beeinflußt. Auch eine Kaltverformung übt kaum Einfluß aus, solange eine Texturbildung, die sich über die Richtungsabhängigkeit auswirkt, ausbleibt. Eine Wärmebehandlung verändert den

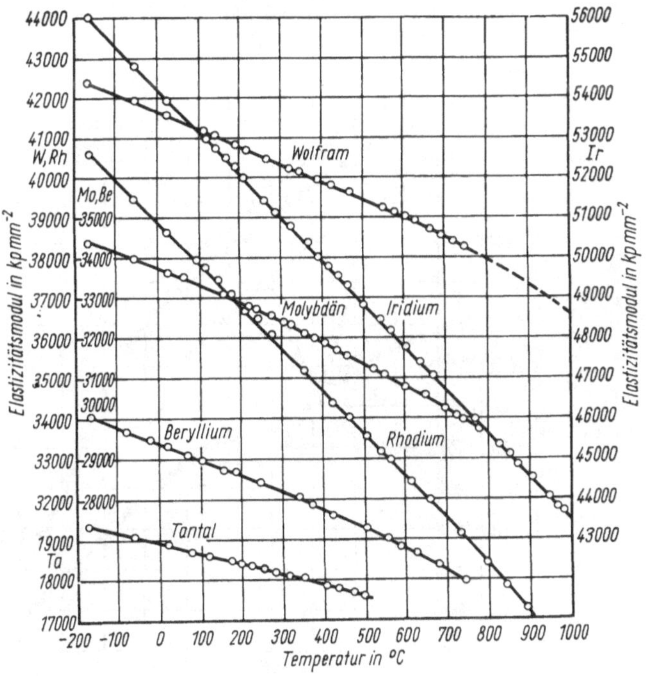

Bild 4.4a

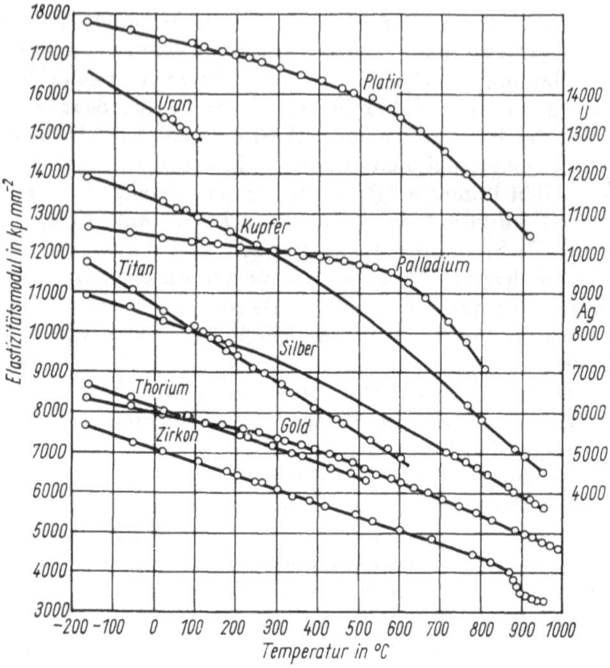

Bild 4.4 b

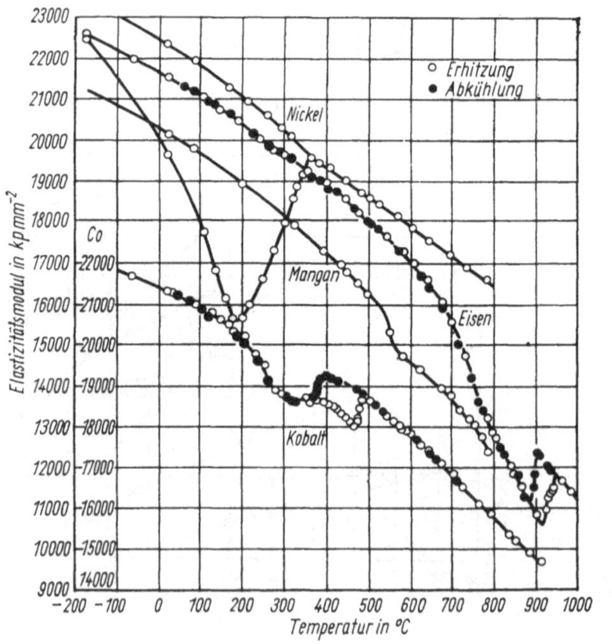

Bild 4.4 c

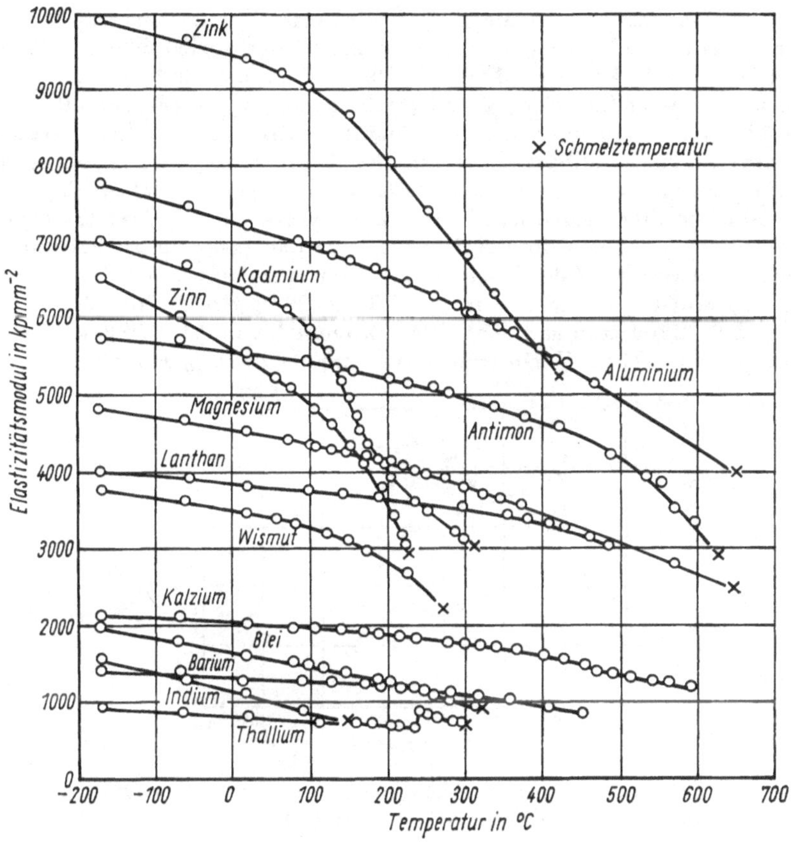

Bild 4.4 d

Bild 4.4 a–d. Temperaturabhängigkeit des Elastizitätsmoduls der Metalle (nach [4])

Elastizitätsmodul nur dann merklich, wenn mit ihr eine Änderung der Zusammensetzung oder die Bildung bzw. der Zerfall von Verbindungen verbunden ist. Letzteres trifft z. B. bei der Wärmebehandlung von Gußeisen mit Lamellengraphit bei Temperaturen über 400 °C zu (vergleiche Abschnitt 3.2.2.3.).

Der Elastizitätsmodul zählt ebenso wie der Schubmodul, die Kompressibilität oder das Atomvolumen zu den Eigenschaften der Elemente, die vorwiegend durch den Aufbau der äußeren Elektronenschalen gegeben sind und sich deshalb periodisch mit der Ordnungszahl ändern (Bild 4.3). Durch besonders hohe Elastizitätsmoduln zeichnen sich die Übergangsmetalle der zweiten und dritten Periode aus.

Die Konzentrationsabhängigkeit des Elastizitätsmoduls in Zweistoffsystemen zeigt folgende Tendenz [2, 3]: In Kristallgemischen ändert sich der Elastizitätsmodul proportional dem Anteil der vorhandenen Gefügebestandteile. In lückenlosen Mischkristallreihen können die Werte auf einer den Elastizitätsmodul beider Metalle verbindenden Geraden oder auf einer schwach nach unten oder oben gekrümmten Kurve liegen. In Systemen mit begrenzter Mischbarkeit setzen die Legierungselemente, die vom Grundmetall nur in beschränktem Umfang gelöst werden, dessen Elastizitätsmodul im allgemeinen herab. Der Elastizitätsmodul intermetallischer Verbindungen wird von ihrer Kristallstruktur und Bindungsart bestimmt. Hohe Werte erreichen die Karbide mit ihrer starken homöopolaren Bindung. So wurden für die Karbide WC 72200 kp mm^{-2}, NbC 34500 kp mm^{-2}, TiC 32200 kp mm^{-2}, TaC 29100 kp mm^{-2} und VC 27600 kp mm^{-2} gemessen. Im WC-Co-Hartmetall setzen bereits die 6% Kobalt, wie bei

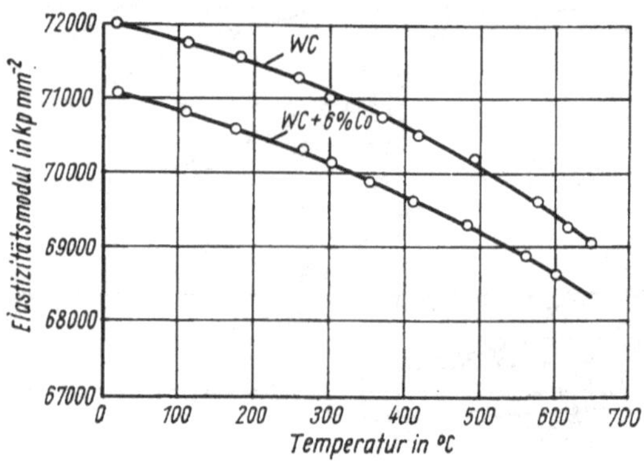

Bild 4.5. Temperaturabhängigkeit des Elastizitätsmoduls von WC und Hartmetall WC + 6% Co (nach [3])

heterogenem Aufbau nach der Mischungsregel zu erwarten ist, den Elastizitätsmodul auf etwa 55000 kp mm^{-2} herab.

Der Elastizitätsmodul der Metalle fällt mit der Temperatur linear oder etwas beschleunigt ab (Bild 4.4). Die Unstetigkeiten im Kurvenverlauf einiger Metalle beruhen auf einer sprunghaften Änderung des Moduls bei polymorphen Umwandlungen. Die Karbide weisen die gleiche Temperaturabhängigkeit des Elastizitätsmoduls wie die Metalle auf (Bild 4.5).

4.2. Legierungen mit temperaturunabhängigem Elastizitätsmodul

Sowohl in der Mechanik (Federn für Uhren, Federwaagen, Druck- und Kraftmeßgeräte) als auch in der Elektronik (Frequenznormale, mechanische Filter, Laufzeitspeicher) werden Werkstoffe mit temperaturunabhängigem Elastizitätsmodul im Temperaturbereich, der Zimmertemperatur einschließt, benötigt. Solche Werkstoffe sind schon seit längerem bekannt; ihre elastische Anomalie beruht auf magnetischen Ursachen. Wird an einem ferromagnetischen Werkstoff eine äußere Spannung angelegt, dann bewirkt diese eine Ausrichtung der Elementarbereiche, und die dadurch erzwungen emagnetostriktive Dehnung überlagert sich der durch die Zugspannung hervorgerufenen. Ferromagnetische Werkstoffe zeigen deshalb im entmagnetisierten und unverformten Zustand niedrigere Elastizitätsmoduln als im magnetisch gesättigten oder kaltverformten Zustand. Werkstoffe mit temperaturunabhängigen Elastizitätsmoduln erhält man, wenn es gelingt, die Magnetostriktion und den Elastizitätsmodul so aufeinander abzustimmen, daß in der Nähe des Curie-Punktes, der natürlich in der Nähe der Gebrauchstemperatur liegen muß, der temperaturbedingte Abfall des Elastizitätsmoduls durch die dort starke Temperaturabhängigkeit der Magnetostriktion kompensiert wird.

Die technisch genutzten Legierungen mit geringem Temperaturkoeffizienten des Elastizitätsmoduls basieren fast ausschließlich auf Eisen-Nickel-Legierungen mit Nickelgehalten zwischen 35 und 40%. Diese Legierungen enthalten neben den Komponenten Eisen und Nickel so wie Chrom, Molyb-

Tabelle 4.1.
Eigenschaften der temperaturkompensierenden elastischen Legierung „Aurelast" (nach [6])

Eigenschaften	in	Werkstoffzustand homogenisiert	 homogenisiert und ausgehärtet	 kaltgezogen (Ziehgrad = 50%)	 kaltgezogen (Ziehgrad = 50%) und ausgehärtet
Zugfestigkeit	kp mm^{-2}	60...70	100...120	95...100	130...140
Elastizitätsgrenze	kp mm^{-2}	23...28	65...80	90...95	110...120
Elastizitätsmodul	10^3 kp mm^{-2}	16,5...18	18,6...18,9	17,5...18,5	18,9...19,0
Temperaturkoeffizient des E-Moduls	10^6 grd^{-1}	−10...+20	−10...+25	−20...−10	−10...+30
Vickers-Härte	kp mm^{-2}	130...170	300...345	250...290	350...400
Bruchdehnung	%	≈40	35...20	5...3	8... 6
Koerzitivfeldstärke	A cm^{-1}	≈1,5	≈1,5	4,0...4,8	3,6...4,0
linearer thermischer Ausdehnungskoeffizient	10^{-7} grd^{-1}	≈90			
spezifischer elektrischer Widerstand	Ω mm^2 m^{-1}	1,0...1,2			
Dichte	g cm^{-3}	8,2			
Solidustemperatur	°C	≈1455			

dän und Kobalt einzeln oder kombiniert noch Zusätze von Titan, Aluminium oder Beryllium, die ein Aushärten der Legierungen und damit eine Steigerung der mechanischen Eigenschaften ermöglichen. Die Eigenschaften der Legierungen sind in starkem Maße von der Vorbehandlung (Kaltverformung, Homogenisierungsglühung) und von der Auslagerungstemperatur abhängig [5]. Die Eigenschaften der im VEB Halbzeugwerk Auerhammer gefertigten Eisen-Nickel-Chrom-Titan-Legierung mit der Bezeichnung „Aurelast" enthält Tabelle 4.1.

Für verschiedene Anwendungsgebiete sind ferromagnetische Legierungen nicht brauchbar, so daß der Trend nach geeigneten unmagnetischen temperaturkompensierenden elastischen Werkstoffen geht. Bekannt ist die Anomalie im Temperaturverlauf der elastischen Konstanten von Eisen-Mangan-Legierungen infolge des Übergangs des Austenits vom antiferromagnetischen in den paramagnetischen Zustand. Diese Anomalie läßt sich analog der der ferromagnetischen Werkstoffe deuten, indem bei Temperaturen unterhalb der Neel-Temperatur eine spontane Gitterdeformation, die als Antiferromagnetostriktion aufgefaßt werden kann, auftritt und sich der rein elastischen Deformation überlagert [7]. Auch im System Niob-Zirkonium ist eine Anomalie im Temperaturverlauf der elastischen Konstanten bekannt. NbTi65 zeigt, wie auch Niob-Zirkonium-Legierungen, einen anormalen Anstieg des Elastizitätsmoduls nach starker Kaltverformung, der auf einer Wechselwirkung zwischen Fremdatomen und Versetzungen beruht. Titanärmere Legierungen NbTi50 und NbTi40 weisen einen nahezu temperaturunabhängigen Verlauf des Elastizitätsmoduls auf [8].

4.3. Verbundwerkstoffe

Wie aus den vorangegangenen Abschnitten ersichtlich wurde, kann der Elastizitätsmodul unserer konventionellen Werkstoffe legierungstechnisch nur begrenzt und über einen Wärmebehandlungs- oder Verformungsprozeß praktisch nicht positiv beeinflußt werden.

Erfolgversprechende Möglichkeiten zur Steigerung des Elastizitätsmoduls eröffnen sich jedoch durch die Entwicklung geeigneter Verbundwerkstoffe, die man nach ihrem Aufbau unterteilen kann in

- Laminate, das sind aus mehreren dünnen Schichten aufgebaute Werkstoffe oder ein mit einer dünnen funktionsbestimmenden Schicht überzogener kompakter Werkstoff;
- faserverstärkte Verbundwerkstoffe, die in einer Matrix eingelagerte hochfeste und hochmodulige Fasern enthalten;
- teilchenverstärkte Verbundwerkstoffe mit in die Matrix meist auf pulvermetallurgischem Wege eingelagerten Teilchen.

Obwohl sich der Mensch solcher Werkstoffe schon seit Jahrtausenden bedient, wenn man sich des strohverstärkten Lehmes zum Bau von Hütten, des von den alten Ägyptern erfundenen Sperrholzes oder der aus vielen dünnen Stahllamellen kunstvoll zusammengeschmiedeten berühmten japanischen Samurai-Schwerter erinnert, hat erst in den letzten Jahren eine systematische und zielgerichtete Entwicklung von Verbundwerkstoffen eingesetzt, die viele Impulse von der Luft- und Raumfahrtindustrie bekam. Besonderes Interesse gilt den faserverstärkten Verbundwerkstoffen, bei denen bei genügendem Faseranteil V_F ein wesentlich höherer Verfestigungsfaktor F (F = Fließgrenze des Verbundwerkstoffes/Fließgrenze der Matrix) als bei den teilchenverstärkten Verbundwerkstoffen erzielt werden

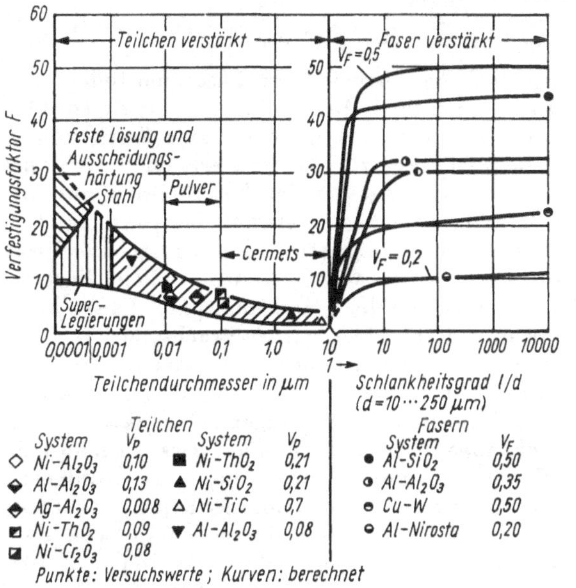

Bild 4.6. Einfluß der Teilchen- und Fasergröße auf den Verfestigungsfaktor von Metallen bei Zimmertemperatur (nach [9])

kann. Wie Bild 4.6 zeigt, ist die Festigkeit des Verbundwerkstoffes nicht nur von der Form, sondern im starken Maße auch von der Abmessung der eingelagerten Partikel abhängig.

Greift an die faserverstärkten Verbundwerkstoffe eine äußere Spannung an, so werden sich zunächst Faser und Matrix elastisch verformen. Die Eigenschaften von Faser und Matrix überlagern sich, und der Elastizitätsmodul E_V des Verbundwerkstoffes beträgt

$$E_V = V_F \cdot E_F + (1 - V_F) \cdot E_M,$$

wobei mit V_F der Faservolumenanteil und mit E_F und E_M die Moduln von Faser und Matrix bezeichnet sind.

Mit zunehmender Spannung beginnt sich die Matrix plastisch zu verformen, während die Faser die Spannung noch elastisch aufnehmen kann. E_V ist dann praktisch gleich dem auf den Faservolumenanteil bezogene Modul der Faser. Bei weiter wachsender Spannung beginnt sich dann auch die Faser plastisch zu verformen (vorausgesetzt, daß es sich um einen plastisch verformbaren Werkstoff handelt), ehe dann der Bruch des Verbundwerkstoffes einsetzt.

Die Festigkeit σ_V des Verbundwerkstoffes errechnet sich unter Zugrundlegen der Faserfestigkeit σ_F und der Matrixfließspannung $\sigma_{M'}$ bei gegebener Verformung zu

$$\sigma_V = V_F \sigma_F + (1 - V_F) \cdot \sigma_{M'}.$$

Verbundwerkstoffe mit orientierter Faseranordnung weisen natürlich eine starke Anisotropie ihrer Eigenschaften auf, sie sowohl bei der Herstellung als auch bei der Verwendung dieser Werkstoffe berücksichtigt werden muß. Die Verbundfestigkeit sinkt erheblich, wenn die Abweichung der Beanspruchungsrichtung von der Faserorientierung einen kritischen Winkel in der Größenordnung von etwa 5° bis 10° überschreitet.

Hochfeste Verbundwerkstoffe setzen Fasern höchster Festigkeit voraus. Als Fasermaterialien dienen sowohl kontinuierliche Fasern in Form von polykristallinen dünnen Drähten und amorphen Fäden als auch diskontinuierliche Fasern, die entweder als freiwachsende Whisker oder durch Trennen kontinuierlicher Fasern auf Längen von einigen Millimetern erhalten werden. Die höchsten Festigkeitswerte, die zwar beträchtlich je nach Abmessung und Wachstumsbedingungen schwanken, weisen die Whisker mit ihrem nahezu idealen Gitteraufbau auf. Bezieht man jedoch die Eigenschaften der Fasern auf ihre Dichte, so liegen die Kohlenstoffwhisker mit ihren extrem hohen Werten für den spezifischen Elastizitätsmodul und die spezifische Festigkeit weit an der Spitze gefolgt von den keramischen Whiskern, den nichtmetallischen Fäden und den besonders hinsichtlich des spezifischen Elastizitätsmoduls schon beträchtlich abfallenden Glasfasern, Metallfäden und -whiskern (Bilder 4.7 und 4.8).

Die Herstellung der Verbundwerkstoffe ist ebenso wie die der Fasern bei weitem noch nicht ausgereift und befindet sich zur Zeit im Stadium einer stürmischen Entwicklung. Die Verbundherstellung kann sowohl nach direkten als auch nach indirekten Verfahren erfolgen. Momentan haben die indirekten Verfahrensvarianten die größte praktische Bedeutung. Sie umfassen die pulvermetallurgische Variante über das Heißpressen und Explosivumformen, die schmelzmetallurgische Variante durch Tränken mit mechanischem Nachverdichten und die Variante des Abscheidens in Form der Gasphasenabscheidung, des Plasmaspritzens und des Elektroplattierens jeweils mit mechanischer Nachbehandlung. Als direktes Verfahren sei lediglich die gerichtete Erstarrung von Eutektika erwähnt. Die Bauteilherstellung selbst geht dabei praktisch immer mit der Herstellung des Verbundes einher.

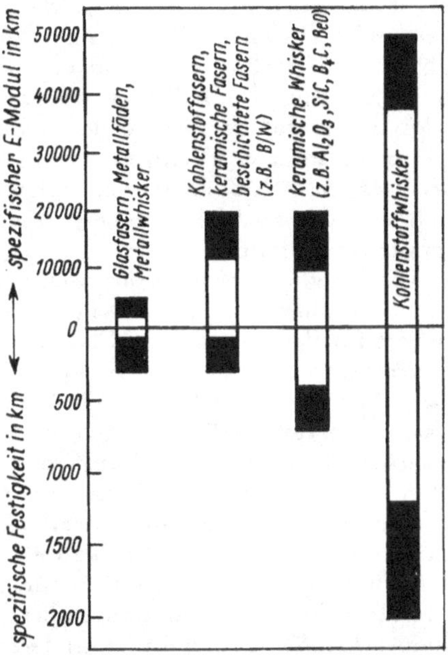

Bild 4.7. Spezifischer Elastizitätsmodul und spezifische Festigkeit verschiedener Faserwerkstoffe (nach Werten von [10])

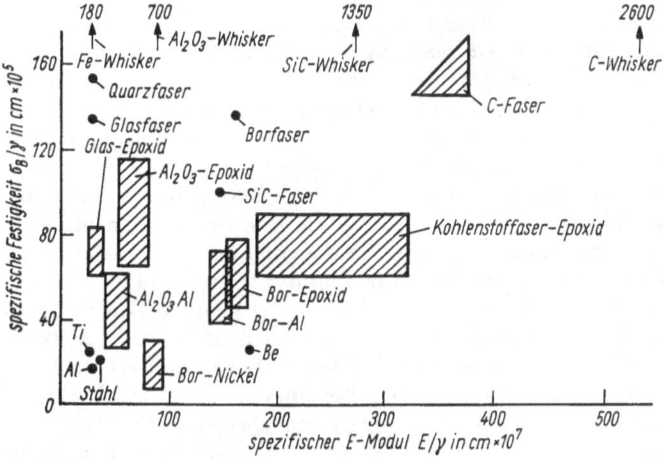

Bild 4.8. Spezifische Zugfestigkeit und spezifischer Elastizitätsmodul verschiedener Verstärkungs- und Verbundwerkstoffe im Vergleich zu einigen Metallen (nach [11])

Die Wahl des Matrixwerkstoffes richtet sich u. a. nach der vorgesehenen Einsatztemperatur des Verbundwerkstoffes. Bis 150 bzw. 200 °C können die z. Z. für glasfaserverstärkte Kunststoffe vorwiegend angewandte Plaste, wie ungesättigte Polyesterharze und Epoxidharze, thermisch belastet werden. Neuentwickelte Polyimide, Polybenzimidazole und Cyanatharze können sogar wie Al-Legierungen bis 350 °C eingesetzt werden [10]. Für höhere Einsatztemperaturen eignen sich dann nur noch Legierungen auf Basis Titan, Nickel, Kobalt und der hochschmelzenden Metalle oder für höchste Temperaturen Keramikwerkstoffe.

Im Vergleich zu den konventionellen Konstruktionswerkstoffen können die faserverstärkten Verbundwerkstoffe mit metallischer Matrix im allgemeinen dreimal so hohe Werte für den spezifischen Elastizitätsmodul und die spezifische Festigkeit erreichen. Extremwerte des spezifischen Elastizitätsmoduls und der spezifischen Festigkeit lassen sich nur auf der Basis von organischen Matrixsystemen erzielen (Bild 4.8).

Am weitesten vorangeschritten ist die Herstellung von glasfaserverstärkten Polymerwerkstoffen und von Verbundwerkstoffen mit Aluminium-Matrix [12]. Während die glasfaserverstärkten Polymerwerkstoffe vor allem im Bauwesen, im Schiffs-, Boots- und Fahrzeugbau sowie im Chemieanlagenbau breite Anwendung finden, interessieren sich für die faserverstärkten Leichtmetalle besonders die Luft- und Raumfahrt. Als Verstärkungsfasern für Aluminiumwerkstoffe dienen unter anderem bevorzugt Borfäden (z. T. mit einem Oberflächenschutz aus Bornitrid oder Siliziumkarbid) und SiC-Whiskern. Nach einem ausgereiften bereits in der Produktion eingesetzten Verfahren werden z. B. die im gewünschten Abstand auf eine Trommel gewickelten Borfasern durch thermisches Spritzen in Aluminium eingebettet. Die so erhaltenen faserverstärkten Aluminiumfolien werden entsprechend der benötigten Maße zerschnitten, in der gewünschten Orientierung gestapelt und anschließend im Vakuum druckgesintert [13].

Die Spannungs-Dehnungs-Kurven der Verbundwerkstoffe Al-B und Al-SiC zeigen einen vom Matrixwerkstoff abweichenden Charakter (Bild 4.9). Nach einem linearen Anfangsteil zeigen die Kurven, sobald das Aluminium zu fließen beginnt, einen Knick zu etwas größerer Neigung, d. h. einen etwas kleineren Elastizitätsmodul, der dann aber bis zu recht hohen Spannungen konstant bleibt. Mit dem Fließen der Matrix entstehen zwischen den Fäden mehrachsige Spannungszustände, und das Material kann verhältnismäßig viel höhere Kräfte übertragen. Andererseits wurde aber an borfaserverstärkten Aluminiumlegierungen auch beobachtet, daß der Elastizitätsmodul erst nach Überschreiten eines Grenzwertes der Dehnung dem aus der Mischungsregel errechneten Wert nahekommt. Die Ursache für diese Anomalie könnte herstellungsbedingt sein [15].

Chansen für die Anwendung von Verbundwerkstoffen bieten sich überall dort, wo die Eigenschaften unserer konventionellen Werkstoffe nicht mehr ausreichen. Die Rentabilität der Verbundwerkstoffe hängt vor allem von der erfolgreichen Entwicklung rationeller und reproduzierbarer Herstel-

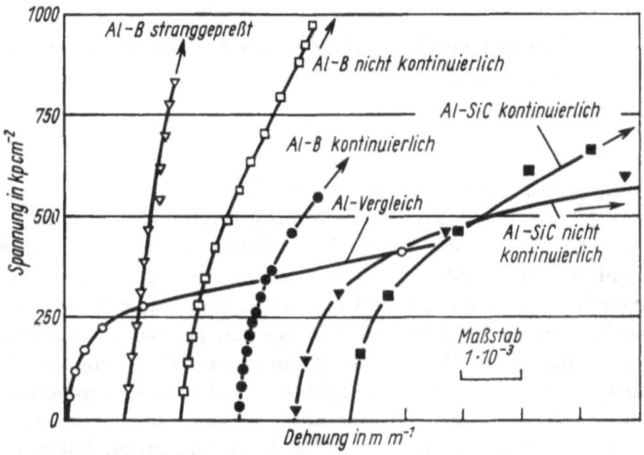

Bild 4.9. Spannungs-Dehnungs-Kurven verschiedener Al-B- und Al-SiC-Verbundwerkstoffe im Vergleich zu der unverstärkten Aluminiummatrix (nach [14])

lungsverfahren und Verarbeitungstechniken für Fasern, Halbzeuge und Fertigteile ab. Dazu müssen geeignete Prüfverfahren Auskunft über die Eigenschaften, besonders über das Langzeitverhalten der Verbundwerkstoffe, geben. Der Schwerpunkt der Grundlagenforschung wird sich auf die quantitative Erfassung der mannigfaltigen Wechselwirkungen zwischen Faser und Matrix sowie auf die mikromechanischen Vorgänge im Verbundwerkstoff richten.

5. Verschleiß und Verschleißschutz metallischer Bauteile

Mit den Folgen von Verschleißerscheinungen wird jeder Industriezweig in mehr oder weniger großem Umfang konfrontiert. Sie auf ein Minimum zu reduzieren, ist das allgemeine Bestreben, das in den einzelnen Industriezweigen aber aus jeweils unterschiedlichen Beweggründen erfolgt. So können entweder der wirtschaftliche Aspekt, eine hohe Lebensdauer oder die absolute Sicherheit im Vordergrund stehen. Im wissenschaftlichen Gerätebau basiert das Bestreben nach geringstem Verschleiß vor allem auf der Forderung nach höchster Genauigkeit, die als ein wesentliches, in manchen Fällen sogar als primäres Kriterium für das technisch-ökonomische Niveau des Erzeugnisses gilt. Harte verschleißfeste und möglichst noch korrosionsbeständige Funktionsflächen, wie z. B. Führungsbahnen, Präzisionslager und Meßflächen hoher Oberflächengüte und Genauigkeit, sind eine typische Forderung im wissenschaftlichen Gerätebau. Zu ihrer Realisierung bedient man sich sowohl konstruktiver als auch verfahrenstechnischer Möglichkeiten.

So mannigfaltig die Erscheinungsformen des Verschleißes sind, so vielfältig sind die Wege, die zur Verschleißbekämpfung beschritten werden. Gerade in letzter Zeit wurde eine Vielzahl von Verfahrensvarianten entwickelt, die zwar meist nicht universell anwendbar sind, sich aber in konkreten Beanspruchungsfällen bewährt haben.

Im folgenden sollen vorwiegend die Möglichkeiten, Grenzen und Ergebnisse der neueren Verfahren zur Erhöhung der Verschleißfestigkeit, die bereits im wissenschaftlichen Gerätebau Eingang gefunden haben bzw. sich als erfolgversprechend anbieten, behandelt werden, ohne aber auch nur im entferntesten Anspruch auf Vollständigkeit erheben zu wollen. Auf die konventionellen Verfahren der Härtetechnik wird deshalb nur kurz hingewiesen, da ihre Behandlung über den vorgegebenen Rahmen hinausgehen würde.

5.1. Reibung und Verschleiß

Als Reibung bezeichnet man einen Widerstand in der gemeinsamen Berührungsfläche zweier Körper, der eine Relativbewegung zwischen den zwei aufeinander gleitenden, rollenden oder wälzenden Körpern hemmt oder verhindert. Im ersten Fall spricht man von Bewegungsreibung, im zweiten von Ruhereibung.

In der Technik kann man drei Reibungszustände unterscheiden:
Festkörperreibung,
Mischreibung,
Flüssigkeitsreibung.

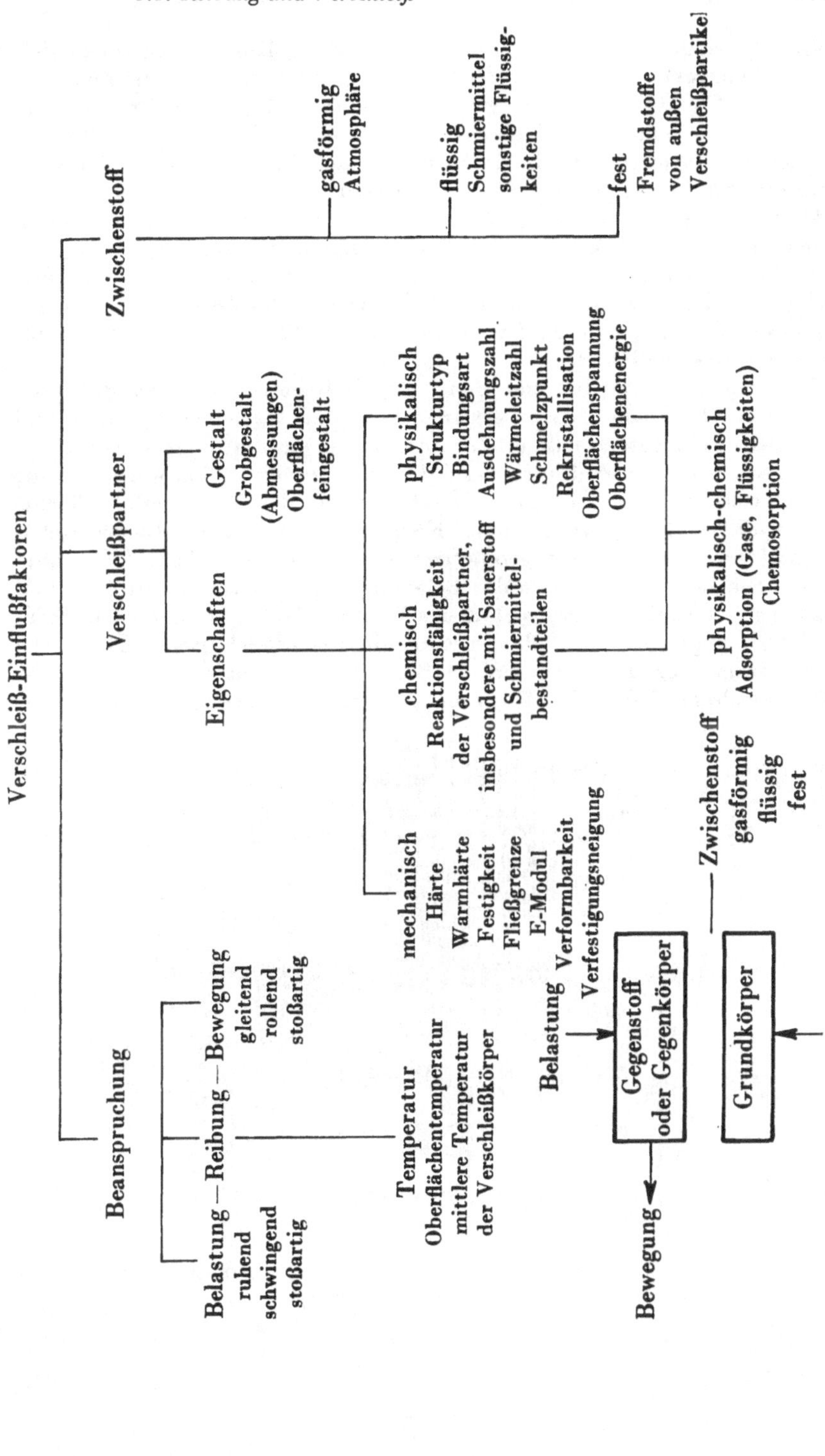

Bild 5.1. Die wesentlichsten den Verschleiß beeinflussenden Faktoren [nach [1]]

Während bei der Festkörperreibung ein direkter Kontakt zwischen den Gleitflächen vorliegt, sind bei der Flüssigkeitsreibung beide Reibpartner durch eine Flüssigkeitsschicht getrennt, die zwar die Normalkräfte überträgt, aber nur einen sehr kleinen Scherwiderstand besitzt. Die häufigste Erscheinungsform ist jedoch die Mischreibung, die als ein Übergangsstadium meist bei geschmierten Flächen vorliegt.

Als Folge der Relativbewegung tritt bei Festkörper- und Mischreibung an den gepaarten Werkstoffoberflächen im allgemeinen ein Abrieb auf, den man als Verschleiß bezeichnet. In der Technik wird Verschleiß nach TGL 0-50320 als die unerwünschte Veränderung der Oberfläche von Gebrauchsgegenständen durch Lostrennen kleiner Teilchen infolge mechanischer Ursachen definiert.

Wenn man die Vielfalt der den Verschleiß beeinflussenden Faktoren betrachtet (Bild 5.1), ist es einleuchtend, daß zwischen Reibung und Verschleiß kein gesetzmäßiger Zusammenhang besteht. Zur Erläuterung dessen sollen als Beispiel nur zwei Faktoren herausgegriffen werden – die geometrische und die stoffliche Beschaffenheit der Werkstoffoberfläche. Die wahre Berührungsfläche zweier Körper ist selbst im feinstbearbeiteten Zustand im Vergleich zur geometrischen Fläche sehr klein. Die wahre Kontaktfläche ist sowohl von der Belastung als auch vom elastischen und plastischen Verformungsvermögen des Werkstoffes sowie der Oberflächengestalt abhängig. Die stoffliche Beschaffenheit einer technischen Oberfläche ist durch das Vorhandensein einer äußeren und einer inneren Grenzschicht gekennzeichnet (Bild 5.2). Während die äußere Grenzschicht die an das

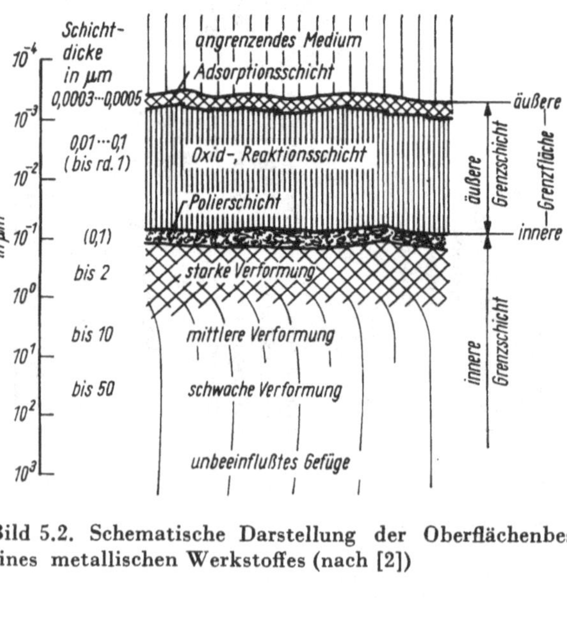

Bild 5.2. Schematische Darstellung der Oberflächenbeschaffenheit eines metallischen Werkstoffes (nach [2])

angrenzende Medium entstehende dünne Adsorptionsschicht und die darunter liegende Oxid- oder Reaktionsschicht umfaßt, stellt die innere Grenzschicht eine durch die Werkstoffbearbeitung infolge plastischer Verformung mit Gitterbaufehlern angereicherte verfestigte Oberflächenzone dar.

Den Verschleißprozeß kann man in drei aufeinanderfolgende Stadien unterteilen [3]:

Einwirkung von Oberflächen,
Veränderung der Eigenschaften der sich berührenden Oberflächen,
Zerstörung der Oberflächen.

Obwohl diese drei Stadien grenzenlos ineinander übergehen und zum Teil auch parallel nebeneinander verlaufen, wird zunächst eine Annäherung der rauhen Oberflächen durch elastische und plastische Deformation sowie Mikroschneiden erfolgen. Die Eigenschaften der sich berührenden Oberflächen verändern sich dabei infolge der Einwirkung der elastischen und plastischen Deformation sowie der erhöhten Kontakttemperatur durch Einfluß des Spannungszustandes, durch chemische Einwirkung des umgebenden Mediums und durch Übertragen von Werkstoff auf den Gegenkörper. Die Zerstörung geht von den entstehenden Defekten in den festen Körpern aus und führt dann über die Ausbildung von Rissen bis zum Abtrennen von Verschleißteilchen.

Bei der Vielzahl der den Verschleißprozeß beeinflussenden Faktoren und ihrer komplizierten Wechselbeziehungen sowie der Tatsache, daß bei diesem Oberflächenprozeß meist die Eigenschaften der durch tribotechnische Einflüsse gebildeten Reaktionsschicht und nicht diejenigen des Kernmaterials das Verschleißverhalten bestimmen, ist es eigentlich gar nicht anders zu erwarten, als daß verschiedene Verschleißmechanismen wirksam sein müssen. Im praktischen Verschleißfall sind im allgemeinen meist mehrere Verschleißmechanismen nebeneinander am Werkstoffabtrag beteiligt. In der Literatur wird eine größere Zahl verschiedener Verschleißmechanismen beschrieben, von denen im Bereich des Verschleißes metallische Werkstoffe

der Haft- oder Adhäsionsverschleiß,
der Furchungsverschleiß und
der Ermüdungsverschleiß

die wesentlichsten sind.

Bedingungen für Haft- oder Adhäsionsverschleiß liegen dann vor, wenn zwei Partner mit metallischen Oberflächen unter Gleiten aufeinander reiben. An den Kontaktstellen werden die Partner durch die lokale hohe Belastung und die gleichzeitige Schubbeanspruchung so nah zueinander gebracht, daß die Oberflächen durch Adhäsion miteinander kaltverschweißen. Diese Verbindungsstellen müssen jedoch durch die Bewegung sofort wieder getrennt werden, das in der Ebene des geringsten Scherwiderstandes – entweder in der ursprünglichen Berührungsebene oder in einem der beiden Partner – geschieht. Erfolgt die Trennung in einem der beiden Partner, dann werden Metallteilchen von einem Partner auf den anderen übertragen. Das Entstehen loser Verschleißpartikel läßt sich mit dieser bekannten (z. B. [4]) Hypothese jedoch nicht befriedigend erklären.

Eine metallische Berührung und somit Haftverschleiß ist aber nur dann möglich, wenn die Belastung ausreicht, die im Bild 5.2 dargestellte äußere Grenzschicht des metallischen Körpers zu durchbrechen. Gelingt dieses nicht, dann läuft der Verschleiß innerhalb der Oxidschicht, die allmählich durch Schürfverschleiß abgetragen wird, ab [1]. Das Ausmaß des Verschleißes ist deshalb außerordentlich stark von der Belastung abhängig. Im Bereich niedriger Belastung beobachtet man zunächst unter bestimmten

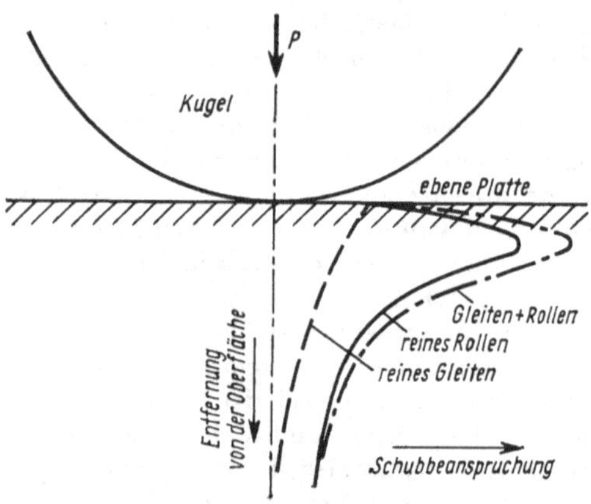

Bild 5.3. Schubspannungsverteilung in einer Platte, die über eine Kugel gleitend und rollend belastet wird (nach [1])

Bild 5.4. Ermüdungsverschleiß an der einsatzgehärteten Mutter einer Kugelrollspindel (100:1)

Bedingungen einen relativ kleinen Verschleiß ("mild wear"), der bei einer bestimmten Belastung sprunghaft um ein bis zwei Größenordnungen steigt ("severe wear"). Dieser Übergang kann nur durch eine Änderung des Verschleißmechanismus erklärt werden.

In der Praxis reiben die Partner meist in der selben Spur, so daß sich allmählich verschleißfördernde, aber auch verschleißmindernde Reaktionsschichten ausbilden können. Das ständige Entstehen und Abtragen von Oberflächenschichten durch eine Verschleißbeanspruchung wird als Schichtverschleiß bezeichnet [1].

Furchungsverschleiß entsteht, wenn die vorspringenden Kanten eines wesentlich härteren Partners in den weicheren eindringen, und durch eine Art von Mikrospanen im Verlauf der Bewegung Metall aus dem weichen Partner herausgeschnitten wird. Diese Bedingungen liegen besonders bei der Kombination Metall-Mineral vor.

Wechselnd beanspruchte kräftegebundene Oberflächen unterliegen Oberflächenermüdungserscheinungen, wie sie allgemein bei jedem wechselnd belasteten Werkstoff in Form von Rissen auftreten. Als Ermüdungsverschleiß bezeichnet man das Entstehen loser Verschleißpartikel durch Werkstoffermüdung infolge wechselnder Belastung zweier im Kontakt befindlicher fester Körper. Typischer Ermüdungsverschleiß tritt unter Rollreibung bei Kugellagern und Kugelrollspindeln auf. Da die Schubspannung unmittelbar unter der Oberfläche am größten ist, setzt die Werkstofftrennung auch dort in der Regel ein (Bilder 5.3 und 5.4).

Die Reibkorrosion — oft als Sonderfall des Verschleißes dargestellt — sollte als ein eigenständiger Schädigungsprozeß betrachtet werden [5]. Sie entsteht bei Berührung zweier Oberflächen unter einer Normalkraft, wenn diese eine schwingende Scheuerbewegung kleinsten Ausmaßes im Zustand der Festkörperreibung ausführen. Die Schädigung durch Reibkorrosion kann einerseits zur Funktionsunfähigkeit des Systems führen, da die Abriebprodukte zwischen den Oberflächen in der Regel nicht entweichen können, und andererseits ist mit der Reibkorrosion eine starke Verminderung der Dauerfestigkeit verbunden.

5.2. Möglichkeiten des Verschleißschutzes

Zur Gewährleistung der für ein Bauteil notwendigen Verschleißfestigkeit kann man grundsätzlich zwei Wege gehen:

1. Das Bauteil wird entweder vollkommen oder teilweise durch konstruktive Lösungen unter Ausnutzung aller Möglichkeiten der Fügetechnik (Einlegen, Einpressen, Schrumpfen, Kleben, Löten, Schweißen, Schrauben und Nieten) aus hartem verschleißfesten Material (z. B. Hartmetall, Edel- und Halbedelsteine, Keramik, gehärteter Stahl) gestaltet.
2. Die Verschleißfestigkeit wird über einen Oberflächenschutz des Bauteiles gesichert.

Die erstgenannte Variante ist, wenn man von gehärtetem Stahl absieht, in der Regel teuer und an Abmessungen und Formen der Teile gebunden, die mit den für Hartmetall und nichtmetallisch-anorganische Werkstoffe typischen Fertigungsverfahren herstellbar sind. Hartmetallteile sind außerdem erst ab einer bestimmten Stückzahl wirtschaftlich zu fertigen, wenn man nicht auf vom Hartmetallhersteller standardisierte Formstücke zurückgreifen kann. Dagegen sind die Verfahren zur Erzeugung eines Oberflächenschutzes im allgemeinen nicht an eine Mindeststückzahl und mit Ausnahme der galvanischen Verfahren auch nicht an eine begrenzte Abmessung und Gestaltung der zu behandelnden Teile gebunden, obwohl natürlich jedes Verfahren für eine rationelle Fertigung eine verfahrensgerechte Konstruktion der Teile innerhalb bestimmter Grenzen voraussetzt, und die maximal möglichen Abmessungen der zu behandelnden Teile von den zur Verfügung stehenden Anlagen bestimmt werden.

Im wissenschaftlichen Gerätebau wird der Verschleißschutz in mannigfaltiger Weise, sowohl über die Verfahren des Stoffeigenschaftänderns als auch mittels der Beschichtungstechnik realisiert. Dabei werden immer Verfahren angestrebt, die möglichst keine oder nur geringe, innerhalb zulässiger Toleranzen liegende Dimensionsänderungen an den Bauteilen als sekundäre Folge der Behandlung hinterlassen. Ein in dieser Hinsicht allseitig befriedigendes Verfahren steht uns leider noch nicht zur Verfügung, so daß man sich in den meisten Fällen mit der Beherrschung von reproduzierbaren Dimensionsänderungen der Bauteile, die man erforderlichenfalls schon bei der Vorfertigung berücksichtigen kann, zufrieden gibt.

Verfahrensseitig bieten sich grundsätzlich folgende Möglichkeiten zur Erzeugung harter und verschleißfester Oberflächen:

Stoffeigenschaftändern

durch Umlagern von Stoffteilchen (z. B. Härten, Verfestigen durch Verformung);
durch Eindringen von Stoffteilchen (Diffusionsverfahren)
a) ohne Phasenänderung,
b) mit Phasenänderung.

Beschichten

aus dem gas- oder dampfförmigen Zustand (z. B. Aufdampfen);
aus dem flüssigen Zustand (z. B. Aufspritzen, Auftragschweißen);
aus dem ionisierten Zustand (z. B. chemische und galvanische Metallabscheidung)
a) mit dispers eingelagerten Teilchen,
b) ohne dispers eingelagerte Teilchen;
durch Plattieren über die Fügetechnik.

Eine eindeutige Zuordnung der einzelnen Verfahrensvarianten zu dieser Gliederung ist nicht immer möglich, da vielfach dem speziellen Verfahren eine Kombination von Wirkprinzipien zugrunde liegt (z. B. Abscheidung mit gleichzeitiger oder anschließender Diffusion).

Die Fertigungsverfahren des Stoffeigenschaftänderns basieren auf den drei metallkundlichen Grundmechanismen der Härtung und Festigkeitssteigerung

durch nulldimensionale Gitterbaufehler (Leerstellen, Zwischengitter- und Substitutionsatome),
durch ein- und zweidimensionale Gitterbaufehler (Versetzungen, Korngrenzen, Zwillingsgrenzen) und
durch dreidimensionale Hindernisse (Teilchen einer zweiten Phase),

die alle auf ein Erschweren der Beweglichkeit der Versetzungen hinzielen.

Die Behinderung der Bewegung von Versetzungen durch nulldimensionale Fehler in Form gleichmäßig verteilter Punktfehler von der Größe eines Atoms beruht auf einer Gitterverspannung infolge unterschiedlicher Atomvolumina oder auf dem verschiedenen elastischen Verhalten in der Umgebung des gelösten Atoms. Bei dem als Mischkristallhärtung bezeichneten Mechanismus wird die Festigkeitssteigerung um so größer sein, je höher die Konzentration der eingelagerten Atome, je größer die Differenz der Atomvolumina und je größer der Schubmodulunterschied der Atomarten in ihren Gittern ist. Die größten Effekte sind in der Praxis durch diffusionslose Umwandlung einer Modifikation hoher Löslichkeit in eine niedrigerer Löslichkeit (z. B. Martensitbildung der Stähle) zu erzielen.

Ein- und zweidimensionale Gitterbaufehler stehen im engen Zusammenhang mit der plastischen Verformung der metallischen Werkstoffe, die über die Bewegung von Versetzungen erfolgt. Mit zunehmender Versetzungs- und Korngrenzendichte steigt die Festigkeit. Ihr sind aber insofern Grenzen gesetzt, als die durch Kaltverformung erzielten hohen Versetzungsdichten zu Spannungskonzentrationen und damit zum Bruch des Werkstoffes führen, und andererseits die durch Rekristallisation erreichbare Korngröße nie kleiner als die Zellgröße des Versetzungsgefüges werden kann.

Dreidimensionale Gitterstörungen, wie dispergierte Teilchen, Ausscheidungen und Zonen, wirken entweder direkt verfestigend, indem sie den wandernden Versetzungen als Hindernisse entgegentreten, oder indirekt durch ihren Beitrag zur Stabilisierung eines feinkörnigen Gefüges. Die eingelagerten Teilchen werden von den Versetzungen entweder durchlaufen, d. h., sie nehmen gemeinsam mit der Matrix an der Verformung teil, oder, indem die Versetzungslinie gebogen wird, umgangen, wenn die Teilchen nicht an der Verformung teilnehmen. Unterhalb eines bestimmten Teilchendurchmessers geht der letztgenannte Mechanismus in den erstgenannten über, wobei man im Zustand des Übergangs die höchste Festigkeit erzielt.

Die moderne Werkstoffentwicklung bedient sich der Kombination dieser Grundmechanismen, um die theoretisch möglichen Festigkeitswerte anzustreben, die nur mit einem der geschilderten Grundmechanismen allein meist nicht zu erreichen sind. Ein typisches Beispiel dafür sind die martensitaushärtbaren Stähle (Bild 5.5).

Die Beschichtungstechnik hat in den letzten Jahren eine sehr rasche Entwicklung erfahren und viele Impulse durch die Bereitstellung von

Energiequellen hoher Energiedichte erhalten (Tabelle 5.1). Plasma-, Elektronen- und Laserstrahlen setzen auf Grund der erreichbaren hohen Temperaturen hinsichtlich des aufzutragenden Werkstoffes keine Grenzen. Diese Energiequellen ermöglichen durch die leichte Fokussierung ihrer

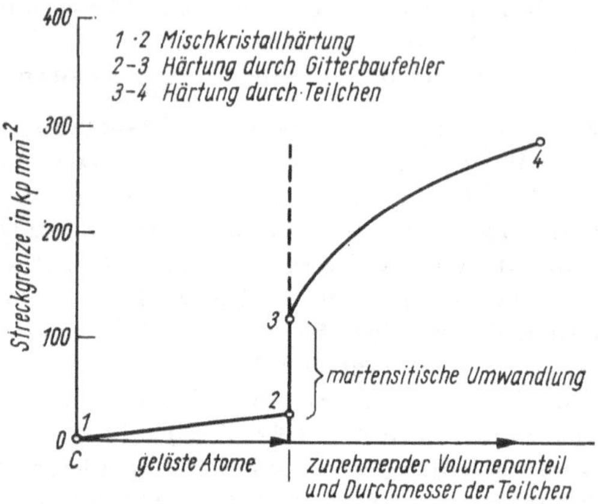

Bild 5.5. Beitrag der Grundhärtungsmechanismen zur Streckgrenze eines martensitaushärtbaren Stahles mit 28% Nickel und 12% Aluminium (nach [6])

Strahlen auf geringste Querschnitte vielfach erst die allgemein angestrebte Minimierung der Bauteile, indem z. B. auch eine lokale Härtung von kleinsten Bereichen stählerner Bauteile durchgeführt werden kann.

Für viele technische Problemlösungen wird aber auch trotz noch bestehender Schwierigkeiten die Gasphasenabscheidung immer interessanter. Die Arbeitsweise der Gasphasenabscheidung ist im Prinzip einfach – die mehr oder weniger stark erhitzte Oberfläche des zu beschichtenden Körpers wird mit einer geeigneten Verbindung des abzuscheidenden Elementes im dampfförmigen Zustand in Berührung gebracht. Auf diese Weise können

Tabelle 5.1.
Energiedichte verschiedener Energiequellen

Energiequelle	max. Energiedichte in W cm^{-2}	min. Querschnitt in cm^{-2}	erreichbare Temperatur in K
Azetylen-Schweißbrenner	$10^3 \ldots 10^4$	10^{-2}	$3{,}5 \cdot 10^3$
Lichtbogen	$10^4 \ldots 10^5$	10^{-3}	$(4 \ldots 10) \cdot 10^3$
Plasmastrahl	$10^5 \ldots 10^6$	10^{-3}	$(7{,}5 \ldots 50) \cdot 10^3$
Elektronenstrahl	10^9	10^{-7}	
Laserstrahlen	$10^9 \ldots 10^{13}$	10^{-7}	10^7

auf metallischen und nichtmetallischen Werkstoffen Metalle, z. B. Nickel, Chrom, Molybdän, Titan, Thorium, Vanadium, Wolfram und viele Legierungen, und auch Nichtmetalle, wie Kohlenstoff, Silizium, Karbide, Nitride, Silicide, Boride, Oxide und Sulfide, abgeschieden werden [7].

Zur Erzielung der für den wissenschaftlichen Gerätebau erforderlichen Verschleißfestigkeit bedient man sich bevorzugt der Mischkristallhärtung, der Beschichtung aus dem ionisierten Zustand und der Diffusionsverfahren.

5.3. Einige ausgewählte Verfahren des Beschichtens

5.3.1. Hartverchromen

Galvanisch abgeschiedene Chromschichten zeichnen sich durch Glanz, Korrosionsbeständigkeit und Härte aus. In der Praxis unterscheidet man zwischen Glanz- und Hartverchromung. Beide Schichttypen werden zwar grundsätzlich aus den gleichen Bädern erhalten, dienen aber verschiedenen Zwecken und unterscheiden sich deshalb auch in ihrer Schichtdicke. Während man sich beim Glanzverchromen, das primär dem Korrosionsschutz und dekorativen Ansprüchen dient, in der Regel mit Schichtdikken bis 0,5 µm begnügt, werden beim Hartverchromen wesentlich dikkere Schichten abgeschieden. Den eigentlichen Korrosionsschutz übernimmt beim Glanzverchromen eine Zwischenschicht, meist aus Kupfer und Nickel, die mindestens 20 µm Nickel aufweisen muß, um einen guten Korrosionsschutz zu gewährleisten. Die dünne Chromschicht sichert lediglich die Anlaufbeständigkeit.

Hartchrom wird dagegen in der Regel ohne Zwischenschichten auf der Unterlage zu folgenden Verwendungszwecken abgeschieden:

Schutz von Funktionsflächen gegen Verschleiß- und Druckbeanspruchung sowie begrenzte Schlag- und Stoßbeanspruchung (Präzisionsteile, Werkzeuge, Lehren);
Regeneration abgenutzter Teile (Lehren, Werkzeuge, Wellen);
Nutzung spezieller Eigenschaften des Chroms — wie niedriger Reibungskoeffizient (Wellen, Ziehwerkzeuge), schlechte Benetzbarkeit und geringe Adhäsion (Preßwerkzeuge), Zunderbeständigkeit und Korrosionsschutz — einzeln oder kombiniert, insbesondere mit der hohen Verschleißfestigkeit.

5.3.1.1. Verfahrensbeschreibung

Hartchromschichten werden aus mit bestimmten Zusätzen versehenen Chromsäurebädern bei Stromdichte zwischen 35 und 70 A dm^{-2} und einer mittleren Abscheidungsgeschwindigkeit von etwa 20 bis 40 µm h^{-1} abgeschieden. Die erforderliche Schichtdicke ergibt sich aus dem Verwendungszweck. Als Richtlinie gilt, 10 bis 20 μm für geringe mechanische Beanspruchung und als Schutz gegen mäßig korrodierende Einflüsse, 25 bis 50 μm bei gleitender Beanspruchung mit nicht zu großem Druck und bis zu 300 μm bei hoher mechanischer und korrosiver Beanspruchung. Liegt Schlag- oder Stoßbeanspruchung vor, dann sollte wegen der Sprödigkeit des Chroms die Schichtdicke nicht zu groß gewählt werden.

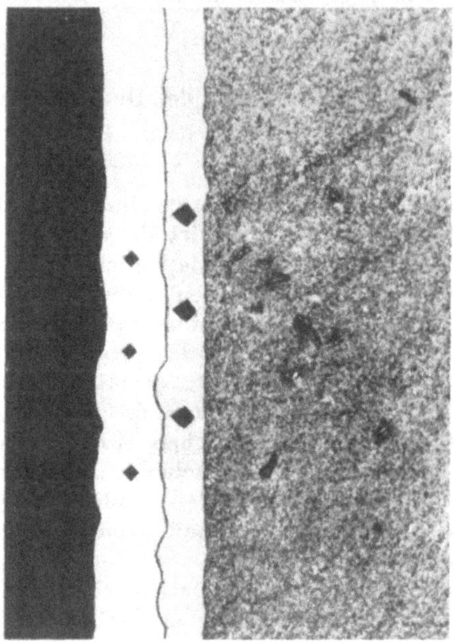

Bild 5.6. Hartchromschicht (1200 HV 0,05) auf Aluminium mit einer Nickelzwischenschicht (600 HV 0,05). 250:1

Unlegierte und niedrig legierte Stähle im weichen oder gehärteten Zustand, Kupfer und Kupferlegierungen lassen sich ohne Schwierigkeiten hartverchromen. Austenitische Stähle bedürfen einer speziellen Vorbehandlung ebenso wie Aluminium- und Zinkwerkstoffe, für die das Aufbringen von Zwischenschichten aus Kupfer und Nickel, erforderlichenfalls nach vorangegangener chemischer Zink- oder Zinnabscheidung, zu empfehlen ist. Rißfreie Überzüge können auf Aluminium nach zuvor erfolgter Vernicklung abgeschieden werden (Bild 5.6). Graphithaltige Gußeisenwerkstoffe eignen sich in der Regel wegen der geringen Haltbarkeit schlecht zum Hartverchromen. Ein optimaler Schutz gegen mechanische Beanspruchung setzt eine entsprechend harte Unterlage -- gehärteter und angelassener Stahl bis 760 HV [8] — voraus. Hartverchromungen auf weichen Unterlagen dienen dagegen nur dem Schutz gegenüber korrosiver und gleitender

Beanspruchung, sie dürfen aber nicht auf Schlag oder starken Druck beansprucht werden.

Bei der Gestaltung der hartzuverchromenden Teile ist die schlechte Tiefenstreuung des Chrombades zu berücksichtigen. Der Konstrukteur sollte vor- und einspringende Stellen an den Teilen vermeiden, auf die der Galvaniseur auch bei Verwendung von Blenden, Profil- und Hilfsanoden meist keine gleichmäßigen Schichten abscheiden kann.

Hartchromschichten erfordern — sollen sie ihre Funktion mit Sicherheit erfüllen — eine besonders gute Haftung auf der Unterlage. Vorteilhaft hat sich als Vorbehandlung ein anodisches Polieren der Unterlage erwiesen, das jedoch nicht in jedem Fall anwendbar ist. Die beim Hartverchromen angewandten hohen Stromdichten sind bei der Gestaltung der Stromzuleitung zu berücksichtigen.

Während der Abscheidung nimmt das Chrom größere Mengen Wasserstoff auf, die im starken Maße von den Abscheidungsbedingungen abhängen. Der Wasserstoff kann außerdem in das Grundmaterial diffundieren bzw. ist in diesem vom Beizen oder elektrolytischen Entfetten her bereits vorhanden. Da dieser Wasserstoff zur Versprödung der Metalle führt, macht sich für viele Verwendungszwecke eine Entgasung erforderlich. Sie erfolgt vorwiegend durch eine Wärmebehandlung. Obwohl zahlreiche Untersuchungen zu dieser Problematik vorliegen, schwanken die Angaben über die günstigste Behandlung. Eine merkliche Wasserstoffabgabe beginnt bei Temperaturen um 150 °C. Temperaturen um 350 °C, die nicht überschritten werden sollen, führen dann zu einer weitgehenden Entgasung. Die Wahl der Entgasungstemperatur richtet sich nach dem Grundwerkstoff unter Berücksichtigung des Härteabfalls bei gehärtetem Stahl und dem Verwendungszweck. Vorzusehen ist die Entgasung vor allem bei dünnwandigen Teilen, bei gehärteten und stark kaltverfestigten Stählen sowie schlag- und stoßbeanspruchten Schichten.

5.3.1.2. Eigenschaften

Galvanisch abgeschiedene Chromschichten sind im allgemeinen von einem Netz senkrecht zur Oberfläche verlaufender Risse durchzogen, die die Korrosionsbeständigkeit mindern. Gelingt es auch unter bestimmten Bad- und Abscheidungsbedingungen rißfreie Chromüberzüge abzuscheiden, so dürfte es aber schwierig sein, diese bei auch nur geringer mechanischer Beanspruchung zu erhalten. Einen sicheren Korrosionsschutz gewährleistet im allgemeinen erst eine Mindestschichtdicke von etwa 20 µm, von der man eine dichte Ausbildung des Überzuges annehmen kann. Im Gegensatz dazu wird in manchen Fällen sogar die Erzeugung poröser Schichten gefördert, oder durch Ätzen werden die Risse vergrößert, um auf der an sich schlecht benetzbaren Chromoberfläche im Falle einer gleitenden Beanspruchung Schmiermittel festhalten zu können.

Der Reibungskoeffizient von Chrom auf Chrom, Stahl und Weißmetall beträgt bei trockener Reibung nur etwa 0,15 [8]. Die schlechte Benetzbarkeit verchromter Oberflächen wirkt sich jedoch bei gleitender Beanspruchung negativ aus. Die Laufeigenschaften hängen sowohl vom Gleitpartner als auch von der Schmierung, dem Lagerdruck und der Gleitgeschwindigkeit ab.

Die Härte galvanisch abgeschiedener Chromschichten kann innerhalb weiter Grenzen schwanken. Sie wird von den Abscheidungsbedingungen (Badzusammensetzung, Stromdichte, Temperatur) beeinflußt und kann Werte bis zu 1200 HV erreichen. Mit zunehmender Härte nimmt der Verschleiß von Hartchromschichten sowohl unter Furchungs- als auch unter Schürfverschleißbedingungen ab [9].

Die gemessenen Elastizitätsmoduln von Hartchromschichten streuen außerordentlich. Abscheidungsbedingungen und Wärmebehandlung beeinflussen den Elastizitätsmodul.

Seine hohe Korrosionsbeständigkeit verdankt das Chrom einer schützenden, äußerst dünnen Oxidschicht. Obwohl das Chrom der Lage seines Normalpotentials entsprechend ein ziemlich unedles Metall ist, erweist es sich infolge seiner Passivität gegenüber sehr vielen angreifenden Medien als sehr widerstandsfähig. Chromschichten sind außerordentlich anlaufbeständig. Eine nennenswerte Oxydation setzt erst nach längerer Erwärmung über 300 °C ein. Während dünne und daher porige Chromüberzüge infolge Lokalelementbildung auf unedlen Unterlagen (auch Nickel) sogar korrosionsfördernd wirken, bieten porenfreie Schichten etwa ab 20 μm Dicke einen ausgezeichneten Korrosionsschutz.

Der Erfolg einer Hartverchromung wird nicht allein von den Eigenschaften der Chromschicht bestimmt. Er hängt vielmehr von der zweckmäßigen Kombination von Überzug und Grundwerkstoff und den zwischen den Partnern bestehenden Wechselwirkungsbeziehungen ab. Als Beispiel dafür sei die Dauerfestigkeit genannt, die durch eine Hartverchromung bei Eisenwerkstoffen vermindert wird. Eine besonders starke Erniedrigung der Dauerfestigkeit ist mit steigender Festigkeit des Stahles bei Schichtdicken über 60 μm und solchen, die bei Elektrolyttemperaturen über 55 °C abgeschieden werden, zu beobachten [10].

5.3.2. Chemische Vernicklung

Die chemische Vernicklung, die im Gegensatz zur galvanischen ohne Mithilfe einer äußeren Stromquelle verläuft, findet zunehmend in der industriellen Oberflächentechnik Anwendung. Die chemisch abgeschiedenen Nickelschichten unterscheiden sich auf Grund ihrer Zusammensetzung und Struktur in ihren mechanischen und physikalischen Eigenschaften wesentlich von den galvanisch abgeschiedenen Nickelschichten.

5.3.2.1. Verfahrensbeschreibung

Das chemische Vernickeln gestattet die gebräuchlichsten technischen Werkstoffe (Stähle, Aluminium-, Kupferwerkstoffe, Plaste und Keramik) unabhängig von der Gestalt der Werkstücke durch Tauchen in speziellen Bädern gleichmäßig in bezug auf Schichtdicke und Qualität bis zu Schichtdicken von mehreren Millimetern zu beschichten. Die Abscheidungsgeschwindigkeit beträgt durchschnittlich 15 bis 30 $\mu m\ h^{-1}$ und entspricht der des galvanischen Prozesses mittlerer Stromdichte.

Während bei der galvanischen Vernicklung die im Elektrolyt vorhandenen Nickelionen infolge des angelegten Potentials an der Katodenoberfläche (Werkstück) zu metallischem Nickel reduziert werden, erfolgt die Reduktion der Nickelionen bei der chemischen Vernicklung durch die Elektronen chemischer Reaktionspartner, die durch bestimmte Katalysatoren eingeleitet und beschleunigt wird. Als Reduktionsmittel werden in der Praxis Hypophosphit (z. B. Kanigen- und Durni-Coat-Verfahren) und Bor-Wasserstoff-Verbindungen (z. B. Nibodur-Verfahren) verwendet. Die zu vernickelnde Oberfläche muß die Nickelabscheidung zunächst katalytisch einleiten, ehe das abgeschiedene Nickel selbst katalytisch die Abscheidung bis zur Entfernung der Oberfläche aus dem Bad ermöglicht. Während sich auf Metallen, die bezogen auf die verwendete Badlösung unedler als Nickel sind, durch Ladungsaustausch Nickelkeime abscheiden, die nun ihrerseits die chemische Vernickelung beginnen lassen, muß bei edleren Werkstoffen entweder die Abscheidung von Nickelkeimen durch einen kurzen katodischen Stromstoß erzwungen werden, oder es müssen zunächst Katalysatorkeime, z. B. Palladiumatome, durch Tauchen in einer Palladiumchloridlösung nach vorangegangenem Sensibilisieren in einer Zinn(II)-chloridlösung [11], abgeschieden werden. Letztgenannte Variante dient zur Vorbehandlung nichtmetallischer Werkstoffe. Einige als Katalysatorgifte wirkende Metalle (z. B. Zink, Kadmium, Zinn, Blei für das Hypophosphitverfahren) sind erst nach Aufbringen einer Zwischenschicht chemisch zu vernickeln. Die Bäder werden bis zur Erschöpfung ausgenutzt oder von Zeit zu Zeit bzw. kontinuierlich regeneriert.

5.3.2.2. Zusammensetzung und Struktur

Charakteristisch für chemisch abgeschiedene Nickelschichten ist ihr Gehalt an Phosphor bzw. Bor, der infolge Zersetzung des jeweilig benutzten Reduktionsmittels während der Nickelabscheidung in den Niederschlag eingebaut wird. Der Phosphorgehalt der aus Hypophosphitbädern abgeschiedenen Schichten liegt durchschnittlich bei 7 bis 10%. Er ist von der Badzusammensetzung, der Badbelastung und der Vernicklungsdauer abhängig. Aus Borhydridbädern abgeschiedene Nickelschichten enthalten je nach Badzusammensetzung und Abscheidungsbedingungen 3 bis 7% Bor [11, 12, 13].

Frisch niedergeschlagene Nickel-Phosphor-Schichten sind als röntgenamorphe, metastabile, übersättigte, feste Lösungen von Phosphor im Nickel aufzufassen, aus denen sich zum Teil Nickelphosphid Ni_2P abscheidet, das nach einer Wärmebehandlung bei höheren Temperaturen mit dem

Nickel zu in der Nickelmatrix eingelagerten Kristallen Ni_3P reagiert [11, 14]. Aus den ebenfalls im allgemeinen im Abscheidungszustand röntgenamorph vorliegenden Nickel-Bor-Schichten entsteht durch Wärmebehandlung eine Nickelboridmatrix Ni_2B oder Ni_3B, in die Nickel eingelagert ist [11]. Nach einer Wärmebehandlung ($>$ 250 °C, 2 h) konnte an einer 5% Bor enthaltenden Schicht die Umwandlung zum orthorhombischen Nickelborid Ni_3B und die Anwesenheit von wenig kubisch flächenzentriertem Nickel nachgewiesen werden [13].

5.3.2.3. Eigenschaften

Die Eigenschaften chemisch abgeschiedener Nickelschichten werden sowohl von ihrem Phosphor- bzw. Borgehalt als auch von ihrer Struktur, die über eine Wärmebehandlung beeinflußt werden kann, bestimmt. Besonders zur Steigerung der Härte- und Verschleißfestigkeit werden die Schichten in der Praxis einer Wärmebehandlung unterzogen. Bei entsprechender Badzusammensetzung soll jedoch auch die Abscheidung ohne nachträgliche Wärmebehandlung harter Schichten mit etwa 1000 HV möglich sein [15].

5.3.2.3.1. Nickel-Phosphor-Schichten

Tabelle 5.2 enthält Richtwerte der wichtigsten mechanischen und physikalischen Eigenschaften chemisch abgeschiedener Nickel-Phosphor-Schichten.

Tabelle 5.2.
Eigenschaften chemisch abgeschiedener Nickel-Phosphor-Schichten

Eigenschaft	Abscheidungszustand	wärmebehandelt	P-Gehalt und Wärmebehandlungsbedingungen
Schmelzpunkt in °C	890		7% P [11]
Dichte in g cm^{-3}	7,92	7,92	7,5% P [16]
spezifischer elektrischer Widerstand in Ω mm^2 m^{-1}	0,73	0,20	7% P, 600 °C [11]
linearer thermischer Ausdehnungskoeffizient in grd^{-1} bei 20 °C	$13 \cdot 10^{-6}$		[11]
Wärmeleitfähigkeit in cal cm^{-1} s^{-1} grd^{-1}	0,015		[16]
E-Modul in kp mm^{-2}	12080	18890	$^1/_4$ h, 400°C [12]
Vickershärte in kp mm^{-2}	500...600	1080	9% P, $^1/_4$ h, 400°C
Zugfestigkeit in kp mm^{-2}	75	50...25	7...9% P, 2h, 750 °C [11]
Bruchdehnung in %	0,4...0,8	0,2...0,3	300...400 °C [11]

Die in der Literatur aufgeführten Eigenschaften streuen beträchtlich. Besonders die mechanischen und physikalischen Eigenschaften sind stark vom Phosphorgehalt und den Wärmebehandlungsparametern abhängig (Bild 5.7). Das erreichbare Härtemaximum dürfte für Nickel-Phosphor-Schichten nach einer Behandlung von 15 bis 30 Minuten bei 400 °C oder 4 bis 8 Stunden bei 300 °C bei 1200 HV liegen. Die Warmhärte fällt erst über 300 °C merklich ab. Die Bruchdehnung erreicht durch eine Glühung bei 650 bis 750 °C ihr Maximum [11].

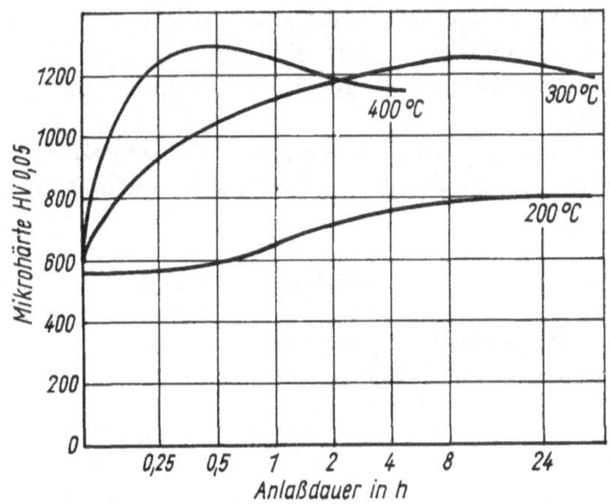

Bild 5.7. Härte chemisch abgeschiedener Nickelschichten mit etwa 11% Phosphor in Abhängigkeit von der Wärmebehandlung

Chemisch abgeschiedene Nickelschichten sind nicht frei von inneren Spannungen. Badzusammensetzung, *p*H-Wert, Badtemperatur und Schichtdicke beeinflussen Vorzeichen und Größe der inneren Spannungen. Die Haftfestigkeit hängt von der Art der Oberflächenvorbehandlung des Grundwerkstoffes ab. Auf Stahl nach üblicher Vorbehandlung wurden Werte zwischen 21 und 35 kp mm^{-2} gemessen, auf Leichtmetallen ist sie geringer, und auf nichtleitenden Substanzen liegt sie nur bei 0,4 bis 1 kp mm^{-2} [16].

Allgemein wird die Korrosionsbeständigkeit chemisch abgeschiedener Nickelschichten gelobt, die mit steigendem Phosphorgehalt zunimmt und die gleiche Korrosionsschutzwirkung wie ein zweimal dickerer galvanischer Nickelüberzug gewährleisten soll. Dabei kommt den chemisch abgeschiedenen Nickelschichten ihre gleichmäßige, von der Gestalt des Bauteiles unabhängige Schichtdicke zugute. Chemisch und galvanisch abgeschiedene Nickelschichten können sich bei gleichen korrosiven Medien jedoch anders verhalten, so daß ein unmittelbares Übertragen von Korrosionsdaten von dem einen auf den anderen Schichttyp nicht möglich ist. Die chemisch abgeschiedenen Nickelschichten galten bereits ab Schichtdicken von 5 bis 15 µm als porenfrei; neuere Untersuchungen stellten aber selbst bei 100 µm dicken Schichten noch Poren fest. [17]

Kann man schon nicht generell von einer hohen Korrosionsbeständigkeit chemisch abgeschiedener Nickelschichten sprechen, so gilt das im übertragenen Sinne erst recht für die Verschleißfestigkeit. Es ist deshalb irreführend, ganz allgemein den Verschleißwiderstand chemisch abgeschiedener Nickelschichten als gut oder sehr gut zu bezeichnen. Alle Aussagen über das Verschleißverhalten chemisch vernickelter Teile gelten einzig und allein für die untersuchten Werkstoffkombinationen und die gewählten Versuchsbedingungen. Eine Übertragung auf andere Beanspruchungsfälle und Werkstoffpaarungen ist in der Regel nicht möglich oder bedarf einer äußerst kritischen Prüfung.

Die Gleitreibungskoeffizienten von chemisch abgeschiedenem Nickel mit 9,4% Phosphor mit verschiedenen Gleitpartnern enthält Tabelle 5.3. Es

Tabelle 5.3.
Gleitreibungskoeffizienten verschiedener Gleitpaarungen mit chemisch abgeschiedenem Nickel und einiger Vergleichspaarungen im Zustand technischer Trockenreibung (Normallast: 250 p; Gleitgeschwindigkeit: 2,8 mm s^{-1})

Gleitpaarung				Reibungskoeffizient
Gleitpartner 1	Zustand	Gleitpartner 2	Zustand	
chem. Nickel	unbehandelt	chem. Nickel	unbehandelt	0,12
chem. Nickel	ausgehärtet	chem. Nickel	ausgehärtet	0,14
chem. Nickel	unbehandelt	100Cr6	weichgeglüht	0,29
chem. Nickel	ausgehärtet	100Cr6	weichgeglüht	0,25
chem. Nickel	unbehandelt	100Cr6	gehärtet	0,31
chem. Nickel	ausgehärtet	100Cr6	gehärtet	0,24
chem. Nickel	unbehandelt	Glas		0,12
chem. Nickel	ausgehärtet	Glas		0,16
chem. Nickel	unbehandelt	Hartchrom		0,33
chem. Nickel	ausgehärtet	Hartchrom		0,26
Hartchrom		100Cr6	weichgeglüht	0,22
Hartchrom		100Cr6	gehärtet	0,22
Hartchrom		Glas		0,13
Hartchrom		Hartchrom		0,25

handelt sich um Werte technischer Trockenreibung auf feingeschliffenen Flächen unter einer Normallast von 0,25 kp bei einer Gleitgeschwindigkeit von 2,8 mm s^{-1}. Im Mischreibungsgebiet verhalten sich die Kombinationen chemisch Nickel (1100 HV 0,2) gegen 105 WCr 6 gehärtet und Hartchrom (15 Minuten, 400 °C) gegen 105 WCr 6 gehärtet etwa gleichwertig. Bei einer Normallast von 0,25 kp lag der Reibungsbeiwert im Gleitgeschwindigkeitsbereich von 0,1 bis 1,5 m s^{-1} zwischen 0,09 und 0,12 [12].

Der Verschleißwiderstand chemisch abgeschiedener Nickelschichten läßt

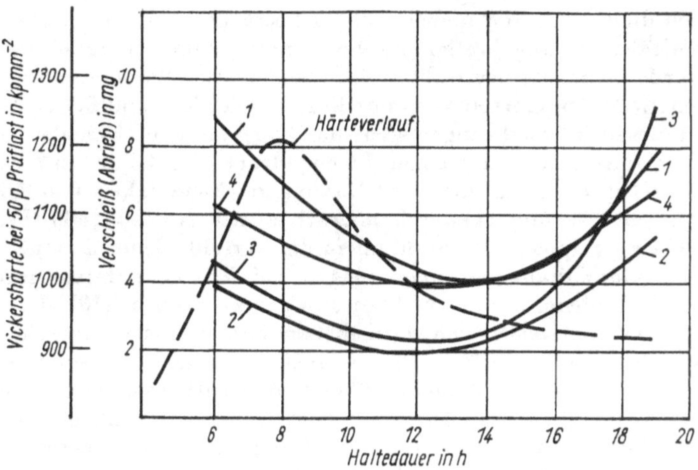

Bild 5.8. Verschleißverhalten von bei 285 °C wärmebehandelten, chemisch abgeschiedenen Nickelschichten beim Trockenreiben gegen C45 vergütet (*1*), C45 normalisiert (*2*), 210Cr46 (*3*) und 38CrAlMo6 (*4*) in Abhängigkeit von der Haltedauer bei einem Reibweg von 520 m, einem Anpreßdruck von 441 p cm^{-2} und einer Gleitgeschwindigkeit von 0,18 m s^{-1} (nach [18])

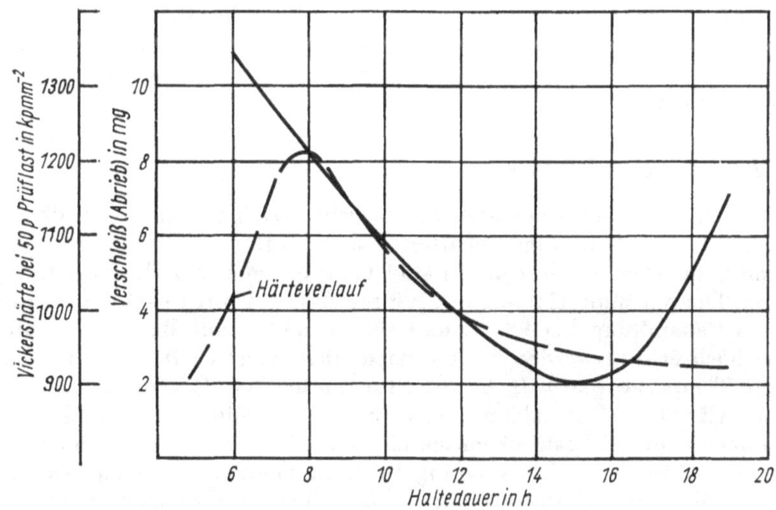

Bild 5.9. Verschleißverhalten von bei 285 °C wärmebehandelten, chemisch abgeschiedenen Nickelschichten beim Trockenreiben gegen GGL 25 in Abhängigkeit von der Haltedauer bei einemReibweg von 2100 m, einem Anpreßdruck von 441 p cm^{-2} und einer Gleitgeschwindigkeit von 0,18 m s^{-1} (nach [18])

sich durch eine Wärmebehandlung beträchtlich steigern. Härte- und Verschleißsteigerung laufen durchweg nicht immer parallel zueinander. Es wurde mehrfach beobachtet, daß das Verschleißminimum erst nach Überschreiten des Härtemaximums liegt (Bilder 5.8 und 5.9). Im Gegensatz zu diesen Beobachtungen steht das Ergebnis von Verschleißversuchen bei Trockenreibung unter einem Flächendruck von 3,5 kp cm^{-2} bei oszillierender Gleitbewegung mit einer Maximalgeschwindigkeit von 2,5 cm s^{-1}, daß bei der Paarung chemisch abgeschiedenes Nickel (1000 HV 0,02) gegen 100 Cr 6 gehärtet der Stahl allein der verschleißende Partner ist. Kupfer- und Aluminiumlegierungen neigen bei Trockenreibung gegen chemisch abgeschiedene Nickelschichten stark zum Fressen [18]. In Paarung mit sich selbst erweisen sich wärmebehandelte chemisch abgeschiedene Nickelschichten mit 1000 HV 0,02 bei Trockenreibung unter einem Flächendruck von 3,5 kp cm^{-2} und einer oszillierenden Gleitbewegung mit einer Maximalgeschwindigkeit von 2,5 cm s^{-1} günstiger als Hartchromschichten. Unter Furchungs- und Schürfverschleißbedingungen konnte kein Zusammenhang zwischen Härte und Verschleiß beobachtet werden [9].

Die magnetischen Eigenschaften der chemisch abgeschiedenen Nickelschichten sind durch ihre Struktur bedingt und werden deshalb von einer Wärmebehandlung stark beeinflußt. Im Abscheidungszustand genügen die Nickel-Phosphor-Schichten den Anforderungen, die man allgemein an magnetfreie Bauteile des wissenschaftlichen Gerätebaus stellt. An 40 μm dicken Schichten mit etwa 11% Phosphor wurden im Abscheidungszustand und auch nach einer 24stündigen Wärmebehandlung bis 150 °C Werte für die Suszeptibilität unter $50 \cdot 10^{-6}$ (MKSA-System) gemessen, die jedoch bereits nach 15 Minuten Glühung bei 200 °C sprunghaft auf unzulässig hohe Werte ansteigen.

5.3.2.3.2. Nickel-Bor-Schichten

Die borhaltigen Nickelschichten zeigen grundsätzlich den Nickel-Phosphor-Schichten ähnliche Eigenschaften (Tabelle 5.4).

Die mechanischen Eigenschaften sind vom Wärmebehandlungszustand abhängig. Die optimale Härte von 1100 bis 1200 HV wird nach einer einstündigen Behandlung bei 400 °C und für Schichten auf Materialien, die nicht so hoch erhitzt werden dürfen, nach einer längeren Behandlung bei niedrigen Temperaturen, z. B. 6 bis 8 Stunden bei 200 °C, erreicht.

Gegen Alkalilauge, Alkalikarbonate und in oxydierenden, wäßrigen Salzlösungen sind auf Stahl chemisch abgeschiedene Nickel-Bor-Schichten beständig, während die Verwendung in stark anorganischen Säuren, in Ammoniaklösungen, wäßrigen Ammonsalz- oder Aminlösungen nicht zu empfehlen ist [19].

Das Abriebverhalten der ausgehärteten Nickel-Bor-Überzüge ist vergleichbar mit dem von Hartchromschichten [11, 13, 19]. Bei der Paarung mit Hartchrom wurde eine Härteabhängigkeit des Verschleißes von

Tabelle 5.4.
Eigenschaften chemisch abgeschiedener Nickel-Bor-Schichten

Eigenschaft	Abscheidungszustand	wärmebehandelt	B-Gehalt und Wärmebehandlungsbedingungen
Schmelzpunkt in °C	1080 unter N_2 (unter Luft sintern bei 1500 °C)		5% B [13]
Dichte in g cm^{-3}	8,2		[11, 13]
spezifischer elektrischer Widerstand in Ω mm^2 m^{-1}	0,8...1,2		[11]
linearer thermischer Ausdehnungskoeffizient in grd^{-1} zwischen 20 und 100 °C	$12 \cdot 10^{-6}$	$10{,}8 \cdot 10^{-6}$	5% B, 2 h, 350 °C [13]
E-Modul in kp mm^{-2}	12300	18000 12000	1 h, 400 °C [13] 1 h, 200 °C [13]
Vickershärte in kp mm^{-2}	700	1100...1200	1 h, 400 °C [11, 19]

Nickel-Bor-Schichten gefunden. Im Bereich des Härtemaximums liegt ein Verschleißminimum [13]. Inwieweit dieses Verhalten verallgemeinert werden kann, muß die Praxis beweisen.

Der Reibungskoeffizient von Nickel-Bor-Schichten ist bei trockener Reibung von dem Reibungspartner stark abhängig. Während gegen Eisenwerkstoffe Werte um 0,4 ermittelt wurden, liegen sie gegen Kupferwerkstoffe infolge von Verschleißerscheinungen bei 0,7, wenn die Normallast 0,29 kp und die Gleitgeschwindigkeit 0,031 m s^{-1} betragen. Unter Grenzschmierung weichen die Reibungskoeffizienten jeweils nur wenig von 0,1 ab (Normalkraft: 1,29 kp; Gleitgeschwindigkeit: 0,15 m s^{-1}) [13].

5.3.2.4. Anwendung

Die chemische Vernicklung gewinnt überall dort an Bedeutung, wo die galvanischen Verfahren die Forderung nach gleichmäßig dicken Schichten hoher Korrosions- und Verschleißfestigkeit auf unregelmäßig geformten Werkstücken sowie auf Innenflächen von Rohren und Bohrungen nicht erfüllen können. Für den wissenschaftlichen Gerätebau ist der Korrosions- und Verschleißschutz von Präzisionsteilen besonders unter dem Aspekt des äußerst geringen Verzugs beim Aushärten interessant. Ähnliche Überlegungen gelten für den Werkzeugbau (z. B. Kunststoffspritzformen).

Chemisch abgeschiedene Nickelschichten haben sich in der Praxis bei bestimmten Verschleiß- und Kavitationsbeanspruchungen vielfach bewährt, wobei die jeweiligen Beanspruchungsbedingungen, wie auch im Hinblick auf die Korrosionsbeständigkeit, von wesentlichem Einfluß sind, so daß eine Verallgemeinerung spezieller Ergebnisse nicht statthaft ist. Bei Dauerschwingbeanspruchung sowie bei Schwingungs- und Spannungsrißkorrosion ist das Verhalten des Gesamtsystems Grundmaterial/Schicht zu berücksichtigen [12].

Chemisch abgeschiedenes Nickel und Hartchrom konkurrieren in der Praxis nicht — im Gegenteil, sie ergänzen sich, und ihre Anwendungsbereiche grenzen sich hinsichtlich Korrosionsbeständigkeit, gleichmäßigen Schichtauftrags und Glanz klar ab.

5.3.3. Plasmabeschichten

Die vorteilhaften Eigenschaften des Plasmabrenners, besonders die hohe Energiedichte im eingeschnürten Plasmabogen und die hohe kinetische Energie des Plasmagases, machen ihn neben anderen Einsatzgebieten auch für die Oberflächentechnik attraktiv. Anwendung findet das Plasmabeschichten dort, wo größere Flächen mit korrosions-, verschleiß- und temperaturbeständigen Werkstoffen beschichtet werden müssen. Verfahrensseitig bieten sich dafür sowohl das Plasmaauftragschweißen als auch das Plasmaspritzen an.

Beim Plasmaauftragschweißen entsteht eine vollständige und dichte Verschweißung zwischen der Oberflächenschicht und dem Trägerwerkstoff unter gleichzeitiger Aufmischung, die für den Bindemechanismus erforderlich ist. Mit zunehmendem Aufmischgrad, der 5 bis 50% beträgt, wird die Korrosions-, Verschleiß- und Temperaturbeständigkeit der Schicht durch den Grundwerkstoff gemindert. Da das Plasmaauftragschweißen maschinell ausgeführt wird, können sehr gleichmäßige Auftragschichten mit Dicken zwischen 0,25 und 6 mm, die frei von oxidischen Einschlüssen und von Poren sind, erzielt werden. Das als Schutzgas verwendete Argon schützt den Auftragwerkstoff, der im Ausgangszustand als Pulver oder Draht vorliegt, und die Schweißstelle gegen die Umgebungsatmosphäre.

Die Eigenschaften der Auftragschicht hängen primär von dem verwendeten Zusatzwerkstoff, aber auch von den gewählten Schweißkenngrößen, die sich nach der Schweißaufgabe richten, ab. In Anwendung sind Pulver auf Nickel-, Eisen- und Kobaltbasis mit Härten bis 60 HRC sowie Pulvermischungen mit Wolframkarbid. Kombinationen aus Pulvern auf Eisen- oder Nickelbasis mit Wolframkarbid gewähren den besten Verschleißwiderstand gegen Abrieb. Dabei dürfen die hochschmelzenden, schweren Wolframkarbidkörner im Schweißbad nicht absinken, da sonst die auf Verschleiß beanspruchte Schicht nur aus einer wenig harten und verschleißfesten metallischen Matrix gebildet würde. Die Aufschweißeigenschaften des Zusatzwerkstoffes werden im wesentlichen von dessen Schmelzpunkt und der Benetzbarkeit des Trägerwerkstoffes durch den Auftragwerkstoff bestimmt. Gut netzende Pulver enthalten deshalb 0,75 bis 3,5% Bor und 1,0 bis 4% Silizium [20]. Das Bor erhöht durch die Bildung von Borkarbiden gleichzeitig die Härte, aber auch die Sprödigkeit der aufgeschweißten Schichten.

Beim Plasmaspritzen werden die dem Plasmastrahl zugeführten Teilchen des zu spritzenden Werkstoffes auf dem Weg zum Werkstück so stark erhitzt, daß sie den Trägerwerkstoff genügend plastisch und mit so hoher kinetischer Energie erreichen, daß ein inniger Kontakt mit der zu beschichtenden Werkstückoberfläche erzielt wird. Unerwünschte Reaktionen des Spritzwerkstoffes sollen dabei nicht stattfinden. Die Haftung der gespritzten Schicht auf dem Grundwerkstoff ist außerordentlich stark von den gewählten Arbeitsbedingungen — Plasmagaszusammensetzung, Teilchentemperatur und -geschwindigkeit, Oberflächenzustand des Trägerwerkstoffes und Beschaffenheit des Spritzgutes — abhängig. Allgemein ist die Haftfestigkeit plasmagespritzter Schichten weit höher, als sie vom Flammen- oder Lichtbogenspritzen her bekannt ist. Als Spritzwerkstoffe kommen je nach den gewünschten Eigenschaften sowohl reine Metalle (Chrom, Nickel, Wolfram, Titan, Molybdän) und Legierungen als auch Oxide (Al_2O_3, Cr_2O_3, HfO_3, TiO_3, ZrO_3 einzeln oder kombiniert) und Karbide (WC und Cr_3C_2 mit Bindemetallzusätzen) in Frage. Bei entsprechend feinem Pulver werden außerordentlich dichte Schichten mit einer Porosität von nur 2 bis 3% erzielt. Während die Härte der metallischen Schichten unter 1000 HV liegt, erreicht sie bei den karbidischen Schichten weit über 1000 HV und übersteigt bei den Oxidschichten 2000 HV. Die Schichten bieten vielfach einen kombinierten Schutz gegen Verschleiß und Korrosion. Die Wahl des richtigen Pulvers und seiner Korngröße hängt vom jeweiligen Einsatzzweck ab und ist entscheidend für die Oberflächengüte, die Dichte und die Standzeit der Schichten.

Da während des Spritzens sich bildende Oxidschichten die Eigenschaften plasmagespritzter Schichten erheblich beeinflussen, bietet sich besonders für oxydationsfreudige Metalle das Spritzen in Inertgaskammern an. Durch Variation der Inertgaszusammensetzung will man Haftfestigkeit und Porosität der Schichten entsprechend der gewünschten Eigenschaften steuern [21].

5.3.4. Elektrophoretisches Beschichten mit Hartmetall

Das elektrophoretische Abscheiden von Hartstoff-Bindemetall-Gemischen mit anschließendem Sintern der Überzüge stellt eine weitere Möglichkeit zur Verbesserung des Verschleißwiderstandes vor allem von Bauteilen aus Eisenwerkstoffen dar.

Die in einem Dispersionsmittel verteilten elektrisch geladenen Kolloid- oder grob dispergierten Teilchen wandern beim elektrophoretischen Abscheiden unter Einfluß eines elektrischen Feldes zum Substrat (Werkstück) mit entgegengesetzter Polarität und koagulieren bzw. sedimentieren dort unter Bildung eines mehr oder weniger festhaftenden Überzuges. Die endgültigen Gebrauchseigenschaften des Überzuges werden jedoch erst nach dem Sintern desselben erreicht. Die gewählten Sinterbedingungen (Sintertemperatur, -zeit und -atmosphäre), die sowohl vom abgeschiedenen Stoff als auch von der Unterlage abhängen, bestimmen entscheidend die Eigenschaften der Schicht, ihre Bindung zum Grundwerkstoff und auch dessen Eigenschaften. Die benötigte hohe Sintertemperatur wirkt sich nicht nur mindernd auf die Eigenschaften des Grundwerkstoffes aus, sondern stellt auch eine Gefahr für das Verziehen dünnwandiger und kompliziert gestalteter Teile dar.

Bild 5.10. Elektrophoretisch abgeschiedene und bei 1350 °C gesinterte WC-Co-Schicht auf dem Stahl 20MnCr5. 250:1

Bild 5.10 zeigt den Gefügeaufbau einer auf dem Stahl 20MnCr5 elektrophoretisch abgeschiedenen und anschließend bei 1350 °C gesinterten Wolframkarbid-Kobalt-Schicht. Die Härte der durch eine weichere Zwischenschicht (500 HV 0,05) vom Grundwerkstoff (etwa 700 HV) getrennten, durch nadelförmige Karbidausscheidungen gekennzeichneten Schicht liegt bei 1200 HV 0,05. Gelegentlich wird bei entsprechenden Herstellungsbedingungen auch noch eine härtere äußere Randzone beobachtet. Bisher liegen nur wenige Erfahrungen mit elektrophoretisch mit Hartmetall beschichteten Bauteilen vor, die noch keine allgemeingültigen Schlußfolgerungen über die Einsatzmöglichkeiten dieses Verfahrens zulassen.

5.4. Verfahren des Stoffeigenschaftänderns

Dieser Verfahrensgruppe gehören eine Vielzahl konventioneller Verfahren, besonders der Wärmebehandlung, aber auch eine Reihe moderner und sich noch in Entwicklung befindlicher Verfahren, wie z. B. das elektrolytische und das Explosivhärten, an. Ein großer Teil der im wissenschaftlichen Gerätebau aus Eisen- und Nichteisenwerkstoffen gefertigten Bauteile wird unter Anwendung der Verfahren des Stoffeigenschaftänderns veredelt. In diesem Rahmen soll jedoch nur etwas näher auf einige wichtige und interessante Diffusionsverfahren sowie auf das in Expansion begriffene Hartanodisieren eingegangen werden.

5.4.1. Das Härten von Eisenwerkstoffen

Die meisten verschleißbeanspruchten Bauteile werden aus gehärteten Stählen gefertigt. Alle Härteverfahren streben durch eine oberflächliche oder durchgreifende Martensitbildung eine Härtesteigerung der Eisenwerkstoffe an, die mit einer Verbesserung der Verschleißfestigkeit verbunden ist. Es muß jedoch ausdrücklich betont werden, daß die Härte allein keinen zuverlässigen Maßstab für den Verschleißwiderstand darstellt. Die Gefügeausbildung spielt eine entscheidende Rolle. Austenitisierungs-, Abschreck- und Anlaßbedingungen beeinflussen im starken Maße den Gefügezustand und somit das Verschleißverhalten des Werkstoffes. Höchste Härte ist vielfach nicht mit bester Verschleißfestigkeit gleichzusetzen. So wurde z. B. der höchste Verschleißwiderstand von C100W1 gegenüber normalgeglühtem C60 (200 bis 220 HV) im Beanspruchungsfall sich kreuzender Zylinder bei einem homogenen feinkörnigen martensitischen Grundgefüge mit einem relativ hohen Anteil an noch vorhandenen Restkarbiden beobachtet. Die Härte betrug in diesem Fall nur 660 HV (780 °C, in Wasser abgeschreckt, 2 h bei 250 °C angelassen) [22].

Unter Härten versteht man eine Wärmebehandlung der Eisenwerkstoffe durch Abkühlen von einer Temperatur oberhalb der Umwandlungspunkte A_3 oder A_1 mit solcher Geschwindigkeit, daß oberflächlich oder durchgreifend eine erhebliche Härtesteigerung in der Regel durch Martensitbildung eintritt, dem sich im allgemeinen ein Anlassen anschließt. Ziel des Härtens ist es, entweder die Härte und die Verschleißfestigkeit zu steigern oder in Verbindung mit einem nachfolgenden Anlassen bei höheren Temperaturen, das als Vergüten bezeichnet wird, die Festigkeit und Zähigkeit zu verbessern. Die erreichbare Höchsthärte ist praktisch ausschließlich vom Gehalt des bei Härtetemperatur zum Zeitpunkt des Abschreckens im Austenit in Lösung gebrachten Kohlenstoffes abhängig. Sie nimmt mit dem Kohlenstoffgehalt des Stahles bei unlegierten Stählen bis zu 0,6% Kohlenstoff rasch und darüber nur noch wenig zu. Während die Festigkeitswerte mit der Härte ansteigen, wird die Zähigkeit entsprechend herabgesetzt. Mit zunehmender Anlaßtemperatur nimmt die Zähigkeit auf Kosten der fallenden Härte und Festigkeit wieder zu. Der Elastizitätsmodul wird durch das Härten nicht wesentlich verändert.

Die Härte- und Festigkeitssteigerung der Eisen-Kohlenstoff-Legierungen durch martensitische Umwandlungen beruht auf der Kombination mehrerer Härtungsmechanismen. In Kombination mit der Mischkristallhärtung durch interstitielle Kohlenstoffatome wirken die während der martensitischen Umwandlung entstehenden Gitterdefekte (Versetzungen) und, falls die Martensitbildung bei tieferen Temperaturen erfolgt, außerdem noch eine große Zahl dünner Zwillinge. Somit tragen zur Härte- und Festigkeitssteigerung beim Härten von Eisen-Kohlenstoff-Legierung null-, ein- und zweidimensionale Hindernisse bei.

Entsprechend der gewünschten Eigenschaften, der Abmessungen, Gestalt und stofflichen Zusammensetzung des Bauteiles sowie der zu behandelnden Stückzahlen stehen in der Praxis eine Reihe von Verfahren und Verfahrensvarianten zur Verfügung, deren technisch-ökonomisch optimale von Fall zu Fall ermittelt werden muß.

Grundsätzlich kann man zwischen Volumen- und Oberflächenhärten unterscheiden. Beim Volumenhärten wird eine möglichst gleichmäßige Härtung des gesamten Querschnittes angestrebt, die jedoch durch die kritische Abkühlungsgeschwindigkeit des jeweiligen Stahles, die zur Martensitbildung unbedingt überschritten werden muß, begrenzt ist. Durch Zusatz von Legierungselementen, die die kritische Abkühlungsgeschwindigkeit des Stahles vermindern, kann die Härtetiefe erhöht und die Durchhärtung auch bei größeren Querschnitten und weniger schroffer Abkühlung in Öl oder an der Luft, je nach Gehalt an Legierungselementen, erreicht werden. Zur Verringerung der auftretenden Eigenspannungen bieten sich die Varianten des Warmbadhärtens und des gebrochenen Härtens an.

Das Oberflächenhärten zielt auf eine mehr oder weniger scharf begrenzte harte und verschleißfeste Oberflächenzone hin, während der Kern zäh und bearbeitbar bleiben soll. Hierfür bieten sich zwei Möglichkeiten an:

1. Das thermische Oberflächenhärten härtbarer Stähle, indem durch eine gezielte Temperaturführung nur eine bestimmte Oberflächenzone auf Härtetemperatur erhitzt und anschließend so abgeschreckt wird, daß Martensitbildung auftritt. Hierzu zählen das Flammen-, das Induktions- und das Tauchhärten.
2. Das chemisch-thermische Oberflächenhärten, das durch einen chemisch-thermischen Prozeß entweder einen zunächst nicht härtbaren Stahl bis in eine gewisse Tiefe für das Härten vorbereitet und anschließend diese Zone durch Martensitbildung härtet oder ohne Martensitbildung zur oberflächlichen Härtesteigerung führt. Der erste Fall beinhaltet das Einsatzhärten mit seiner Mannigfaltigkeit von Varianten, und der zweite umfaßt die Diffusionsverfahren mit dem Nitrieren an der Spitze.

Die Forderungen des wissenschaftlichen Gerätebaus an die Qualität gehärteter Bauteile sind sehr hoch. Durch eine den jeweiligen Forderungen angepaßte Technologie und optimale Wärmebehandlungsbedingungen bei einwandfreier technologischer Disziplin über alle Fertigungsstufen von der Halbzeugbearbeitung bis zur Konservierung der wärmebehandelten Teile ist ein Minimum an Verzug und inneren Spannungen sowie die Vermeidung von sichtbaren und versteckten Wärmebehandlungsfehlern anzustreben. Während ein starker Verzug, hohe innere Spannungen und eine ungünstige

Gefügeausbildung die Gefahr des Entstehens von Schleifrissen erhöhen und die Dimensionsstabilität des Bauteiles sowohl während der Fertigung als auch beim Gebrauch im Erzeugnis beeinflussen (siehe Abschnitt 3.2.), mindert vor allem die Weichfleckigkeit, die mehrere, auch subjektiv begründete Ursachen hat, den Verschleißwiderstand der Bauteile. Den hohen Forderungen an die Oberflächengüte trägt man durch zunehmenden Übergang zur Salzbad-, Schutzgas- und Vakuumhärtung Rechnung. Bei oberflächengehärteten Teilen ist außerdem auf eine gleichmäßige und reproduzierbare Einsatzhärtungstiefe zu achten, für die sich besonders das Gasaufkohlen mit vollautomatischer Regelung der Temperatur und der Aufkohlungsatmosphäre anbietet.

Detaillierte Aussagen über die Möglichkeit und Grenzen der verschiedenen Härteverfahren, ihre Durchführung und die mit den einzelnen Werkstoffen erreichbaren Ergebnisse sind dem umfangreichen Schrifttum (z. B. [23] bis [31]), das dieser Problematik bisher gewidmet wurde, zu entnehmen.

5.4.2. Diffusionsschichten

Die Anreicherung der Festkörperoberfläche mit metallischen und nichtmetallischen Elementen über einen Diffusionsprozeß bietet mannigfaltige Möglichkeiten, die Eigenschaften von Fertigteilen und Halbzeugen sowohl mit als auch ohne Phasenänderung in der Oberflächenzone zu verändern und extremen Bedingungen anzupassen. Man erhält im weitesten Sinne Verbundwerkstoffe mit Eigenschaften bzw. Eigenschaftskombinationen, die die konventionellen Werkstoffe oft nicht bieten können. Abgesehen von der Kohlenstoff-, Stickstoff- und Zinkdiffusion, die schon seit langem — das Sherardisieren und Nitrieren etwa ab 1910, das Aufkohlen bewußt oder unbewußt sogar schon seit vielen Generationen — bekannt sind und genutzt werden, sind die übrigen Diffusionsverfahren jüngeren Ursprungs, haben aber, wie z. B. das Inchromieren, Alitieren, Borieren, Silizieren und das TiC-Beschichten, teilweise bereits beachtliche industrielle Anwendung gefunden. Man kann mit Sicherheit annehmen, daß wir erst am Beginn der großtechnischen Nutzung vieler Diffusionsschichten stehen, zumal die vielfältigen Kombinationsmöglichkeiten auf dem Gebiet der komplexen Diffusionsschichten bei weitem noch nicht einmal laboratoriumsmäßig lückenlos untersucht wurden.

5.4.2.1. Allgemeine Betrachtungen

5.4.2.1.1. Herstellung

Jede chemisch-thermische Oberflächenbehandlung mit dem Ziel, eine Diffusionsschicht zu erzeugen, muß als ein komplexer Prozeß, der über mehrere Stufen abläuft, betrachtet werden:

1. Sorption der zur Diffusion vorgesehenen Atome an der Oberfläche des Matrixwerkstoffes durch Abscheiden bzw. Heranführung in unmittelbarer Nähe derselben;
2. Diffusion der Atome in das Gitter der Matrix.

Die einzelnen Verfahrensvarianten unterscheiden sich im wesentlichen nur in der ersten Prozeßstufe. Grundsätzlich ist die Übertragung der diffundierenden Elemente auf die zu behandelnde Oberfläche aus der festen, flüssigen und gasförmigen Phase möglich (Bild 5.11). Während bei den über die flüssige und gasförmige Phase arbeitenden Verfahren die zwei Prozeßstufen in den meisten Fällen parallel zueinander in einem Arbeitsgang ablaufen, folgen bei Verfahren über die feste Phase die beiden Prozeßstufen oft zeitlich getrennt nacheinander.

In der Praxis werden bevorzugt Verfahren der Anreicherung aus der flüssigen und gasförmigen Phase angewandt. Besonders effektiv sind die Verfahren über die Gasphase, bei denen gasförmige Verbindungen Reaktionen mit der zu behandelnden Oberfläche eingehen. Die reaktionsfähigen Verbindungen können dabei entweder in unmittelbarer Nähe der zu behandelnden Oberfläche (direkter Kontakt mit dem Spender) entstehen oder getrennt erzeugt und in den Reaktionsraum, in dem auch der Diffusionsprozeß abläuft, eingeleitet werden. In beiden Fällen entsteht die mit dem Matrixmetall Me in Reaktion tretende Gasphase in der Regel durch Einwirkung eines Halogenwasserstoffes HX (X:Cl, J, F, Br) auf das diffundierende Metall Me′, das sowohl rein als auch als Legierung (z. B. Ferro-Legierung) vorliegen kann, nach folgender Reaktion:

$$\mathrm{Me'} + n\,\mathrm{HX} \rightleftarrows \mathrm{Me'X}_n + \frac{n}{2}\mathrm{H_2}.$$

Das so entstandene Metallhalogenid $\mathrm{Me'X}_n$ kann grundsätzlich folgende Reaktionen eingehen, die zum Abscheiden von Me′ auf der Oberfläche des anzureichernden Metalls Me führen:

$$m\,\mathrm{Me'X}_n + n\,\mathrm{Me} \rightleftarrows m\,\mathrm{Me'} + n\,\mathrm{MeX}_m \quad \text{(Substitutionsreaktion)},$$

$$\mathrm{Me'X}_n + \mathrm{H_2} \rightleftarrows \mathrm{Me'} + \frac{2}{n}\mathrm{HX} \quad \text{(Reduktionsreaktion)},$$

$$\mathrm{Me'X}_n \rightleftarrows \mathrm{Me'} + n\mathrm{X} \quad \text{(Zersetzungsreaktion)}.$$

Der Anteil der thermischen Zersetzungsreaktion am Gesamtumsatz ist bei den allgemein in der Praxis üblichen Temperaturen ($\leqq$ 1200 °C) im Verhältnis zu dem der Substitutions- und Reduktionsreaktion nur unbedeutend [32]. Der für die Reduktionsreaktion benötigte Wasserstoff entstammt entweder der Wasserstoffatmosphäre, unter der vorwiegend die Verfahren betrieben werden, oder beim Arbeiten in Pulvergemischen, in die die zu behandelnden Teile in hermetisch abgeschlossene Behälter eingepackt werden, dem als Aktivierungsmittel beigemischten Ammoniumhalogenid.

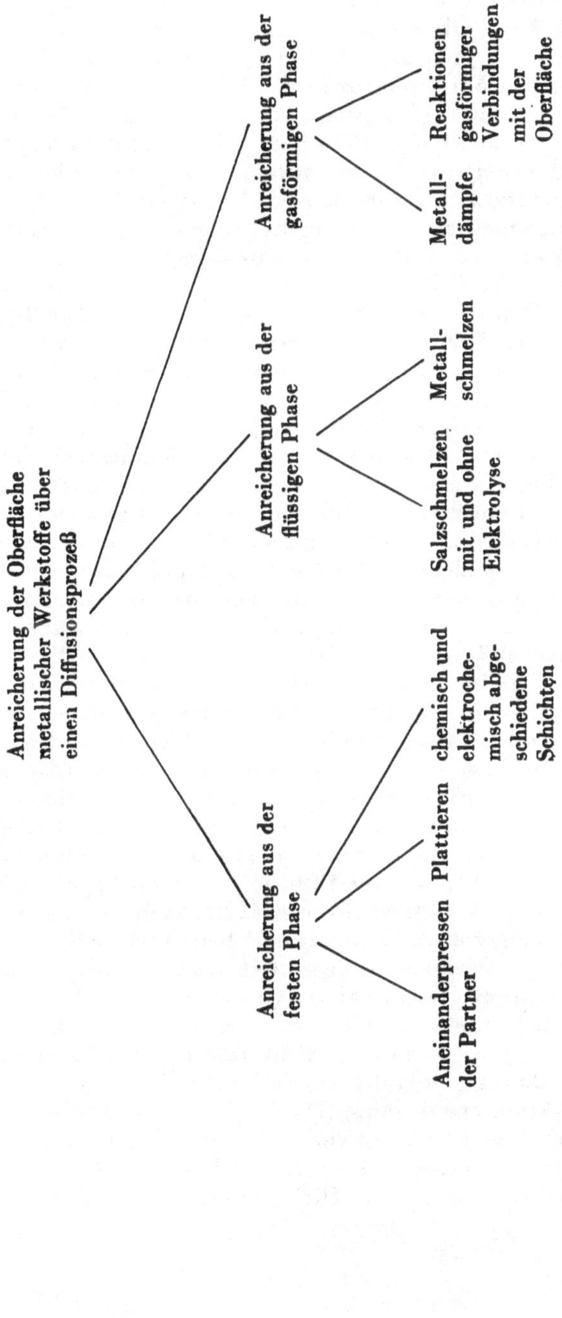

Bild 5.11. Klassifizierung der Verfahren der chemisch-thermischen Oberflächenbehandlung metallischer Werkstoffe

Wurde die Entwicklung der Verfahren der chemisch-thermischen Oberflächenbehandlung in der Vergangenheit vorwiegend von der Empire getragen, so weisen heute thermodynamische Berechnungen die erfolgversprechenden Wege. Obwohl aus den thermodynamischen Größen der Reaktionsgleichungen, deren Berechnung und temperaturabhängige Werte in der einschlägigen Fachliteratur (z. B. [33, 34]) zu finden sind, nichts über das Diffusionsergebnis (Diffusionstiefe und Konzentrationsverlauf) ausgesagt werden kann, ist eine Berechnung des Umsatzes der Substitutions- und der Reduktionsreaktion bei bekannter Konzentration der Reaktionspartner, -temperatur und -druck möglich und auf die technologischen Verfahrensbedingungen zumindest qualitativ übertragbar. Besonders für die Erzeugung komplexer Diffusionsschichten sind thermodynamische Berechnungen unerläßlich [35].

Die zweite Stufe — die Diffusion — ist geschwindigkeitsbestimmend für den Gesamtprozeß, denn mit steigender Temperatur ist trotz fallenden $Me'X_n$-Partialdrucks (z. B. für Cr und V [33, 36]) auf Grund der zunehmenden Diffusionsgeschwindigkeit eine wachsende Me'-Aufnahme zu beobachten. Abscheidung und Diffusion sind aber direkt über die Konzentration des diffundierenden Elements an der zu behandelnden Oberfläche verknüpft und beeinflussen sich gegenseitig. Mit steigender Oberflächenkonzentration wird einerseits infolge zunehmender Bedeckung der zu behandelnden Oberfläche die Abscheidung des diffundierenden Elements immer mehr gehemmt, andererseits wächst die Diffusionsgeschwindigkeit entsprechend des größer werdenden Konzentrationsgradienten. Es wird sich deshalb ein temperaturabhängiger Gleichgewichtszustand zwischen Abscheidung und Diffusion einstellen, der nicht nur die Oberflächenkonzentration des diffundierenden Elements, sondern auch über die vom Bedekkungsgrad abhängige Reaktionsfähigkeit der Oberfläche Einfluß auf den Umsatz der Substitutions-, Reduktions- und Zersetzungsreaktion nimmt.

Auf dem Gebiet der chemisch-thermischen Oberflächenbehandlung zeichnen sich zwei Entwicklungsrichtungen ab — die Beschleunigung des Diffusionsprozesses und die Herstellung komplexer Diffusionsschichten [37, 38]. Die starke Temperaturabhängigkeit des Diffusionskoeffizienten weist auf eine starke Erhöhung der Diffusionsgeschwindigkeit mit wachsender Temperatur hin. Diese Möglichkeit wird nur in den wenigsten Fällen (z. B. bei der Hochtemperaturaufkohlung oder beim Inchromieren von Molybdän und Wolfram im Zweiphasengebiet „fest/flüssig“) voll genutzt, denn durch das Kornwachstum verschlechterte Grundstoffeigenschaften, starker Verzug der zu behandelnden Teile und ein hoher Verschleiß der Anlagen stehen ihr entgegen. Weitere Möglichkeiten zur Beschleunigung der Diffusionsschichtbildung bieten die Anwendung großer Erhitzungsgeschwindigkeiten (Induktionserwärmung) [39, 40, 41] und der Glimmentladung [42, 43], der Einfluß von Phasengrenzen [44], die Einwirkung von Ultraschall [45], magnetischer Felder, ultravioletter Bestrahlung und schneller Neutronen sowie die Nutzung von Diffusionsbegleitern. Letztere können nicht nur den Diffusionsprozeß beschleunigen, sondern auch die Eigenschaften der Diffusionsschicht gegebenenfalls spürbar beeinflussen.

5.4.2.1.2. Struktur der Diffusionsschichten auf Eisenwerkstoffen

Grundsätzlich kann man in der Regel jeden Werkstoff mit jedem Element über einen Diffusionsprozeß anreichern. Obwohl in zunehmendem Maße auch Nichteisenmetalle einer chemisch-thermischen Oberflächenbehandlung unterworfen werden, konzentriert sich die Entwicklung und industrielle Anwendung von Diffusionsüberzügen heute noch, abgesehen von den Hochtemperaturwerkstoffen, vorwiegend auf Eisenwerkstoffe.

Die Struktur der Diffusionsschicht wird durch das Zustandsdiagramm der beteiligten Partner vorgegeben und im einzelnen von den Prozeßbedingungen, der Art und Menge des diffundierenden Elements sowie den Gehalt an Legierungselementen und besonders an Kohlenstoff bestimmt (Tabelle 5.5). Sie ist aber auf Grund der Vielzahl von Einflußgrößen noch nicht in jedem Falle restlos geklärt.

Tabelle 5.5.
Aufbau und Anwendung von Diffusionsschichten auf Eisenwerkstoffen

diffundierendes Element	Phasen und Anwendung der Diffusionsschicht			
	C-armer Stahl		C-reicher Stahl	
	Phasen	Anwendung	Phasen	Anwendung
C	Fe_3C	V		
N	α-Mk, FeN-Phasen verschiedener N-Konzentration	V		
B	FeB, Fe_2B [46, 47]	V	FeB, Fe_2B [46, 47], $Fe_3Co_{0,2}B_{0,8}$ [47]	V
S	FeS, FeS_2 [48]	V		
Al	α-Mk, $FeAl_2$, Fe_2Al_5, Fe_3AlC_x [49]	Z		
Cr	α-Mk [32, 33]	K, Z	$(Cr,Fe)_7C_3$, $(Cr,Fe)_{23}C_6$ [32, 33]	K, Z, V
Si	α-Mk, Fe_3Si [50]	K		
Zn	$FeZn_7$, Fe_5Zn_{21} [51]	K		
Ti	α-Mk, Fe_2Ti, $FeTi_2$, FeTi [52]		TiC	V
V	α-Mk [36]		VC [35]	V
Nb			NbC [35]	V

V – Verschleißschutz; K – Korrosionsschutz; Z – Zunderschutz

Das in der Diffusionszone von Eisenwerkstoffen angereicherte Element kann

im Mischkristall des Eisens,
als Verbindung des Eisens sowie
als Verbindung des Kohlenstoffs und der Legierungselemente

vorliegen. Bei einer Reihe diffundierender Metalle (z. B. den Karbidbildnern Chrom, Vanadium, Titan, Niob) ist es zweckmäßig, zwischen den sich auf kohlenstoffarmen und auf kohlenstoffreichen Eisenwerkstoffen ausbildenden Diffusionsschichten zu unterscheiden. Bei ersteren wird der Diffusionspartner zunächst im Mischkristall des Eisens gelöst und nach Erreichen der Sättigung in Form von Verbindungen des Eisens ausgeschieden. Auf kohlenstoffreichen Eisenwerkstoffen bilden sich Diffusionsschichten vom Karbidtyp aus. Bei Anreicherung der Eisenwerkstoffe mit Nichtmetallen (z. B. Kohlenstoff, Stickstoff, Bor, Schwefel) entstehen wegen der begrenzten Löslichkeit dieser Elemente im Mischkristall des Eisens auch in starkem Maße Verbindungen.

5.4.2.1.3. Eigenschaften

Ursprünglich betrieb man die Entwicklung von Diffusionsschichten hinsichtlich ihrer Eigenschaften allein aus der Sicht einer Schutzfunktion. Sie dienten primär als Korrosions-, Verschleiß- und Zunderschutz. In der letzten Zeit mehren sich aber die Anzeichen dafür, daß die Bedeutung der Diffusionsschichten über die Schutzfunktion hinausgehend auch an einer Beeinflussung der Eigenschaften des Bauteiles insgesamt zu sehen ist.

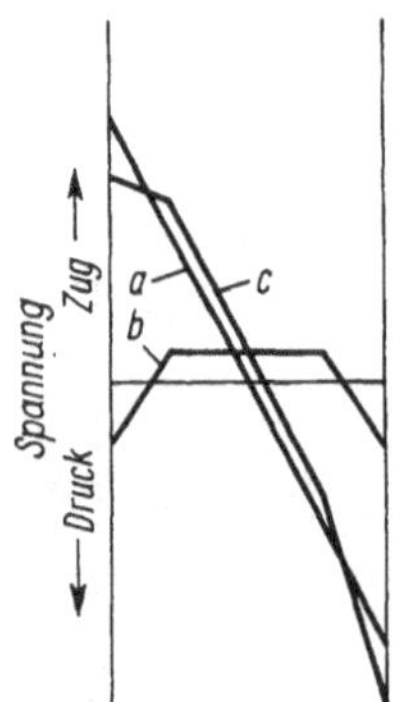

Bild 5.12. Beeinflussung des Spannungszustandes durch eine chemisch-thermische Oberflächenbehandlung (nach [53]).

a Spannungen durch äußere Kräfte; *b* Eigenspannungsverteilung nach der chemisch-thermischen Oberflächenbehandlung; *c* Überlagerung beider Spannungen

Jede Diffusionszone liefert einen Beitrag zum Eigenspannungszustand des Bauteiles, der sich positiv bei der Überlagerung äußerer Spannungen auswirken und die Belastbarkeit des Bauteiles erhöhen kann (Bild 5.12). Auch die Dauerschwingfestigkeit kann durch eine chemisch-thermische Oberflächenbehandlung günstig beeinflußt werden (Bild 5.13).

Ihre Schutzfunktion erfüllt eine Diffusionsschicht nur solange, wie sie von Verletzungen verschont bleibt und die Beanspruchung sie nicht

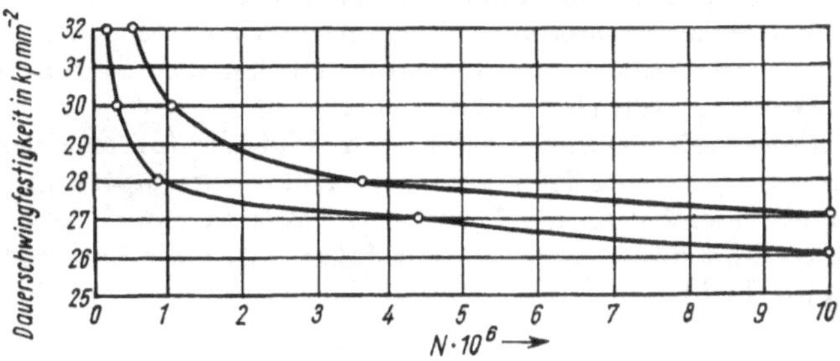

Bild 5.13. Einfluß des Inchromierens (obere Kurve) auf die Dauerschwingfestigkeit des Stahles C40 (nach [35])

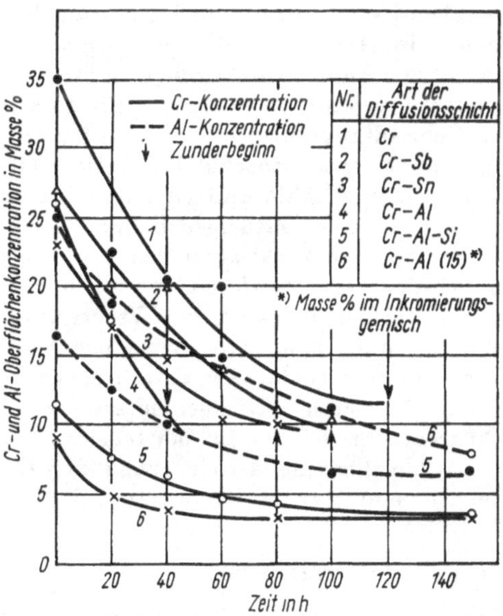

Bild 5.14. Änderung der Chrom- und Aluminium-Oberflächenkonzentration komplexer Diffusionsschichten auf Chrombasis auf Weicheisen mit wachsender Beanspruchungsdauer bei 1000 °C (nach [33])

soweit in ihren Eigenschaften verändert, daß ein Qualitätsumschlag eintritt. So darf für eine thermische Dauerbelastung die Temperatur nur so hoch gewählt werden, daß eine Unterschreitung der für den Zunderschutz erforderlichen Mindestkonzentration durch Abdiffusion der wirksamen Elemente in den Kernwerkstoff während der vorgesehenen Lebensdauer nicht eintritt. Im Laufe der Beanspruchungsdauer verringert sich z. B. in Chrom- und Chrom-Aluminium-Diffusionsschichten mit steigender Temperatur beschleunigt die Oberflächenkonzentration der wirksamen Elemente Chrom und Aluminium bedingt durch das Konzentrationsgefälle zwischen Schicht und Grundwerkstoff und den vom System angestrebten Konzentrationsausgleich [33] (Bild 5.14).

Nachteile vieler Diffusionsverfahren sind die für eine wirtschaftliche Prozeßführung notwendige relativ hohe Diffusionstemperatur, die zu einem starken Kornwachstum im Trägerwerkstoff und zum Verzug kompliziert gestalteter und dünnwandiger Teile führt, sowie die begrenzte Dicke der Diffusionsschicht.

5.4.2.2. Nitrieren

Beim Nitrieren wird atomarer Stickstoff aus festen, flüssigen oder gasförmigen Medien bei Temperaturen zwischen 500 und 570 °C abgespaltet und diffundiert entsprechend den vorliegenden Diffusionsbedingungen in die Werkstückoberfläche ein. Das Behandlungsergebnis hängt von der Nitriertemperatur, der Nitrierdauer, dem Angebot an atomarem Stickstoff und anderen bewußt oder unbewußt zugesetzten Diffusionspartnern, der Zusammensetzung des Behandlungsgutes und dessen Oberflächenzustand ab. Breite Anwendung — auch im wissenschaftlichen Gerätebau — hat das Nitrieren von Eisenwerkstoffen (Stähle und Gußeisen) gefunden. Als im Vergleich zum Einsatzhärten infolge niedriger Behandlungstemperaturen und nicht erforderlichen Abschreckens weitgehend verzugsfreies Oberflächenhärtungsverfahren dient das Nitrieren vor allem dem Verschleißschutz, der Erhöhung der Dauerfestigkeit, der Verbesserung der Gleiteigenschaften und sekundär auch einer Steigerung des Korrosionswiderstandes. In Anwendung sind eine Reihe von Verfahrensvarianten des Nitrierens, die Kombinationen Nitrieren—Oberflächenhärten zur Verringerung der Freßneigung und Nitrieren—Aushärten für martensitaushärtbare Stähle sowie Verfahren, die die gleichzeitige Anreicherung der Oberfläche mit Stickstoff und anderen Elementen (z. B. Kohlenstoff, Schwefel) erlauben.

5.4.2.2.1. Gas-, Bad- und Pulvernitrieren

In der Praxis werden das Gas- und das Badnitrieren in großem Umfang angewandt. Das Gasnitrieren erfolgt in einer Ammoniakatmosphäre oder zur Verringerung der Nitrierdauer bzw. zur Verringerung der Sprödigkeit der Schicht in ammoniakhaltigen Gasgemischen über meist einige Dutzend von Stunden, das Badnitrieren dagegen nur wenige Stunden in zyanidhaltigen Salzschmelzen mit und ohne Belüftung. Während für das Gasnitrieren spezielle Nitrierstähle mit Elementen, die eine große Affinität zum Stickstoff haben, entwickelt wurden, wird das Badnitrieren für eine breite Palette von Werkstoffen mit Erfolg eingesetzt. Die Bauteile werden in der Regel aus normalgeglühten Halbzeugen gefertigt oder vor dem Nitrieren vergütet, wobei die Anlaßtemperatur über der Nitriertemperatur liegen muß, wenn das Nitrieren das Kerngefüge nicht beeinflussen soll.

Die Nitrierschichten können verfahrensbedingt sehr unterschiedlich aufgebaut sein. Allgemein unterscheidet man zwischen der äußeren Verbindungszone und der darunter liegenden Diffusionszone (Bild 5.15). Die Art

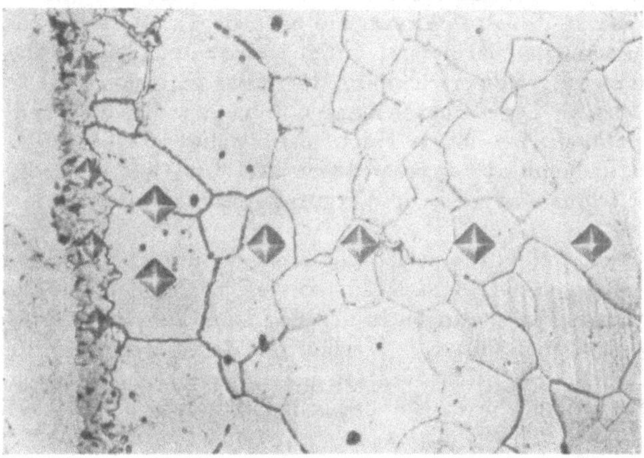

Bild 5.15. Nitrierschicht mit sichtbarer Verbindungszone auf Weicheisen nach dem Badnitrieren (500:1)

der Beanspruchung des Bauteiles verlangt entweder eine bevorzugte Ausbildung der Verbindungszone oder/und der Diffusionszone. Die Gesamtschichtdicken liegen in der Regel unter 1 mm bei einigen zehntel Millimetern, wobei die Verbindungszone nur maximal wenige hundertstel Millimeter einnimmt.

Die nach üblichen Verfahren nicht anätzbare und deshalb auch als „weiße Schicht" bezeichnete Verbindungszone ist je nach Verfahrensvariante unterschiedlich ausgebildet. Während nach dem Gasnitrieren fast immer die γ'- und die ε-Phase vorliegen, findet man nach dem Badnitrieren in der Regel ausschließlich die ε-Phase. Dieser Unterschied ist auch der Grund dafür, daß die Verbindungszone nach dem Badnitrieren duktiler ist als die relativ spröde Verbindungszone nach dem Gasnitrieren. Besonders bei Biege- und Schlagbeanspruchung wirkt sich die geringe Zähigkeit gasnitrierter Schichten nachteilig aus. Die zu beobachtende sogenannte „Porosität“ der Verbindungszone wird beim Bad- und Pulvernitrieren mit dem Auftreten von Oxidphasen gedeutet [54]. Beim Pulvernitrieren gelingt es, sowohl die Randporosität als auch die Porosität der Verbindungszone weitgehend zu verringern, so daß an diesen Verbindungszonen etwas höhere Härten gemessen werden als an solchen, die durch Badnitrieren entstanden.

In der Diffusionszone, die einen wesentlich größeren Raum als die Verbindungszone einnimmt, ist der Stickstoff sowohl interstitiell im Gitter eingelagert als auch in Form von Nitriden großer Härte besonders an solche Legierungselemente des Stahles gebunden, die eine hohe Affinität zum Stickstoff aufweisen. In badnitrierten Schichten, in denen der Stickstoff infolge des zwecks Reinigung vom anhaftenden Satz üblichen Abschreckens in Wasser vorwiegend im Mischkristall eingelagert vorliegt, scheiden sich die Nitride erst durch ein nachträgliches Anlasssen sichtbar aus (Bild 5.16). Die erreichbare Härte der Diffusionszone ist vom Gehalt des Stahles an Legierungselementen abhängig. Mit Nitridbildnern legierte Stähle nehmen eine höhere Härte als unlegierte Stähle an. Bild 5.17 zeigt die Oberflächenhärte verschiedener gas- und badnitrierter Stähle etwa gleicher Diffusionstiefe. Die Vergütungsstähle wurden wie üblich vorher vergütet.

Die Stickstoffaufnahme ist mit einer Volumenvergrößerung der Diffusionszone gegenüber dem Kernwerkstoff verbunden, die zur Ausbildung von Druckeigenspannungen in der Randzone führt. Höhe und Verlauf der Eigenspannungen sind vom Verlauf der Stickstoffdiffusion abhängig. Die Eindringtiefe des Sticktoffes ist bei unlegierten Stählen größer als bei legierten, da bei diesen die Legierungselemente den Stickstoff in hohem

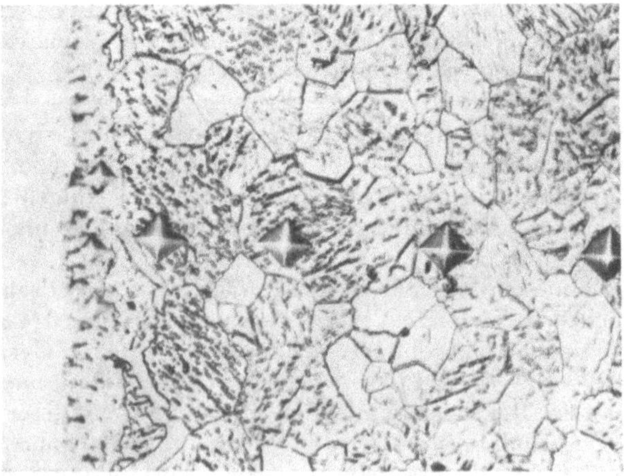

Bild 5.16. Nitrierschicht von Bild 5.15 nach dem Anlassen (2 h bei 300 °C) mit ausgeschiedenen Nitriden in der Diffusionszone (500:1)

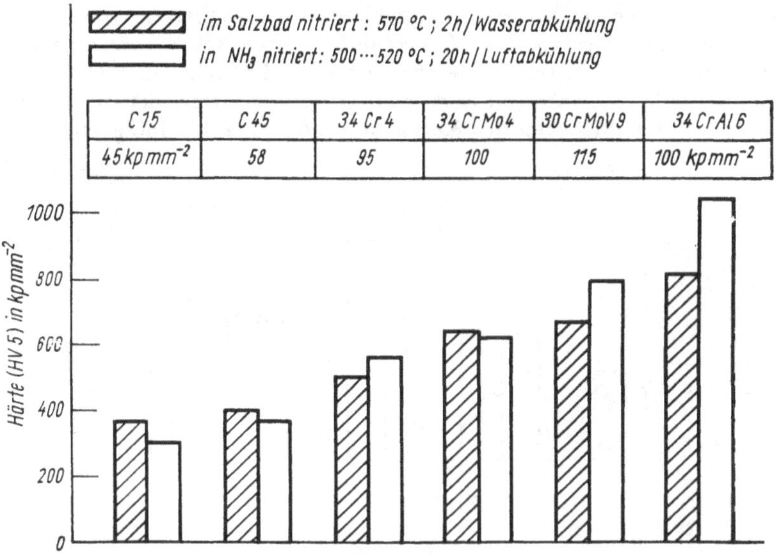

Bild 5.17. Oberflächenhärte verschiedener gas- und badnitrierter Stähle (nach [55])

Maße binden und dessen Weiterdiffusion hemmen. Entsprechend der höheren Stickstoffanreicherung in einer begrenzten Randzone besitzen die legierten Nitrierstähle auch dort die höchsten Druckeigenspannungen.

Das gute Verschleißverhalten der Nitrierschichten beruht weniger auf ihrer Härte als auf dem nichtmetallischen Aufbau der Verbindungszone, die die Reibung und damit die Neigung zum Fressen mit einer metallischen Gegenlauffläche mindert. Badnitrierte Oberflächen haben sich wiederholt verschleißfester als oberflächengehärtete erwiesen. Man muß lediglich bei weichen Gegenwerkstoffen darauf achten, daß die Rauhtiefe der Nitrierschicht möglichst klein ist.

Auch die Standzeit von Kalt- und Warmumformwerkzeugen wird durch Badnitrieren beträchtlich erhöht [56]. Vielfach erweist sich das Nitrieren einer Hartverchromung überlegen. Lediglich für hohe Flächenpressungen ist das Nitrieren wegen der begrenzten Dicke der Schichten nicht geeignet.

Das Nitrieren führt allgemein zu einer Erhöhung der Dauerfestigkeit von Bauteilen, die im konkreten Fall von den Nitrierbedingungen und einer Reihe von Faktoren, wie z. B. Gestalt und Abmessung des Bauteiles, Zusammensetzung und Zustand des Grundwerkstoffes, abhängt. Der Konzentrationsverlauf des aufgenommenen Stickstoffes in der Diffusionszone bestimmt, wie bereits erwähnt, den Eigenspannungsverlauf und somit auch in entscheidendem Maße die Steigerung der Dauerfestigkeit. Bild 5.18 zeigt, daß z. B. die Biegewechselfestigkeit allgemein mit der Nitrierzeit, d. h. mit der Nitriertiefe, steigt, und daß bei dem unlegierten Stahl auf

Grund der günstigeren Diffusionsmöglichkeiten des Stickstoffes die relative Erhöhung der Dauerfestigkeit größer ist als beim legierten Vergütungsstahl. Auch bei Gußeisen ist durch Nitrieren eine merkliche Steigerung der Dauerfestigkeit möglich — vorausgesetzt, daß eine Mindestnitriertiefe erreicht wird, die auch ein Nitrieren des Kerbgrundes der Graphiteinlagerungen in

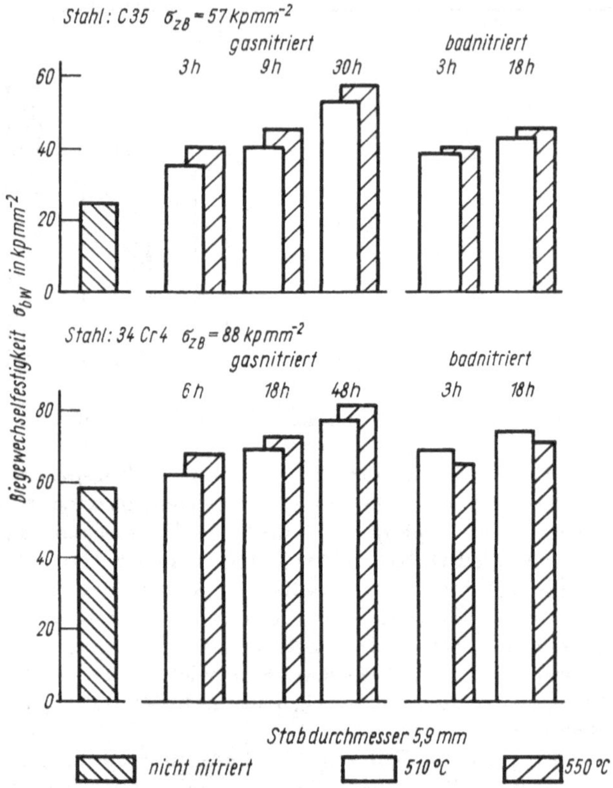

Bild 5.18. Steigerung der Biegewechselfestigkeit bei 510 und 550 °C gas- und badnitrierter Stäbe von 5,9 mm Durchmesser aus C35 und 34Cr4 nach verschiedenen Nitrierzeiten (nach [55])

der Oberfläche garantiert. Eine abschließende Wasserabkühlung von der Nitriertemperatur bringt sowohl beim Gas- als auch beim Badnitrieren eine weitere Steigerung der Dauerfestigkeit.

Die Verbindungszone der Nitrierschicht bietet im allgemeinen dem Bauteil auch einen erhöhten Korrosionsschutz gegen atmosphärische Korrosion. Die Beständigkeit der Verbindungszone ist um so besser, je dicker und homogener sie ausgebildet ist. Obwohl das Nitrieren in der Regel nie wegen des besseren Korrosionsverhaltens allein angewandt wird, kann es aber bei gleichzeitiger Verschleiß- und mechanischer Wechselbeanspruchung den Ausschlag für das Badnitrieren der Bauteile geben. Die Beständigkeit rost- und säurebeständiger Stähle wird durch das Nitrieren unter bestimmten Beanspruchungen vermindert. Bei diesen Stählen muß deshalb von Fall zu Fall entschieden werden, ob die durch das Nitrieren verbesserten Verschleißeigenschaften und Dauerfestigkeit auf Kosten der Korrosionsbeständigkeit erkauft werden können.

Das Nitrieren einer Oberfläche stellt durch die Ausbildung der Verbindungszone als nichtmetallische Trennschicht einen wirksamen Schutz gegen Reibkorrosion dar.

In der Praxis hat das Nitrieren vieler mechanisch und zugleich korrosiv beanspruchter Bauteile zu einer beträchtlichen Verbesserung ihres Betriebsverhaltens beigetragen. Gerade bei komplex beanspruchten Bauteilen wirken sich das gute Gleit- und Verschleißverhalten, der dauerfestigkeitssteigende Einfluß sowie der Schutz gegen atmosphärische, Reib- und Kavitationskorrosion der nitrierten Oberfläche in sehr wertvoller Weise aus.

Der Nachteil nitrierter Schichten liegt in ihrer begrenzten Dicke und Duktilität sowie ihrer Empfindlichkeit gegenüber Schlag- und Stoßbeanspruchung. Diese Tatsachen sind bei der Anwendung des Verfahrens zu berücksichtigen. Zum Beispiel darf man hoch vorgespannte Schraubengewinde nicht nitrieren, da sonst beim Anziehen im Gewindegrund feine Risse auftreten, die die durch das Nitrieren an sich angehobene Dauerfestigkeit unter die des nicht nitrierten Zustandes vermindern. Beim Richten nitrierter Bauteile muß infolge der plastischen Deformation mit einer Schädigung der Nitrierschicht gerechnet werden, obwohl in der Praxis auch gute Erfahrungen vorliegen und z. B. nitrierte Spindeln serienmäßig gerichtet werden.

Das Nitrieren kommt auch für Sintereisenformteile in Betracht, wenn an die Festigkeit und besonders an die Dauerschwingfestigkeit sowie an den Verschleißwiderstand Forderungen gestellt werden, die auf pulvermetallurgischem Weg allein ohne eine Wärmebehandlung nicht mehr zu erfüllen sind [57].

Gegenüber dem Einsatzhärten erweist sich das Nitrieren als ein außerordentlich verzugs- und maßänderungsarmes Oberflächenhärteverfahren (siehe auch Abschnitt 3.2.1.4.), wenn die zu behandelnden Teile zuvor ordentlich vergütet bzw. spannungsarm geglüht wurden. Die relativ niedrige Behandlungstemperatur ist ein wesentlicher Vorteil des Verfahrens, das sich somit besonders für kompliziert gestaltete, dünnwandige und hochwertige Präzisionsteile anbietet. So ist z. B. das Nitrieren von Parallelendmaßen aus 35CrAl6 nach dem Härten, Spannungsarmglühen und Schleifen interessant, die mit einer Nitrierschichtdicke von 0,15 bis 0,3 mm versehen nach 600maligem Ansprengen an eine Glasplatte lediglich einen Verschleiß um 0,02 μm aufweisen. Die Dimensionsstabilität der Versuchsmaße von 90 mm Länge bewegte sich nach 15 Monaten in dem Bereich von −0,02 bis +0,06 μm [58].

5.4.2.2.2. Ionitrieren

Das Ionitrieren erfolgt in Vakuumöfen in stickstoffhaltiger Atmosphäre bei Drücken zwischen 0,1 und 10 Millibar. Zwischen dem katodischen Nitriergut und dem als Anode dienenden Behälter wird eine Spannung von mindestens 100 bis 300 V angelegt, so daß sich abhängig von der jeweiligen Leistung eine stationäre bzw. quasistationäre Glimmentladung einstellt. Bei modernen Anlagen können die Spannung bis 2000 V und die Stromstärke 250 A betragen. Da sich das Nitriergut während des Prozesses durch Ionenbombardement selbst aufheizt, entfällt eine Fremdbeheizung.

Bei dieser Verfahrensvariante laufen vor allem zwei Grenzflächenreaktionen der Glimmentladung mit der Werkstückoberfläche parallel zueinander ab [59]. Ionen mit relativ hoher kinetischer Energie, die von der angelegten Spannung, der freien Weglänge der Ionen (d. h. vom Gasdruck), der Ionenmasse und -ladungszahl bestimmt wird, prallen auf die Werkstückoberfläche und erwärmen diese. Sobald die Aufschlagenergie der Ionen die atomare Ablöseschwellenergie erreicht, werden Atome vom Festkörper abgelöst. Diese Atomabstäubung ist eine prozeßbedingte Reaktion, die sowohl metallische (Eisen und seine Legierungselemente) als auch nichtmetallische Elemente (Stickstoff, Kohlenstoff, Sauerstoff) betrifft. Die abgestäubten Eisenatome reagieren aber teilweise wieder mit dem in verschiedenen Anregungszuständen atomar vorliegenden Stickstoff unter Bildung stickstoffreicher Eisennitride, die in Art einer Rückdiffusion nach der für die Vakuumbedampfung geltenden Gesetzmäßigkeit wieder auf der Katode kondensieren. Dort zerfallen sie sofort, so daß stets diffusionsfähiger Stickstoff zur Verfügung steht. Da sich der Gewichtsverlust durch Abstäuben und die Gewichtszunahme durch die Aufnahme diffusionsfähiger Stoffe überlagern, ist beim Ionitrieren unter bestimmten Bedingungen eine günstige Maßbeständigkeit zu erwarten.

Durch gut steuerbare Behandlungsparameter (Spannung, Stromstärke, Druck, Gaszusammensetzung) können beim Ionitrieren Aufbau und Zusammensetzung der äußeren Verbindungszone und der sich anschließenden Diffusionszone bestimmt und der Kernwerkstoff in gewissen Grenzen beeinflußt werden. Die Struktur der Verbindungszone, die im wesentlichen die Duktilität der Nitrierschicht bestimmt, kann über den Kohlenstoffgehalt des Plasmas gezielt variiert werden. Während im weitgehend kohlenstofffreien Plasma nur die γ'-Phase mit maximal 6 bis 8 μm Schichtdicke entsteht, reichen bereits wenige Atom% Kohlenstoff im über ein Trägergas angereicherten Plasma zur überwiegenden Bildung von ε-Nitrid bzw. ε-Karbonitrid bis zu 30 μm Schichtdicke aus. Ebenso über den Kohlenstoffgehalt — und zwar über eine der Aufstickung überlagerte Entkohlung der Nitriergutoberfläche durch partielles Abstäuben — ist die Nitridausscheidung in der Diffusionszone zu beeinflussen. Die monophasigen Verbindungszonen sind nahezu porenfrei, was ihren Korrosionswiderstand erhöht.

Beim Ionitrieren besteht somit die Möglichkeit, den Schichtaufbau der Beanspruchung anzupassen. Für Teile, die höchster dynamischer Beanspruchung unterliegen, sind die Verbindungszone vollständig und die Nitridnetzausbildung in der Diffusionszone weitgehend zu unterdrücken. Ein Schichtaufbau mit monophasiger γ'-Verbindungszone und Nitridnetzunterdrückung in der Diffusionszone sind bei gleichzeitiger hoher dynamischer Belastung und Gleitreibungsbeanspruchung zu empfehlen. Eine dickere monophasige ε-Verbindungszone und eine verstärkte Nitridausbildung in der Diffusionszone, wie sie nach aufkohlendem Ionitrieren erhalten werden, sind besonders bei korrosiver Beanspruchung, bei adhäsivem und abrasivem Verschleiß anzustreben. Eine grundlegende Forderung duktiler Nitrierschichten ist die monophasige Ausbildung der Verbindungszone, wie sie beim Gasnitrieren nicht erzielt werden kann.

Das Ionitrieren ist sowohl für Stähle als auch für Gußeisenwerkstoffe [60] mit Erfolg anwendbar. Die Entpassivierung im Glimmlichtplasma kommt besonders den austenitischen Legierungen entgegen, auf denen durch Ionitrieren gleichmäßige Schichten erzeugt werden können.

5.4.2.2.3. Karbonitrieren

Beim Karbonitrieren diffundieren Kohlenstoff und Stickstoff gemeinsam in die Stahloberfläche. Je nach Behandlungstemperatur sind die Kohlenstoff- und Stickstoffaufnahme unterschiedlich. Während bei hohen Temperaturen (> 850 °C) die Stickstoffaufnahme sehr gering ist, steigt das Stickstoff-Kohlenstoff-Verhältnis mit abnehmender Temperatur erheblich an. Unter 700 °C erfolgt eine bevorzugte Stickstoffdiffusion.

Beim Karbonitrieren über A_1 entsteht nur eine Diffusionszone von maximal 1 mm Dicke mit stetigem Konzentrationsgefälle, deren Gefüge nach dem Härten aus einem stickstoffhaltigen Martensit besteht. Eine Behandlung unter A_1 hat einen zweischichtigen Aufbau zur Folge. Über der Diffusionszone entsteht als Folge der geringeren Diffusionsgeschwindigkeit und der dadurch bewirkten erheblichen Konzentrationssteigerung in der äußersten Randzone eine aus Eisen-Stickstoff-Kohlenstoff-Verbindungen aufgebaute Verbindungszone hoher Härte. Da außerdem mit steigendem Stickstoffgehalt die A_1-Umwandlungstemperatur erniedrigt wird, bildet sich nach Abschrecken in Wasser eine dünne martensitische Zone aus.

Das Karbonitrieren unter A_1 führt bei Stahl und Gußeisen zu einer relativ zähen Oberflächenschicht, die die Verschleiß- und Dauerfestigkeit der Bauteile wesentlich erhöht. Ein modifiziertes Verfahren des Karbonitrierens unter A_1 stellt das Nikotrieren dar. Dieses Verfahren arbeitet bei etwa 570 °C in einer geregelten aus Ammoniak und Endogas bestehenden Atmosphäre mit abschließender Ölabschreckung oder Abkühlung unter Schutzgas. Es entsteht eine bis zu wenige hundertstel Millimeter dicke

Verbindungszone, die im Vergleich zu der nach dem Gasnitrieren eine bemerkenswert geringe Neigung zum Abplatzen zeigt und im Vergleich zu der im Salzbad erhaltenen Nitrierschicht ebenso zäh aber weniger porös und entschieden gleichmäßiger ist [61]. Außerdem ist die Behandlungszeit kürzer als beim Gasnitrieren, und die beim Badnitrieren lästigen Begleitumstände, die auf die Giftigkeit der Salze und die Gefahr von Anfreßerscheinungen oder Oberflächenaufrauhungen zurückzuführen sind, entfallen.

5.4.2 3. Chromdiffusionsschichten

Neben den bekannten Verfahren der chemisch-thermischen Oberflächenbehandlung — Zementieren, Nitrieren und Karbonitrieren — hat das Inchromieren in vielen Industriezweigen Eingang gefunden und dürfte sogar Verfahren, wie dem Silizieren, Alitieren, Borieren und Sherardisieren, im Umfang der Anwendung überlegen sein. Obwohl in der Praxis das Inchromieren fast ausschließlich auf Eisenwerkstoffe beschränkt ist, können auch eine Vielzahl von Nichteisenmetallen und deren Legierungen erfolgreich mit Chromdiffusionsschichten versehen werden.

Struktur und Eigenschaften der Chromdiffusionsschichten werden neben den Diffusionsbedingungen vor allem vom Kohlenstoffgehalt des zu behandelnden Eisenwerkstoffes bestimmt. Auf kohlenstoffarmen Eisenwerkstoffen entstehen relativ dicke Diffusionsschichten von einigen zehntel Millimetern (Bild 5.19), in denen das Chrom im Mischkristall des Eisens gelöst vorliegt (Bild 5.20). Auf kohlenstoffreichen Eisenwerkstoffen bilden sich dagegen nur einige hundertstel Millimeter dicke Karbidschichten — $(Cr, Fe)_7C_3$ und $(Cr, Fe)_{23}C_6$ — aus (Bild 5.21).

Die Chromdiffusionsschichten vom Mischkristalltyp nehmen an der Oberfläche eine von der Diffusionstemperatur abhängige Chromkonzentration $> 30\%$ an, die zum Grundwerkstoff hin abfällt (Bild 5.22). Bei einer Härte von nur knapp über 200 HV sind diese Schichten sehr duktil sowie gut schweiß- und polierbar. Ihre Zunderbeständigkeit reicht kurzzeitig bis zu 1000 °C [33]. Chromdiffusionsschichten vom Mischkristalltyp dienen vorwiegend dem Korrosionsschutz. Sie sind beständig gegenüber Angriffen durch natürliche Atmosphäre, CO_2-haltige Luft, trockene oder feuchte H_2O_2-haltige Luft, Heißdampf, Leitungswasser, Alkali- und Seifenwasser, Salzwasser, Meerwasser, wäßrige Salzlösungen, feuchten und trockenen Ammoniak, Kalilauge, Natriumlauge, Zellstofflauge, Salpetersäure (sogar heiße), Fruchtsäure, Milchsäure, Gerbsäure, Phosphorsäure, Generatorgas, Rauchgas, Schwefeldioxid, Trichloräthylen, Tetrachlorkohlenstoff, Öl, Petroleum, Benzin, geschmolzene Zyanide und Chloride sowie geschmolzenes Blei, Aluminium und Zink. Wenig oder unbeständig sind sie gegen verdünnte Salz- und Schwefelsäure sowie Bleichlösungen. Das Inchromieren gestattet, vielfach hochlegierte, schwer spanbare Chrom- und Chrom-Nickel-Stähle sowie wertvolle Kupferlegierungen durch unlegierte Stähle vollwertig zu ersetzen. Obwohl sich viele Stahlmarken gut inchromieren lassen, ist für korrosiv beanspruchte Teile der spezielle Inchromierstahl 5Ti5 zu empfehlen.

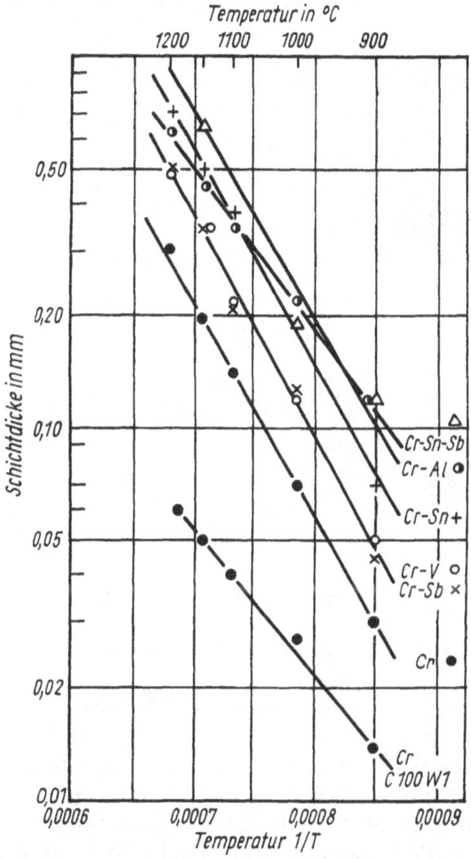

Bild 5.19. Schichtdicke von Chrom- und von komplexen Chromdiffusionsschichten vom Mischkristalltyp auf Tiefziehblech StTZb sowie von Chromdiffusionsschichten vom Karbidtyp auf C100W1 in Abhängigkeit von der Diffusionstemperatur bei einer Diffusionszeit von 6 h (nach [62])

Mit zunehmendem Kohlenstoffgehalt bremst dieser, dem Chrom entgegen diffundierend, das Schichtwachstum, und auf Stählen ab 0,6% Kohlenstoff entstehen dann Chromdiffusionsschichten vom Karbidtyp. Sie erreichen maximal eine Schichtdicke bis zu 0,06 mm (Bild 5.19) bei einem Chromgehalt von etwa 80%. Das Inchromieren ist mit einer maßlichen Vergrößerung der behandelten Teile verbunden, wobei die Chromkarbidschichten nahezu vollständig aufwachsen [33]. Die Härte der Karbidschicht liegt bei 2000 bis 2600 HV 0,02 mit Ausnahme der äußeren relativ dünnen Zone des kohlenstoffärmeren Karbids $(Cr, Fe)_{23}C_6$ von 1400 bis 1600 HV 0,02.

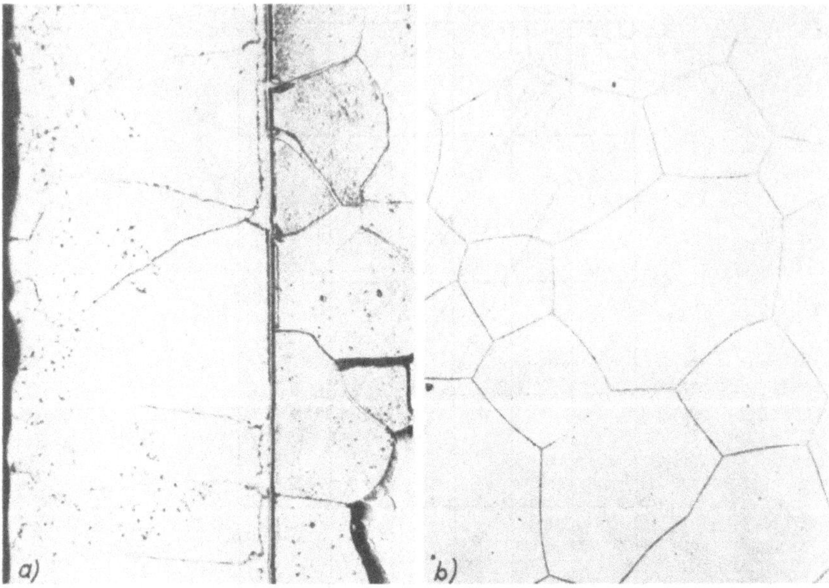

Bild 5.20. Chromdiffusionsschicht auf Weicheisen (Diffusionsbedingungen: 6 h, 1150 °C).
a Querschliff (200:1); b Schliff parallel zur Oberfläche (500:1)

Diese hohe Härte ist temperaturbeständig und ändert sich selbst nach dem Härten des Grundwerkstoffes nicht (Bild 2.21b). Eine Rißempfindlichkeit der Chromkarbidschicht beim Härten des Grundmaterials, vor der gelegentlich gewarnt wird [63], konnte nicht beobachtet werden. Das Abplatzen der Schicht ist auf keinen Fall selbst bei schroffen Temperaturwechseln zu befürchten. Die Chromdiffusionsschichten vom Karbidtyp besitzen eine ähnlich hohe Korrosions- und Zunderbeständigkeit wie die Chromdiffusionsschichten vom Mischkristalltyp.

Chromdiffusionsschichten vom Karbidtyp zeichnen sich durch eine Kombination guter Eigenschaften — hohe Verschleiß-, Korrosions- und Zunderbeständigkeit — aus, die kein konventioneller Werkstoff zu bieten vermag. Diese Schichten sind nicht nur für viele verschleißbeanspruchte Bauteile allgemein, sondern besonders auch für solche Teile zu empfehlen, die zusätzlich noch einer korrosiven Beanspruchung oder erhöhten Temperaturen unterliegen. Ein nachträgliches Härten des Grundwerkstoffes erhöht dessen Stützwirkung und somit die Belastbarkeit der Schichten. Nachteilig wirkt sich für Präzisionsteile die begrenzte Schichtdicke der Chromkarbidschichten aus, die der Gestaltung und Abmessung der Teile gewisse Grenzen setzt. Infolge des mit dem Prozeß und einer eventuell nachträgli-

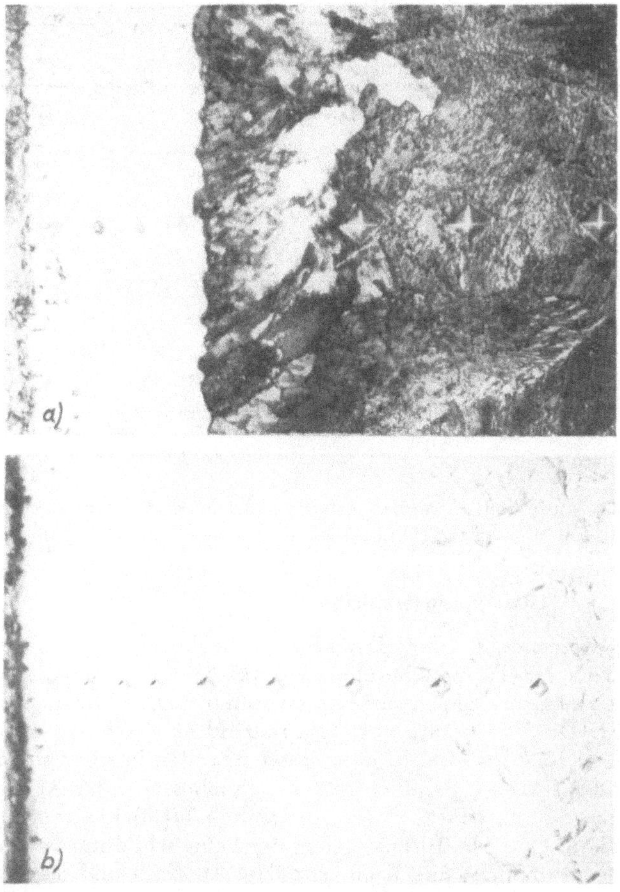

Bild 5.21. Chromdiffusionsschicht auf C100W1 (Diffusionsbedingungen: 6 h, 1150 °C) vor (a) und nach (b) dem Härten des Grundwerkstoffes (500:1)

chen Wärmebehandlung verbundenen Verzugs ist zur Einhaltung geringer maßlicher Toleranzen gegebenenfalls eine abschließende Feinstbearbeitung durch Schleifen oder Läppen erforderlich, die aber bei größerem Verzug die Gefahr des Durcharbeitens der Schicht beinhaltet. Auf jeden Fall sollten die Teile zuvor vorbeugend spannungsarm geglüht werden.

Auch das Inchromieren von Gußeisenwerkstoffen ist möglich. Auf GGL-20 wurden Schichten vom Karbidtyp gefunden [33].

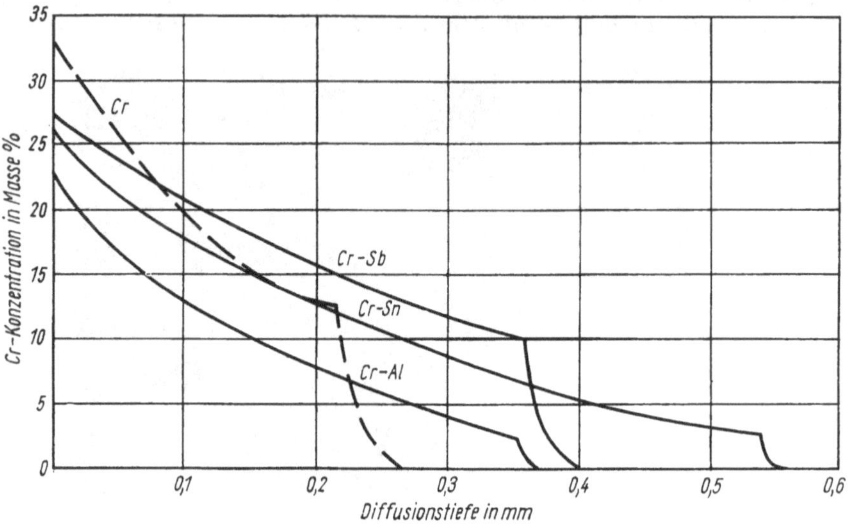

Bild 5.22. Chromkonzentrationsverlauf in Chrom- und komplexen Chromdiffusionsschichten auf Weicheisen (Diffusionsbedingungen: 6 h, 1150 °C) (nach [62])

5.4.2.4. Titandiffusionsschichten

Im Gegensatz zu den Titandiffusionsschichten vom Mischkristalltyp haben sich die Titankarbidüberzüge auf Stählen seit einigen Jahren, besonders bei Kaltumformwerkzeugen und verschleißbeanspruchten Teilen, bewährt. Die Erzeugung von Titankarbidschichten auf Eisenwerkstoffen erfolgt bei 1000 bis 1100 °C über einige Stunden in einer aus $TiCl_4$, Wasserstoff und gasförmigen Kohlenwasserstoffen bestehenden Atmosphäre. Dabei entstehen dichte, silberhell bis silbergraue TiC-Schichten mit einer Dicke von 5 bis 12 μm. Als Initialvorgang der Schichtbildung sieht man zunächst ein Lösen von Titan und Kohlenstoff im Austenit und nach Überschreiten der Löslichkeitsgrenze ein Ausscheiden von TiC an energetisch bevorzugten Stellen an. Nach Bedeckung der Oberfläche mit TiC, das einen großen Homogenitätsbereich aufweist und sich nicht stöchiometrisch abscheidet, sollen fortgesetzt Kohlenstoff und Titan in das Gitter aufgenommen und somit das Schichtwachstum aufrecht erhalten werden [64].

Da neben den Gasreaktionen auch der Kohlenstoff des Grundwerkstoffes zur Karbidbildung beiträgt, werden die Schichtdicke und eine eventuelle Entkohlung unter der Karbidschicht sowohl vom Kohlenstoffgehalt als auch vom Gehalt des gewählten Grundwerkstoffes an karbidbildenden

Legierungselementen, die zur Oberfläche diffundieren, beeinflußt. Auf dem Kaltarbeitsstahl 100Cr6 bildet sich zum Beispiel ein zweischichtiger Überzug aus. Unter der TiC-Schicht liegt infolge der Chromdiffusion zur Oberfläche eine etwas weniger harte Mischkarbidphase (Bild 5.23). Die Mikrohärte der reinen TiC-Schicht beträgt etwa 4000 HV.

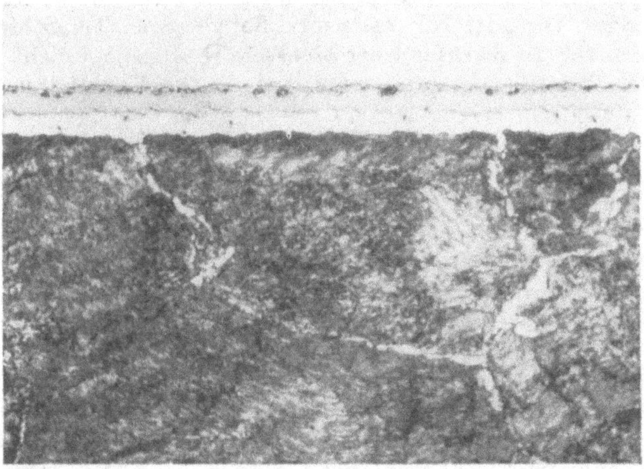

Bild 5.23. Bei 1050 °C erzeugte TiC-Schicht auf 100Cr6 (außen TiC mit 4500 HV 0,01; innen Mischkarbidphase mit etwa 1500 HV 0,01). 1000:1

Zur Titankarbidbeschichtung eignen sich alle Stähle mit einem Kohlenstoffgehalt über 0,9%. Geringere Kohlenstoffgehalte führen zu einer Entkohlung unter der Schicht, wodurch die Gefahr des Einbrechens der Schicht bei Belastung besteht. Die begrenzte Duktilität der TiC-Schicht empfiehlt ein nachträgliches Härten des Grundwerkstoffes, um dessen Stützwirkung bei Druckbeanspruchung auszunutzen. Da die TiC-Schichten nur bis zu Temperaturen von 300 bis 400 °C zunderbeständig sind, muß das Nachhärten unter Schutzgas erfolgen. Das Verfahren selbst ist mit Volumenänderungen und der anschließende Härteprozeß mit einem von der Gestalt der Teile abhängigen Verzug verknüpft. Um die Maßänderungen so gering wie möglich zu halten, sind die zu beschichtenden Teile gehärtet und angelassen, absolut zunderfrei sowie auf das endgültige Nennmaß geschliffen bzw. poliert zur Behandlung anzuliefern. Da das mehrstündige Beschichten bei den relativ hohen Temperaturen eine gewisse Restaustenitstabilisierung mit sich bringt, muß nach dem TiC-Beschichten und dem Härten mit einem Schrumpfen der Teile gerechnet werden. Dieses Schrumpfen kann entweder durch nach Erfahrung vorzugebende Übermaße berücksichtigt [65], oder durch eine dem Härten nachfolgende Tieftemperaturbehandlung vermieden werden. Für maßänderungsarme Bauteile wird der Stahl 210Cr46 empfohlen.

TiC-Schichten haben sich sowohl auf Kaltumformwerkzeugen (Zieh-, Kalibrier-, Biege- und Tiefziehwerkzeuge) und Schnittwerkzeugen als auch auf rein verschleißbeanspruchten Teilen bewährt. Bei Umformwerkzeugen übernimmt die TiC-Schicht nicht nur auf Grund ihrer hohen Eigenhärte den Verschleißschutz, sondern wirkt auch als nichtmetallische Trennschicht zwischen der Arbeitsfläche des Werkzeuges und dem metallischen Umformgut. Die gute Korrosionsbeständigkeit der TiC-Schichten kommt, wenn sie auch als direkter Korrosionsschutz allgemein nicht geeignet sind, besonders Werkzeugen zur Verarbeitung saurer Kunstharze zugute.

5.4.2.5. Bordiffusionsschichten

Das Borieren basiert auf chemischen oder elektrochemischen Reaktionen zwischen einem borspendenden Medium und der zu behandelnden Oberfläche bei erhöhten Temperaturen ($> 600\ °C$). Entsprechend der angewandten Verfahrensvariante ist das borabgebende Medium gasförmig, fest oder flüssig, wobei im letztgenannten Fall das Borieren in Salzschmelzen mit oder ohne Elektrolyse erfolgen kann [66].

Beim Borieren von Eisenwerkstoffen bildet sich in der Regel auf der Oberfläche eine Boridschicht — Verbindungszone genannt — aus, der sich zum Grundwerkstoff hin eine Diffusionszone anschließt, in der das Bor in fester Lösung im Mischkristall des Eisens vorliegt. Die Verbindungsschicht enthält je nach Verfahrensvariante und Borangebot die Boride FeB und Fe_2B einzeln oder zusammen in charakteristischer zahnförmiger Ausbildung (Bild 5.24). Die nadelförmige Struktur der Schicht weist auf eine Fasertextur hin [47]. Die Ausbildung der Boridschicht, ihre Haftfestigkeit und Rißneigung hängen sowohl von den Borierbedingungen als auch von der Zusammensetzung des Grundwerkstoffes ab. Als Rißursache der Borierschichten werden Eigenspannungen auf Grund des Unterschiedes der Ausdehnungskoeffizienten von FeB, Fe_2B und des Grundwerkstoffes angesehen. Durch die Begrenzung auf optimale Schichtdicken und die Verwendung in seiner Borierfähigkeit eingeschränkter fester Boriergemische konnten Risse und Abplatzungen vermieden werden, indem man nur noch die borärmere Phase Fe_2B entstehen läßt [67].

Mit Erfolg wurden bisher vor allem kohlenstoffarme unlegierte Stähle boriert. An der Borierung anderer Werkstoffe wird gearbeitet. Die Anwendung des Borierens konzentriert sich in der Industrie auf Grund der geringen Kaltschweißneigung der Boridschichten bisher vorwiegend auf Teile mit hoher Verschleißbeanspruchung aber geringen Forderungen an die Oberflächengüte und Maßtoleranz. Serienmäßig wurden inzwischen mit Erfolg z. B. ein rechtwinkliger Schraubentrieb eines automatischen PKW-Getriebes aus C15 und Lochstempel zum Lochen von 6 mm dicken Stahlblech aus 55WCrV7, die nach dem Borieren vergütet wurden, boriert [68]. Die Härte der Boridschichten liegt bei 1600 bis 2000 HV 0,2. Über die mechanischen Eigenschaften borierter Teile, z. B. die dauerfestigkeitssteigernde Wirkung des Borierens bei Stählen [69], sowie über ihre Korrosions- und Zunderbeständigkeit liegen nur wenige Hinweise vor. Die Neigung der Boridschichten zu Rissen und Abplatzungen dürften der Grund für das relativ geringe Interesse an diesem Verfahren und somit für die lückenhaften Kenntnisse über die Eigenschaften der Schichten sein.

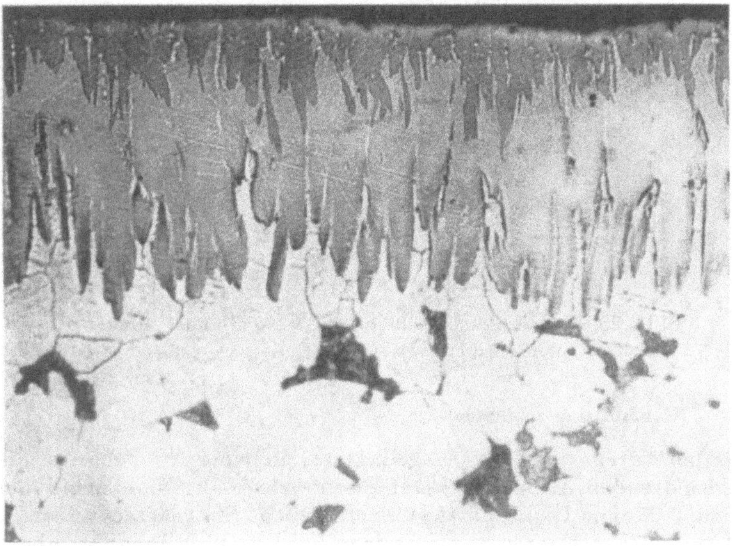

Bild 5.24. Charakteristisch verzahnte Boridschicht, bestehend aus FeB (dunkler angeätzt) und Fe_2B, auf einem unlegierten Stahl. 200 : 1

(Diese Aufnahme wurde freundlicherweise von Herrn Dr. RIEHLE, Bereich Werkstoffwissenschaften der TU Dresden, zur Verfügung gestellt.)

5.4.2.6. Vanadindiffusionsschichten

Vanadin diffundiert bei Temperaturen über 900 °C aus einer vanadinchloridhaltigen Atmosphäre in beträchtlichen Mengen in Eisenwerkstoffe ein. Auf kohlenstoffarmen Stählen entstehen relativ dicke Diffusionsschichten vom Mischkristalltyp von einigen zehntel Millimeter Dicke und Vanadinoberflächenkonzentrationen zwischen 20 und 40% je nach Prozeßtemperatur, für die sich aber bis jetzt noch keine Anwendung abzeichnet. Auf kohlenstoffreichen Stählen bilden sich dagegen Vanadinkarbidschichten von einigen hundertstel Millimeter Dicke aus (Bild 5.25) [36].

Die Vanadinkarbidschichten sind um etwa 1000 Vickers-Einheiten härter als die Chromkarbidschichten. Gemessen wurden Werte über 3000 HV 0,02. Die außerordentlich hohe Härte verleiht den Vanadinkarbidschichten eine Verschleißfestigkeit, die um den Faktor 10 größer ist als die der Chromkarbidschichten [35].

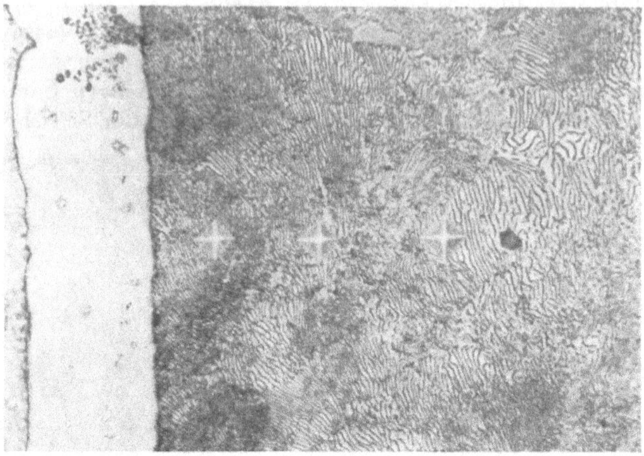

Bild 5.25. Vanadinkarbidschicht auf C100W1 nach einer Diffusionsbehandlung von 6 h bei 1150 °C. 500:1

5.4.2.7. Niobdiffusionsschichten

Bei Temperaturen um 1000 °C gelingt es, in einer Niobchlorid und Methan enthaltenden Atmosphäre auf Eisenwerkstoffen Niobkarbidüberzüge bis zu 0,05 mm Dicke haftfest herzustellen. Sie platzen selbst bei einem nachträglichen Härten der Unterlage nicht ab [70]. Ihre Eigenhärte beträgt 2200 HV [35]. Niobkarbidschichten zeichnen sich durch eine hohe Korrosions- und Verschleißfestigkeit aus.

5.4.2.8. Komplexe Diffusionsschichten

Komplexe Diffusionsschichten versprechen nicht nur verbesserte Eigenschaften und gezielte Eigenschaftskombinationen, sondern auch eine Beschleunigung des Diffusionsprozesses. Grundsätzlich kann man zu komplexen Diffusionsschichten auf drei Wegen gelangen [38]:

1. Diffusion der Komponente(n) in den entsprechend legierten Werkstoff,
2. nacheinanderfolgende Diffusion der Komponenten,
3. gleichzeitige Diffusion der Komponenten.

Alle drei Varianten werden in der Praxis genutzt, wobei aber für die Zukunft die dritte Variante technisch und ökonomisch am interessantesten sein dürfte.

Der erste Weg wird schon seit langem, z. B. beim Gasnitrieren, beschritten, bei dem Stickstoff in den mit Nitridbildnern legierten Stahl diffundiert. Auch für die nacheinanderfolgende Diffusion der Komponenten gibt es Beispiele. So ermöglicht die Kombination des Nitrierens und Borierens von Bauteilen die gleichzeitige Nutzung der dauerfestigkeitssteigernden Wirkung des Nitrierens und der verschleißmindernden Wirkung des Borierens. Im Vergleich zum unbehandelten Zustand konnte die Dauerfestigkeit durch diese kombinierte Behandlung um etwa 50% erhöht werden [69]. Das Nitrieren inchromierter Teile verbindet die hohe Korrosionsbeständigkeit der Chromdiffusionsschichten mit dem Verschleißschutz der Nitrierschichten. Es werden in der Verbindungszone Härten über 2000 HV 0,02 und in der Diffusionszone noch Werte bis zu 700 HV 0,02 erreicht (Bild 5.26).

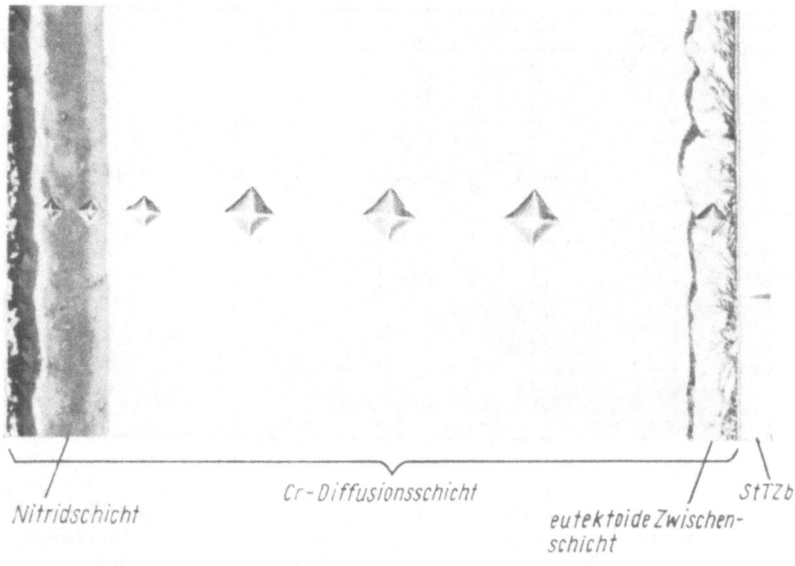

Bild 5.26. 5 h lang bei 550 °C badnitrierte Chromdiffusionsschicht auf StTZb. 500:1

Die gleichzeitige Diffusion der Komponenten soll am Beispiel der Chromdiffusion in Eisenwerkstoffe dargestellt werden. Bei Eisenwerkstoffen wird das Diffusionsergebnis entscheidend von dem Einfluß der eindiffundierenden Elemente auf den Existenzbereich der γ-Mischkristalle bestimmt. Da Chrom das Gebiet der γ-Mischkristalle einschnürt, wird es bei Anreicherung der Eisenoberfläche mit Chrom ab einer bestimmten Konzentration zur γ-α-Umwandlung kommen, was im Hinblick auf die weitere Diffusion von entscheidender Bedeutung ist, da diese im kubisch raumzentrierten α-Mischkristall um Größenordnungen schneller verläuft als im kubisch flächenzentrierten γ-Mischkristall. Ein Diffusionsbegleiter wird den Diffusionsprozeß um so mehr begünstigen, je weiter er das γ-Gebiet einschnürt und je rascher es zur γ-α-Umwandlung kommt, d. h., je niedriger die notwendige Konzentration ist, die die γ-α-Umwandlung erlaubt (Bild 5.27). Ist in diesem Fall auch die Löslichkeit des Diffusionsbegleiters im γ-Mischkristall dominierend, so beeinflußt aber der Diffusionsbegleiter auch noch indirekt über die Veränderung der thermodynamischen Abscheidungsbedingungen und den Diffusionskoeffizienten im α- und im γ-Mischkristall das Endergebnis (Bild 5.28). Sind die Abscheidungsverhältnisse mittels thermodynamischer Betrachtungen für die einzelnen Komponenten getrennt relativ leicht zu berechnen, so ist eine quantitative Abschätzung

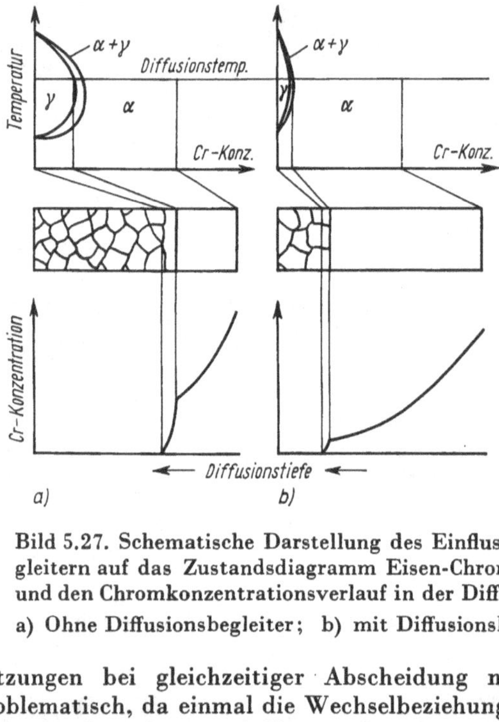

Bild 5.27. Schematische Darstellung des Einflusses von Diffusionsbegleitern auf das Zustandsdiagramm Eisen-Chrom, die Diffusionstiefe und den Chromkonzentrationsverlauf in der Diffusionsschicht.

a) Ohne Diffusionsbegleiter; b) mit Diffusionsbegleiter

der Umsetzungen bei gleichzeitiger Abscheidung mehrerer Elemente äußerst problematisch, da einmal die Wechselbeziehungen der Metallhalogenide untereinander schwer erfaßbar sind und zum anderen sich meist kein Gleichgewichtszustand einstellt.

Alle das γ-Gebiet einschnürenden Diffusionsbegleiter erhöhen mehr oder weniger stark die Schichtdicke komplexer Diffusionsschichten vom Mischkristalltyp auf Chrombasis (Bild 5.19). Die Schichtdicke wächst mit zunehmendem Anteil des Diffusionsbegleiters im Einbettungsgemisch; ebenso die spezifische Aufnahme des Diffusionsbegleiters. Meist fällt die spezifische Chromaufnahme mit steigender Diffusionsbegleiteraufnahme, was nachteilig für die Eigenschaften der Schichten ist (Bild 5.29).

Lediglich Zinn und Antimon bewirken trotz steigender Zinn- und Antimonaufnahmen eine beträchtliche Erhöhung der spezifischen Chrom-

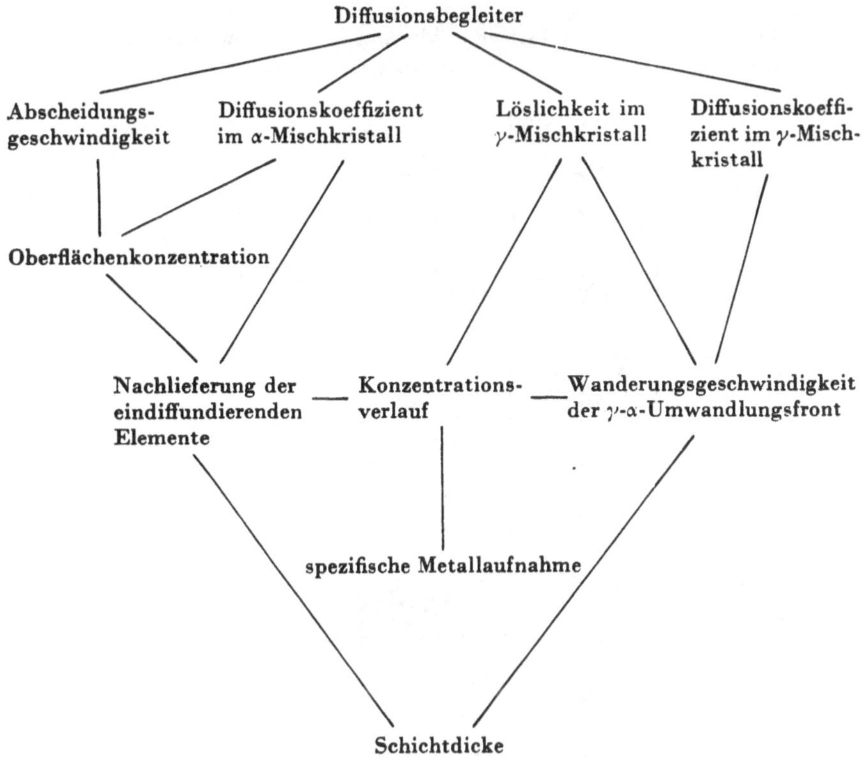

Bild 5.28. Einfluß der Diffusionsbegleiter auf die Ausbildung komplexer Diffusionsschichten vom Mischkristalltyp in Eisenwerkstoffen (nach [62])

aufnahme. Die Chromoberflächenkonzentration können die Diffusions- begleiter nicht erhöhen. Die spezifische Chromaufnahme und die Diffusionstiefe spiegeln sich im Chromkonzentrationsverlauf der komplexen Diffusionsschichten wider, der dadurch gekennzeichnet ist, daß der für Chromdiffusionsschichten typische Steilabfall bei etwa 13% Chrom je nach der durch den Diffusionsbegleiter veränderten Löslichkeit im γ-Mischkristall bei der Prozeßtemperatur zu niedrigeren Konzentrationen verschoben wird (Bild 5.22).

Da der Zinn- und der Antimonanteil die Korrosionsbeständigkeit der komplexen Schichten nicht beeinträchtigen, sind die komplexen zinn- und antimonhaltigen Chromdiffusionsschichten auf Grund ihres günstigen Chromkonzentrationsverlaufes hinsichtlich des Korrosionsschutzes den reinen Chromdiffusionsschichten überlegen. Die bekannte höhere Zunderbeständigkeit der Chrom-Aluminium- und Chrom-Aluminium-Silizium-

Diffusionsschichten tritt erst bei relativ hohen Aluminiumgehalten ein, wenn eine relativ hohe spezifische Aluminiumaufnahme die stark verringerte spezifische Chromaufnahme kompensiert [33].

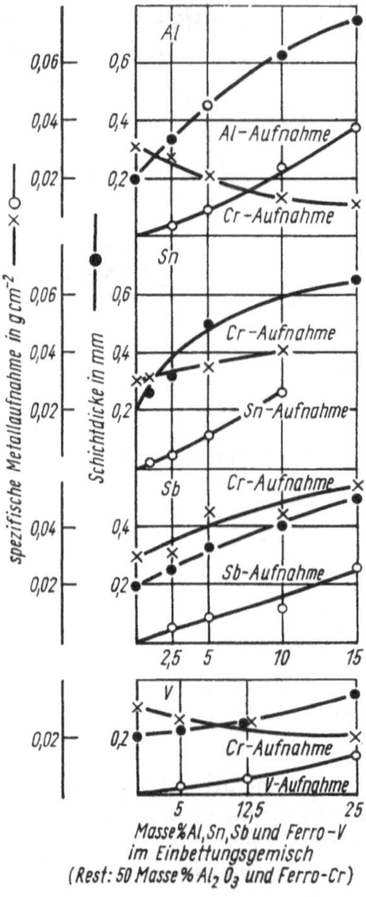

Bild 5.29. Schichtdicke und spezifische Metallaufnahme komplexer Diffusionsschichten auf StTZb in Abhängigkeit vom Anteil der Diffusionsbegleiter im Einbettungsgemisch Diffusionsbedingungen: 6 h, 1150 °C (nach [62]).

Im Gegensatz zu den Diffusionsschichten vom Mischkristalltyp nehmen Schichten vom Karbidtyp von den das γ-Gebiet des Eisens einschürenden Diffusionsbegleitern bei gleichzeitiger Anreicherung mit Chrom nur Vanadin in beträchtlichen Mengen auf [62]. Die komplexen Chrom-Vanadin-

Diffusionsschichten vom Karbidtyp (Bild 5.30) besitzen eine sehr hohe Härte von 3000 bis 3500 HV 0,02, die um etwa 1000 Einheiten über der Härte reiner Chromkarbidschichten liegt.

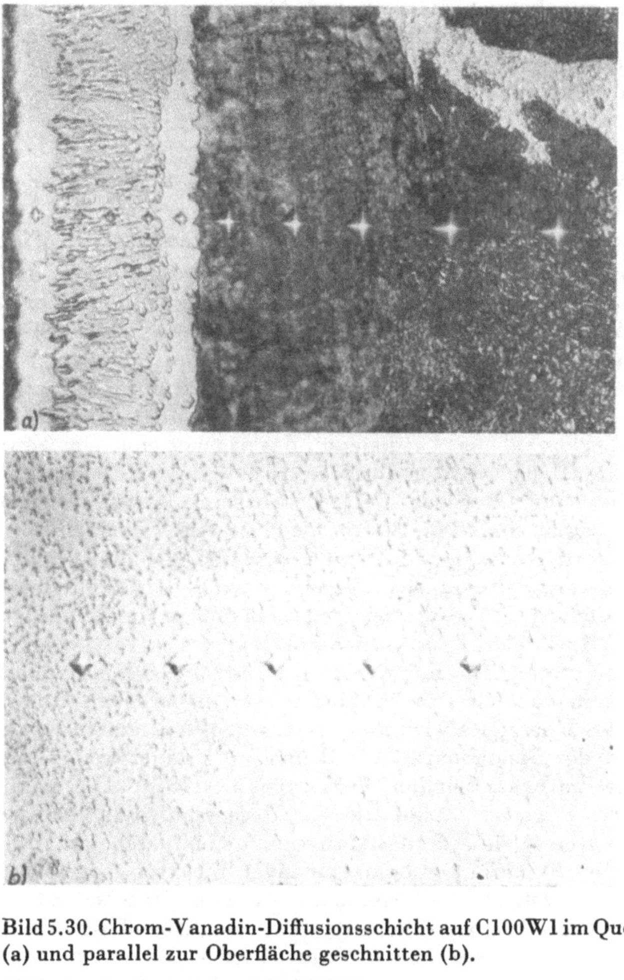

Bild 5.30. Chrom-Vanadin-Diffusionsschicht auf C100W1 im Querschliff (a) und parallel zur Oberfläche geschnitten (b). 500:1

Diffusionsbedingungen: 6 h, 1150°C

Es sind aus der Literatur aber auch Beispiele bekannt, wo die gleichzeitige Anreicherung der Oberfläche mit mehreren Elementen nicht zu dem gewünschten Erfolg geführt hat, und die nacheinander folgende Diffusion der Komponenten zu bevorzugen ist [38].

5.4.3. Hartanodisieren

Der auf der leichten Ur- und Umformbarkeit, der guten Spanbarkeit, der hohen Korrosionsbeständigkeit und der geringen spezifischen Masse basierte zunehmende Einsatz von Aluminiumknet- und -gußwerkstoffen verlangt aber auch nach Möglichkeiten, die Härte und Verschleißfestigkeit der Aluminiumwerkstoffe beträchtlich zu erhöhen. Grundsätzlich bieten sich, vom Beschichten abgesehen, drei Wege an, die Härte der Aluminiumwerkstoffe von Werten < 100 HV auf verfahrensabhängige Maximalwerte zwischen 150 und 500 HV zu steigern:

1. Verfestigung durch Kaltumformen bis maximal etwa 200 HV,
2. Aushärten aushärtbarer Legierungen bis etwa 150 HV,
3. Erzeugung anodischer Überzüge mit Härten bis etwa 500 HV.

Der Vorteil der ersten beiden Varianten besteht darin, daß parallel zur Härtesteigerung auch eine Verdopplung der Festigkeit erfolgt, während beim Anodisieren nur eine auf die anodisierte Schicht begrenzte Härtesteigerung eintritt. Für eine wesentliche Verbesserung der Verschleißfestigkeit kommt aber trotzdem nur das Anodisieren in Frage; die Härtesteigerung der beiden erstgenannten Varianten reicht dazu nicht aus.

Das herkömmliche Anodisieren, das vorwiegend dem Korrosionsschutz und dekorativen Zwecken dient, erhöht zwar auch die Verschleißfestigkeit, läßt aber eine Oberflächenfeinstbearbeitung wegen der relativ geringen Schichtdicken von 10 bis 30 μm nicht zu. Als Verschleißschutz bei gleichzeitig geforderter hoher Oberflächengüte und -genauigkeit kommen deshalb nur dickere anodische Überzüge in der Größenordnung von 50 bis 150 μm Schichtdicke in Frage, die bei dem sogenannten Hartanodisieren entstehen.

Beim Hartanodisieren werden durch eine elektrolytische Oxydation der Aluminiumwerkstoffe in geeigneten Elektrolyten Schutzüberzüge erzeugt, die um ein vielfaches dicker sind als die natürlichen Oxidschichten. Die Dicke des Überzuges wird von der Elektrolytzusammensetzung und -temperatur, der Stromdichte, der Behandlungsdauer und der Zusammensetzung des zu behandelnden Werkstoffes bestimmt. Die maximale Schichtdicke ist erreicht, sobald die Rücklösegeschwindigkeit der Schicht im Elektrolyten gleich der Bildungsgeschwindigkeit ist. Die Rücklösegeschwindigkeit nimmt mit zunehmender Elektrolyttemperatur sowie steigender Stromdichte und Spannung zu. Zum Unterschied gegenüber dem normalen Anodisieren erfolgt das Hartanodisieren bei niedrigen Elektrolyttemperaturen und hohen Stromdichten. Es wurden eine Reihe von Hartanodisierverfahren, die entweder auf Schwefelsäure- oder Mischsäureelektrolytbasis arbeiten, entwickelt. Sie werden mit Stromdichten bis zu 5 $A\,dm^{-2}$ und gekühlten Elektrolyten betrieben. Die Spannung steigt während des Anodisierens mit wachsender Schichtdicke kontinuierlich an, so daß ein ständiges Nachregeln von 20 auf maximal 150 V erforderlich ist.

Im allgemeinen werden in der Praxis Schichten um 100 μm Dicke angestrebt, obwohl auch dickere Überzüge zu erreichen sind. Neben den Prozeß-

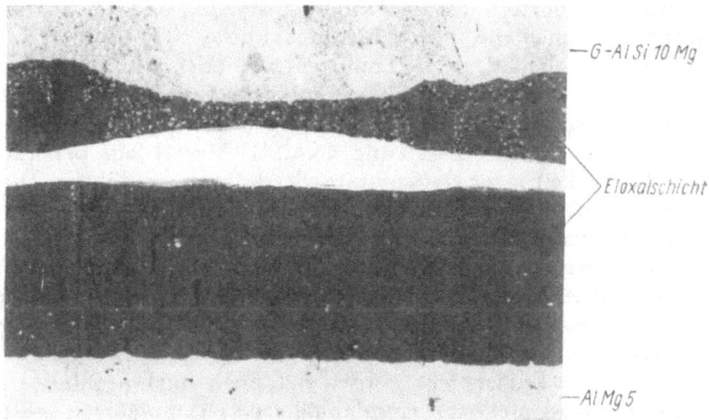

Bild 5.31. Harteloxalschicht auf AlMg5 und G-AlSi10Mg. 320:1

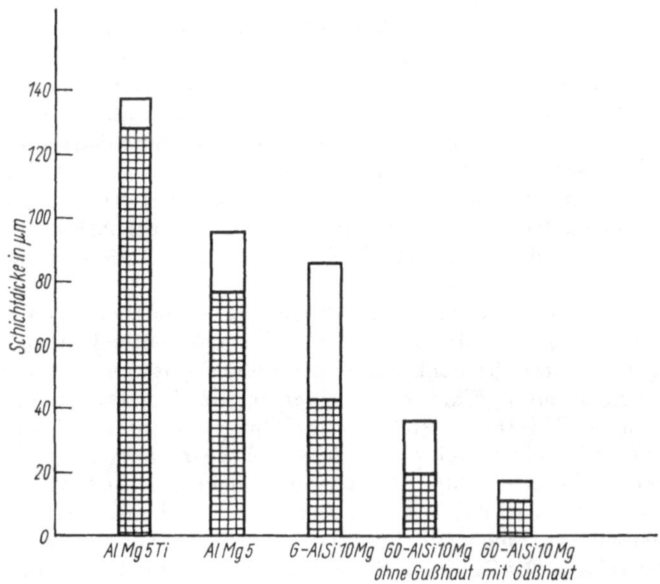

Bild 5.32. Schichtdicke und Schichtdickenschwankungen von Harteloxalschichten auf verschiedenen Aluminiumwerkstoffen.

Elektrolytzusammensetzung: 12% Schwefelsäure, 1% Oxalsäure; Elektrolyttemperatur: 10 °C parametern bestimmen die Zusammensetzung und der Zustand des Werkstoffes entscheidend die Schichtausbildung. Die Bilder 5.31 und 5.32 zeigen deutlich, daß auf der homogenen Knetlegierung AlMg5 unter gleichen Prozeßbedingungen eine dickere und gleichmäßigere Schicht als auf der heterogenen Gußlegierung G-AlSi10Mg entsteht. Die schwankende Schichtausbildung auf der Legierung G-AlSi10 Mg ist auf die unterschiedliche Oxydierbarkeit ihrer Gefügebestandteile zurückzuführen. Die im Eutektikum enthaltenen Siliziumkristalle mindern das Schichtwachstum und liegen als freies Silizium in der Schicht vor.

Im Gegensatz zur galvanischen Metallabscheidung spielen beim Anodisieren Entfernungsunterschiede zwischen Werkstück und Katode nicht die entscheidende Rolle, so daß der Gestalt der Teile keine engen Grenzen gesetzt sind. Infolge der Erhöhung des Übergangswiderstandes durch die sich bildende Oxidschicht werden sich auch stark profilierte Teile an ihrer gesamten Oberfläche mit einer annähernd gleichmäßigen Oxidschicht überziehen, sofern Badspannung und Leitfähigkeit des Elektrolyten ausreichen. Schwierigkeiten sind lediglich bei tiefen Bohrungen, einseitig geschlossenen Teilen oder langen Rohren mit geringem Innendurchmesser zu erwarten, wenn keine ausreichende Elektrolytzirkulation gewährleistet ist.

Bei der Gestaltung zu anodisierender Teile und Festlegung der vorgesehenen Beanspruchung ist dem Bildungsmechanismus der Schicht Rechnung zu tragen. Das eigentliche Wachstum der Schicht findet an der Grenzfläche zum Metall statt. Da das Oxid einerseits ein höheres spezifisches Volumen als das Aluminium aufweist, andererseits aber der Elektrolyt ein gewisses Rücklösevermögen besitzt, ist das Hartanodisieren in jedem Fall mit maßlichen Veränderungen, und zwar in der Regel mit einer Volumenzunahme, verbunden. Die Dickenzunahme beträgt etwa 40% der Schichtdicke. Für im Mischsäureelektrolyten anodisierendes AlMg5 wurden Werte zwischen 20 und 50% ermittelt. Außerdem nimmt die Oberflächenrauhigkeit zu.

Auf Grund des Wachstumsmechanismus — die zuerst gebildete Schicht wird kontinuierlich durch die im folgenden entstehenden, am Metall anliegenden Bereiche nach außen geschoben — ist an Ecken, Kanten und stark gekrümmten Flächen keine fehlerfreie Schichtausbildung möglich. An scharfen Kanten entsteht zwangsläufig ein Spalt und auch bei abgerundeten Kanten ist keine rißfreie Schichtausbildung möglich (Bild 5.33). Die geringe Duktilität der Schicht reicht nicht aus, die bei stark gekrümmten Oberflächen in der äußeren Zone der Schicht auftretenden Zugspannungen aufzunehmen, so daß die Schichten schon bei relativ geringen Dicken reißen. Die Zahl der Risse, bezogen auf eine bestimmte Strecke des Umfangs, nimmt mit abnehmendem Krümmungsradius stark zu (Bild 5.34). In Bohrungen werden dagegen absolut rißfreie Schichten beobachtet (Bild 5.35). Diese Tatsachen führen dazu, daß beim Schleifen und Läppen die Schicht an scharfen Kanten ausbricht, und daß eine kantennahe Belastung der Schichten vermieden werden muß.

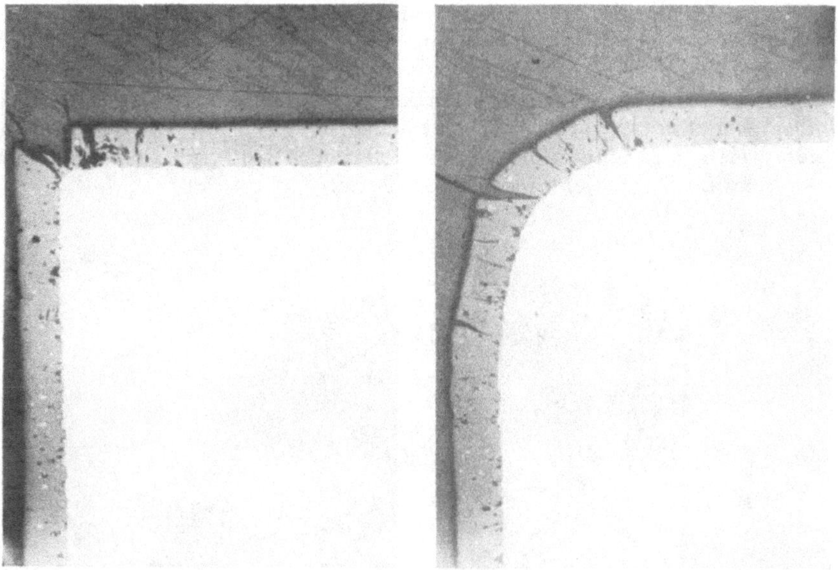

Bild 5.33. Querschliff durch im Mischsäureelektrolyt hartanodisierte Kanten (AlMg5). 50:1

Bild 5.34. Rißausbildung in hartanodisierten Schichten auf AlMg5-Teilen mit einem Durchmesser von 1 und 8 mm. 100:1

Die Farbe der Überzüge hängt von der Zusammensetzung des Werkstoffes sowie den Verfahrensparametern ab und ändert sich sehr stark mit der Schichtdicke. Auf AlMg5 wechselt die in einem Mischsäureelektrolyten erzeugte Schicht ihre Farbe vom hellen Silbergrau bei etwa 20 μm Dicke bis nahezu zum Schwarz bei Schichtdicken über 100 μm. Bei G-AlSi10Mg ändert sich die Schichtfarbe vom Hellgrau bei 10 μm Dicke bis fast zum Schwarz bei Schichtdicken über 60 μm.

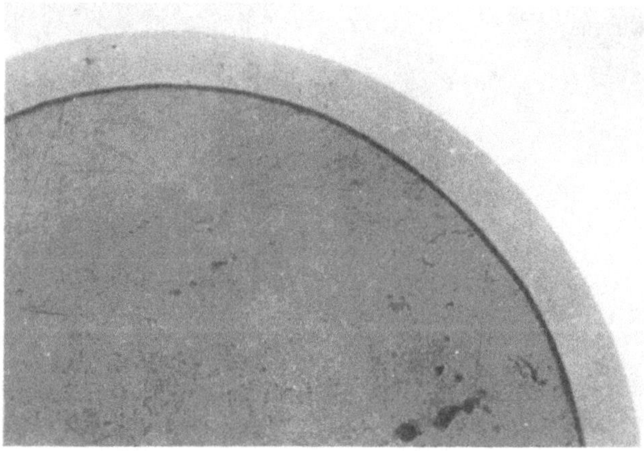

Bild 5.35. Rißfreie Ausbildung einer hartanodisierten Schicht in einer Bohrung (AlMg5). 100:1

Die Haftfestigkeit der Schichten ist gut, solange sie nicht in Kantennähe schlagartig beansprucht werden und solange keine hohe Deformation im Zugbereich erfolgt.

Die Härte der hartanodisierten Oberflächen hängt von der Verfahrensvariante, den gewählten Prozeßparametern und dem Grundwerkstoff ab. Sie liegt meistens zwischen 400 und 500 HV 0,02. Während im Mischsäureelektrolyten auf AlMg5 erzeugte Schichten eine sehr gleichmäßige, über den Schichtquerschnitt konstante Härte besitzen, weisen die auf G-AlMgSi10 erzeugten Schichten Härteschwankungen auf. Im Bereich des eutektischen Gefüges ist nicht nur das Schichtwachstum gehemmt, sondern die dort entstandenen Schichtanteile sind auch weicher.

Die Verschleißeigenschaften von hartanodisierten Aluminiumwerkstoffen sind bei niedriger Druckbelastung am günstigsten. Ohne die Angaben verallgemeinern zu können, wurde in Versuchen für hartanodisiertes Aluminium das gleich gute oder sogar noch ein besseres Verschleißverhalten als für gehärteten Stahl und für Hartchrom gefunden, obwohl die Härte dieser Werkstoffe die der hartanodisierten Schicht weit übertrifft. Als Gleitpartner eignet sich hartanodisiertes Aluminium gut in Paarungen mit

Rotguß und bedingt auch mit ebenfalls hartanodisiertem Aluminium als Gegenwerkstoff. Dagegen nicht geeignet ist wegen der hohen Reibung und Freßneigung die Paarung hartanodisiertes Aluminium gegen nicht anodisiertes Aluminium. Zur Verbesserung der Gleiteigenschaften kann die hartanodisierte Oberfläche auf Grund ihrer Porigkeit (5 bis 15%) mit Schmiermittel getränkt oder mit trockenem Schmiermittel (Molybdändisulfid, Graphit) eingerieben werden.

Im allgemeinen wird den hartanodisierten Oberflächen die gleiche oder eine etwas höhere Korrosionsbeständigkeit als den normal anodisierten Oberflächen zugesprochen. Ein Nachverdichten der hartanodisierten Schichten unterbleibt meist, um das Optimum an Verschleißfestigkeit zu erhalten.

Anodisierte Überzüge sind gute thermische und elektrische Isolatoren. Die Durchschlagspannung beträgt etwa 10 V μm^{-1}. Die Hitzebeständigkeit reicht bis 400 °C. Kurzzeitig können aber auch wesentlich höhere Temperaturen ertragen werden. Die Temperaturwechselbeständigkeit unbeschädigter hartanodisierter Schichten auf AlMg5 ist sehr gut. Mehrfache Temperaturwechsel durch Abkühlen von 200 °C in Wasser von Raumtemperatur führten weder zum Abplatzen der Schichten noch zur Rißbildung.

Das Hartanodisieren wird im wissenschaftlichen Gerätebau vor allem für Gleitflächen und für verschleißbeanspruchte Teile aus Aluminiumknetlegierungen angewandt, wenn der Einsatz von Aluminiumwerkstoffen dem anderer Werkstoffe auf Grund einer rationelleren Fertigung, der geringeren Masse, der besseren Korrosionsbeständigkeit oder der magnetischen Eigenschaften vorzuziehen ist. Bei mechanisch hoch beanspruchten Teilen muß die mit dem Hartanodisieren verbundene Abnahme der Dauerfestigkeit berücksichtigt werden.

6. Anorganische nichtmetallische Werkstoffe

Die anorganisch-nichtmetallischen Werkstoffe gewinnen auch im wissenschaftlichen Gerätebau vor allem wegen ihrer spezifischen Eigenschaften und weniger auf Grund der für sie günstigen Rohstoffsituation zunehmend an Bedeutung. Abgesehen vom Glas, das die Entwicklung dieses Industriezweiges von seinen Anfängen an bis in unsere Zeit über die optischen Bauelemente wesentlich mitprägte, das aber in diesem Rahmen bewußt ausgeklammert wird, richtet sich das Interesse vorwiegend auf die Verwendung von Naturstein, keramischen Werkstoffen und von Glaskeramiken.

6.1. Naturstein

Naturstein hat seit einigen Jahren, wenn auch nur zögernd, im wissenschaftlichen Gerätebau für die Fertigung von Maß- und Formverkörperungen, Prüfhilfsmitteln und verschleißbeanspruchten Bauteilen Eingang gefunden. Aus Naturstein werden z. B. Meß-, Richt- und Montageplatten, Lineale, Winkel, Prismen, Meßmaschinenbetten und Maschinentische gefertigt. Als Werkstoffe kommen Eruptivgesteine wie Granit, Syenit und Diabas, in Frage. Obwohl auch Kunststein und Glas mit Eigenschaften hergestellt werden können, die in mancher Hinsicht die von Naturstein übertreffen, sind erstere stets mit Eigenspannungen behaftet, die bei Naturstein auf Grund seines Alterungsprozesses weitgehend ausgeschlossen sind.

Der Vorteil von Naturstein im Vergleich zu metallischen Werkstoffen beschränkt sich nicht allein auf dessen Volumenstabilität. Sie ist, im Gegensatz zu den bei metallischen Werkstoffen mit Volumenänderungen verbundenen Alterungserscheinungen, durch den Entstehungs- und Lagerungsprozeß bei Naturstein weitgehend gesichert. Für den wissenschaftlichen Gerätebau sind ebenso die auf der relativ hohen Härte beruhende Verschleißfestigkeit, der relativ geringe thermische Ausdehnungskoeffizient, die niedrige Dichte, die Beständigkeit gegen Säuren und Laugen sowie die magnetischen und elektrischen Eigenschaften von Vorteil. Nachteilig sind die Schlagempfindlichkeit des Natursteins, besonders an Kanten, und der relativ geringe Elastizitätsmodul. Zug-, Schub- und Biegespannungen sind bei Bauteilen aus Naturstein möglichst zu vermeiden. Tabelle 6.1 enthält Richtwerte einiger ausgewählter Eigenschaften von für Erzeugnisse des wissenschaftlichem Gerätebaus geeignetem Naturstein.

Die Bearbeitung von Naturstein bereitet keine grundsätzlichen Schwierigkeiten, wenngleich eine konventionelle spanende Bearbeitung wie auch bei Glas und Keramik nicht möglich ist. Vornehmlich aus ökonomischen

Tabelle 6.1.
Richtwerte für die Eigenschaften von für Erzeugnisse des wissenschaftlichen Gerätebaus geeignetem Naturstein (Granit, Diabas)

Dichte in g cm^{-3}	2,7...3,0
Härte nach Mohs	5,5...9
Zugfestigkeit in kp mm^{-2}	20...40
Biegezugfestigkeit in kp mm^{-2}	2...7
Elastizitätsmodul in kp mm^{-2}	4000...10000
linearer thermischer Ausdehnungskoeffizient in grd^{-1}	$(5...7{,}5) \cdot 10^{-6}$
Wasseraufnahme in Masse%	0,1...0,5

Gründen sollte die Grobbearbeitung der Werkstücke in der natursteinverarbeitenden Industrie erfolgen, ehe dann die Feinstbearbeitung der möglichst verzugsarm zu spannenden Werkstücke auf Präzisionsmaschinen unter definierten Umweltbedingungen durch Trenn-, Flach- und Rundschleifen, Bohren sowie Läppen mit Diamantwerkzeugen vorgenommen wird. Im Vergleich zu metallischen Werkstücken unterliegt die Gestaltungsfreiheit bei Anwendung von Natursteinen jedoch gewissen werkstoff- und bearbeitungsbedingten Einschränkungen. Auch die Verbindung von Teilen aus Naturstein mit solchen aus anderen Werkstoffen ist noch nicht allseitig und zufriedenstellend gelöst.

6.2. Keramische Werkstoffe

Keramische Werkstoffe sind anorganisch-nichtmetallische Werkstoffe mit mehr oder weniger kristallinem Aufbau, die aus zerkleinerten anorganischen Rohstoffen zu Formteilen und Halbzeugen geformt, getrocknet und gesintert werden.

TGL 7838 enthält in Gruppen unterteilt die in der DDR hergestellten keramischen Werkstoffe. Der Einteilung in die Gruppen 100, 200, 300, 400, 500, 600, 700, 800 und F100 liegen stoffliche, feinbauliche und daraus resultierend auf Grund ihrer differenzierten Eigenschaften anwendungstechnische Unterschiede zugrunde.

Die Gruppe 100 umfaßt Porzellane verschiedener Typen.

Die Werkstoffe der Gruppe 200 bauen auf dem System MgO-SiO_2 auf. Zu ihnen zählt z. B. KER 250 (Forsterit), das auf Grund seiner metallischen Werkstoffen angleichbaren thermischen Ausdehnung für Metall-Keramik-Verbindungen geeignet ist.

Zu der Gruppe 300 gehören dichte Erzeugnisse mit hohem Gehalt an Titanoxid und/oder anderen Titanverbindungen. Sie finden als Sonderwerkstoffe in der Elektrotechnik Verwendung.

Die Gruppe 400 enthält Werkstoffe aus dem Dreistoffsystem MgO-SiO_2-Al_2O_3 mit sehr kleinen thermischen Ausdehnungskoeffizienten.

Die Gruppe 500 umfaßt vorwiegend poröse Erzeugnisse auf Mullit-, Siliziumkarbid- oder Korundbasis.

Werkstoffe der Gruppe 600 sind solche mit hohem Aluminiumoxidgehalt, aus denen dichte oder feinporöse Produkte hergestellt werden.

Die Gruppe 700 beinhaltet Erzeugnisse aus hochfeuerfesten Oxiden, z. B. Sinterkorund KER 710 und Zirkondioxid KER 730.

KER 800 ist der Zusammensetzung nach Borosilikatglas.

Die hochporösen Erzeugnisse der Gruppe F100 dienen als Filtermittel.

6.2.1. Herstellung von keramischen Erzeugnissen

Die kermischen Rohstoffe werden zusammen mit Zuschlagstoffen zunächst gemahlen, gemischt, erforderlichenfalls mit einer Säure behandelt, gewaschen, in Filterpressen gepreßt und homogenisiert. Die so zubereiteten Massen werden dann mittels verschiedener Formgebungsverfahren zu Formteilen oder Halbzeugen verarbeitet. Die Bildsamkeit der keramischen Massen nimmt im allgemeinen mit steigendem Wassergehalt zu. Die Verarbeitbarkeit der keramischen Massen einerseits und die Preßwerkzeugkosten andererseits setzen dabei der Gestaltungsfreiheit gewisse Grenzen. Rundstäbe, Rohre und Stäbe verschiedenen Querschnittes werden durch Strangpressen hergestellt. Der Plastverarbeitung ist das Spritzpreßverfahren entlehnt. Für die Verarbeitung nach diesem Verfahren müssen den keramischen Pulvern Plastifikatoren auf Kunststoffbasis, die später wieder ausgedampft werden, zugesetzt werden. Dieses Verfahren erlaubt Kleinteile in größerer Stückzahl mit höchster Formgenauigkeit herzustellen. Als typisches keramisches Formgebungsverfahren gilt das Gießen des Schlikkers — einer wäßrigen Aufschlemmung der keramischen Masse mit Bindemitteln — in Gipsformen.

Nach der Formgebung müssen die Teile, um Sinterverzug zu vermeiden, langsam und gründlich austrocknen. Das Vorsintern erfolgt bei Temperaturen von 1350 bis 1400 °C. Ihm schließt sich ein Nachsintern bei 1800 bis 1850 °C an. Hierbei erfolgt bei den meisten keramischen Werkstoffen ein Verdichten durch die Verflüssigung mindestens einer Phase. Mit dem Sinterprozeß ist eine beträchtliche Schwindung verbunden, die z. B. bei Al_2O_3-Keramik 20 bis 35 % beträgt und bei der Herstellung der Formteile zu berücksichtigen ist. Die Gesamtschwindung durch Trocknen und Sintern hängt vom Feuchtigkeitsgehalt der verarbeiteten keramischen Masse ab. Die geringste Schwindung tritt nach dem Trocken- oder Halbtrockenpressen auf.

6.2.2. Eigenschaften keramischer Werkstoffe

Die keramischen und glasigen Werkstoffe, die als Hauptbestandteile Oxide des Siliziums, des Aluminiums und der Alkali- sowie Erdalkalimetalle

Tabelle 6.2.
Richtwerte für die Eigenschaften keramischer Werkstoffe (nach TGL 7838)

	Gruppe 100	Gruppe 200	Gruppe 400	Gruppe 600	Gruppe 700
Rohdichte in g cm^{-3}	2,3...2,5	1,9...2,8	2,1...2,2	1,8...3,6	3,5...5,5
Zugfestigkeit in kp cm^{-2}					
glasiert	150...500	600...1000			
unglasiert	250...350	450...900	250...350		
Druckfestigkeit in kp cm^{-2}					
glasiert	3000...5000	8500...10000			
unglasiert	2500...4500	8000...10000	3000...5000		21000...30000
Biegefestigkeit in kp cm^{-2}					
glasiert	600...1000	1200...1800			
unglasiert	300...700	1000...1800	500...850	350...3000	2000...2800
Schlagbiegezähigkeit in kpcm cm^{-2}					
unglasiert	1,3...2,2	3...5	1,8...2,2	1,1...4	3...3,2
Elastizitätsmodul in kp $cm^{-2} \cdot 10^6$	0,55...0,8	0,8...1,3	0,9...1,2	0,5...1,7	2,8...3,8
linearer Ausdehnungskoeffizient in 10^{-6} grd^{-1}					
zwischen 20 und 100 °C	3,5 .. 5	6...9	<1	2,5...5,5	4...6,5
,, 20 und 600 °C	4...5	7...9	2...3	3,5...7	6,5...10
,, 20 und 1000 °C	4...5	8...10	2...3	4...8	7,5...11
spezifische Wärme in kcal kg^{-1} grd^{-1}					
zwischen 20 und 100 °C	0,19...0,21	0,19...0,22	0,20...0,22	0,19...0,25	0,1...0,25
Wärmeleitfähigkeit in kcal m^{-1} h^{-1} grd^{-1}					
zwischen 20 und 100 °C	0,7...1,6	1,5...2,4	1,7...2	2...14	2...13
Dielektrizitätskonstante (relativ)	≈6	≈6	≈5	4,5...8	9...12

aufweisen, gewinnen nicht nur wegen ihrer nahezu unerschöpflichen Rohstoffreserven sondern auch auf Grund ihrer spezifischen Eigenschaften zunehmend an Bedeutung. Der technischen Nutzung keramischer Werkstoffe dienen vor allem ihre Korrosionsbeständigkeit und Hochtemperaturfestigkeit, ihre hohe Härte, Druck- und Verschleißfestigkeit bei relativ niedriger Dichte, die dielektrischen Eigenschaften sowie der Ferrimagnetismus, während Schlag- und Stoßbeanspruchungen zu vermeiden sind. Der Einsatz von silikatischen Werkstoffen als Konstruktionswerkstoffe bereitet jedoch bei dem derzeitigen Stand ihrer mechanischen Eigenschaften sowohl aus konstruktiver als auch aus rechnerischer Sicht erhebliche Schwierigkeiten, da bei der Verwendung von Glas und Keramik als Konstruktionswerkstoff gerade die für diese Werkstoffe nichtspezifischen Eigenschaften wie Festigkeit, elastisch-plastisches Verhalten und technologische Verarbeitbarkeit, ausschlaggebend sind. Neben der Sprödigkeit und geringen Zugfestigkeit dieser Werkstoffe wirken sich besonders nachteilig die starke Abhängigkeit der Eigenschaftswerte von der Größe und Form der Bauteile sowie die große Streubreite der Festigkeitswerte aus [1].

Im wissenschaftlichen Gerätebau interessieren neben der Verschleiß- und Korrosionsbeständigkeit besonders der relativ hohe Elastizitätsmodul und die Volumenstabilität keramischer Werkstoffe. Obwohl auch keramische Werkstoffe Phasenänderungen, z. B. die Umwandlung des ZrO_2 aus der monoklinen in die tetragonale Form oder Gefügeumwandlungen im System MgO-SiO_2, unterliegen, gelingt es, durch Zusatz von Stabilisatoren oder aber durch Erzeugung nur stabiler Phasen umwandlungsfreie Werkstoffe herzustellen. Dem kommt entgegen, daß die oxidischen und silikatischen mineralischen Grundsubstanzen außerordentlich stabile Verbindungen hoher Bildungsenthalpie darstellen. Auch der lineare thermische Ausdehnungskoeffizient vieler keramischer Werkstoffe entspricht den Forderungen des wissenschaftlichen Gerätebaus: Neben fast ausdehnungsfreien Keramiken gibt es solche, deren Ausdehnungskoeffizient im Bereich dessen der Metalle liegt. Im Vergleich zu den Metallen fällt die relativ geringe Temperaturabhängigkeit der linearen Ausdehnungskoeffizienten der keramischen Werkstoffe auf.

Tabelle 6.2 vermittelt einen Überblick über die Größenordnung einiger ausgewählter Eigenschaften keramischer Werkstoffe der verschiedenen Gruppen. Die verbindlichen Werte für die einzelnen Werkstoffe sind den entsprechenden Standards (TGL 7838) bzw. den Angaben der Hersteller zu entnehmen.

6.2.3. Verarbeitung keramischer Werkstoffe

Die im wissenschaftlichen Gerätebau überwiegend niedrigen Stückzahlen dürften in den meisten Fällen das Pressen und Spritzpressen aus ökonomischen Gründen ausschließen. Für relativ geringe Stückzahlen bietet sich neben dem Gießen die Bearbeitung stranggepreßter Halbzeuge zu Fertigteilen an. Die Grobbearbeitung der Halbzeuge muß im lederharten oder weißgeglühten Zustand erfolgen. „Lederhart“ kennzeichnet den Zustand der fast abgetrockneten Rohmasse, während der sogenannte Weißglühzustand nach einem Vorsintern bei 700 bis 900 °C vorliegt. Für die Bearbeitung im lederharten Zustand eignen sich besonders keramische Massen mit hohem Kaolinanteil. Nach dem Hochsintern ist in der Regel nur noch eine Bearbeitung mit Diamantwerkzeugen möglich. Die dabei erreichbare Oberflächengüte hängt nicht allein von den Bearbeitungsparametern, sondern in entscheidendem Maße von der Korngröße des keramischen Werkstoffes ab.

Neben der mechanischen Oberflächenbearbeitung durch Schleifen oder Polieren sind weitere Oberflächenbehandlungsverfahren z. B. Glasieren, Boraxieren und Metallisieren zu nennen.

Grundsätzlich besteht die Möglichkeit, stoffschlüssige Verbindungen zwischen keramischen und metallischen Werkstoffen auszuführen. Die Herstellung eines Keramik-Metall-Verbundes kann durch Anwendung der Gießtechnik mit niedrig schmelzenden Legierungen, durch Hartlöten und durch Kleben mit Kunstharzklebern erfolgen. Die jeweils für den bestimmten Verwendungszweck optimale spezielle Fügetechnologie hängt sowohl vom keramischen als auch vom metallischen Partner ab und schließt oft Zwischenarbeitsgänge, wie z. B. das Einsintern oder Aufdampfen von Metallen, ein.

6.3. Glaskeramik

Die Substitution herkömmlicher Konstruktionswerkstoffe durch Glas mit verbesserten Eigenschaften wird durch die Entwicklungen der letzten Zeit spürbar vorangetrieben. Abgesehen von Gläsern mit erhöhter mechanischer Festigkeit, wie sie durch Ausbildung eines bestimmten Eigenspannungszustandes erzeugt werden kann (beim thermischen Verfestigen ist eine etwa dreifache und beim chemischen Verfestigen eine ungefähr zehnfache Festigkeitssteigerung gegenüber gewöhnlichem Glas möglich), sind es vor allem die Glaskeramiken, denen eine Reihe neuer Anwendungsgebiete erschlossen wurden. Als Glaskeramik — auch Vitro- oder Pyrokeram genannt — bezeichnet man halbkeramische teilkristalline Produkte aus Glas. Aus dem ursprünglich amorphen Glas spezieller Zusammensetzung entsteht das teilkristalline Produkt durch homogene Keimbildung und gesteuerte Kristallisation während einer speziellen Temperaturbehandlung.

Gegenüber den konventionellen, mehr oder weniger porösen keramischen Werkstoffen besitzen die dichten Glaskeramiken eine Reihe bedeutender Vorteile. So sind die vielfältigen Formgebungsverfahren der Glasverarbeitung anwendbar und setzen der Formgebung glaskeramischer Erzeugnisse keine engen Grenzen. Für die Endformgebung ist die Tatsache bedeutsam, daß die Volumenänderungen bei der Temperung und Kristallisation des verarbeitenden Glases im allgemeinen 1% nicht übersteigen [2]. Weiterhin kann durch entsprechende Wahl der chemischen Zusammensetzung ein außergewöhnlich niedriger Ausdehnungskoeffizient im Bereich negativer bis gering positiver Werte genau eingestellt werden. Für bestimmte Werkstoffe wird z. B. ein mittlerer Ausdehnungskoeffizient im Temperaturbereich zwischen 0 und 50 °C von $0 \pm 0{,}05 \cdot 10^{-6}\ grd^{-1}$ garantiert [3]. Neben der Zusammensetzung werden die Eigenschaften der Glaskeramiken, besonders die optischen Eigenschaften, durch das Mengenverhältnis Kristallphase zu Restglasphase und durch die Art und Größe der Kristalle bestimmt. So gelingt es, hochtransparente Glaskeramiken, die transparente, metastabile Mischkristalle mit Quarzstruktur des Oxidsystems LiO_2-MgO-ZnO-Al_2O_3-SiO_2-P_2O_5 enthalten, mit extrem niedrigen Ausdehnungskoeffizienten

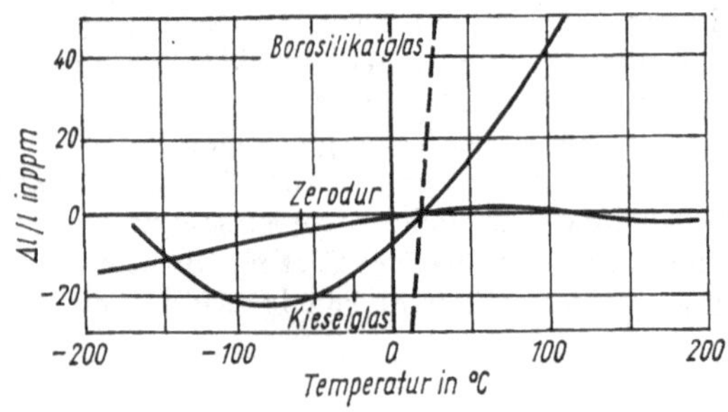

Bild 6.1. Relative temperaturabhängige Längenänderung von einer transparente, metastabile Quarz-Mischkristalle enthaltenden Glaskeramik (Zerodur) im Vergleich zu dem konventionellen, für optische Bauteile verwendeten Kieselglas und Borosilikatglas (nach [4])

(Bild 6.1), ausgezeichneter Polierfähigkeit und hohem Elastizitätsmodul herzustellen. Solche finden vor allem für optische Bauelemente Anwendung [4]. Die außerordentlich hohe Erweichungstemperatur, der extrem niedrige Ausdehnungskoeffizient, die sehr gute Verschleißfestigkeit und der hohe Elastizitätsmodul bilden zusammen mit der Widerstandsfähigkeit gegen den Angriff von Chemikalien und der, z. B. den handelsüblichen Porzellanen überlegenen, elektrischen Isolierfähigkeit eine Kombination wertvoller Eigenschaften, die weitere vielfältige Anwendungen erwarten lassen. Inzwischen wurden auch Glaskeramiken entwickelt, die sich auf herkömmlichen Metallbearbeitungsmaschinen mit Schnellstahlwerkzeugen auf Präzisionstoleranzen durch Drehen, Fräsen, Bohren, Sägen und Gewindeschneiden bearbeiten lassen [5].

Neben hochwertigen Einsatzstoffen können auch Abprodukte der Metallurgie, wie Kupfer- und Hochofenschlacke, gesteuert kristallisiert zu Verschleißteilen verarbeitet werden [6].

Anhang

Physikalische Eigenschaften von ausgewählten Metallen und Metalloiden

(bei Zimmertemperatur und Normaldruck)

Physikalische Eigenschaften von ausgewählten Metallen und Metalloiden (bei Zimmertemperatur und Normaldruck)

Element	Symbol	Ordnungszahl	Dichte in g cm^{-3}	Schmelztemperatur in °C	Siedetemperatur in °C
Aluminium	Al	13	2,7	660	2500
Antimon	Sb	51	6,62	630	1440
Beryllium	Be	4	1,85	1280	2970
Blei	Pb	82	11,34	327	1740
Bor	B	5	2,36	2300	2550
Chrom	Cr	24	7,19	1890	2500
Eisen	Fe	26	7,87	1539	3000
Gold	Au	79	19,32	1063	2970
Hafnium	Hf	72	13,09	1975	5400
Iridium	Ir	77	22,5	2454	5300
Kadmium	Cd	48	8,65	321	765
Kalium	K	19	0,86	63	770
Kalzium	Ca	20	1,55	850	1440
Kobalt	Co	27	8,9	1495	2900
Kohlenstoff (Graphit)	C	6	2,25	>3500	4200
Kupfer	Cu	29	8,96	1083	2600
Magnesium	Mg	12	1,74	650	1100
Mangan	Mn	25	7,44	1245	2100
Molybdän	Mo	42	10,2	2620	4800
Natrium	Na	11	0,97	97,7	892
Nickel	Ni	28	8,88	1445	3350
Niob	Nb	41	8,6	2400	5000
Osmium	Os	76	22,5	2700	5500
Palladium	Pd	46	12,0	1554	4000
Phosphor	P	15	1,82	44	282
Platin	Pt	78	21,45	1769	4400
Quecksilber	Hg	80	13,55	−38,9	357
Rhenium	Re	75	21	3170	5800
Rhodium	Rh	45	12,44	1960	4500
Schwefel	S	16	2,05	112	445
Silber	Ag	47	10,49	960	2150
Silizium	Si	14	2,33	1430	2500
Tantal	Ta	73	16,6	3000	5300
Tellur	Te	52	6,25	449	990
Titan	Ti	22	4,5	1668	3270
Vanadium	V	23	6,1	1900	3000
Wismut	Bi	83	9,8	271	1420
Wolfram	W	74	19,3	3400	5900
Zink	Zn	30	7,13	419	906
Zinn	Sn	50	7,29	232	2270
Zirkonium	Zr	40	6,49	1850	3600

spezifische Wärme (bei 0 °C) in cal g^{-1} grd^{-1}	Wärmeleitfähigkeit in cal cm^{-1} grd^{-1} s^{-1}	elektrische Leitfähigkeit in m Ω^{-1} mm^{-2}	linearer thermischer Ausdehnungskoeffizient in 10^{-6} grd^{-1}	Elastizitätsmodul in kp mm^{-2}
0,215	0,53	37,7	23,9	7200
0,049	0,045	5,4	10,5	5600
0,52	0,38	16,9	11,6	31000
0,031	0,083	4,8	29,2	1750
0,25	–	$\approx 10^{-10}$	8,0	–
0,11	0,16	6,7	6,2	19000
0,11	0,18	10,3	11,7	21500
0,031	0,71	45,7	14,2	7900
0,035	0,054	3,3	5,9	14000
0,032	0,35	18,9	6,8	54000
0,055	0,22	14,6	30,8	6350
0,177	0,24	15,9	84	360
0,149	0,3	29,2	22	2000
0,099	0,195	16,0	12,3	21000
0,172	0,04	0,2	0,6 . . . 4,3	–
0,092	0,94	60	16,8	13300
0,25	0,37	22,2	27	4600
0,115	0,12	0,54	22	20000
0,060	0,32	19,3	5,1	34000
0,295	0,32	23,8	72	900
0,130	0,145	14,6	13,3	21000
0,065	0,125	7	7,5	8700
0,031	–	10,4	6,6	57000
0,058	0,17	9,26	11,8	12300
0,18	–	0,02	125	–
0,032	0,17	10,2	8,9	17000
0,033	0,02	1,06	–	–
0,033	0,17	5	6,6	50000
0,059	0,21	22,2	8,3	38000
0,17	–	–	–	–
0,056	1,00	62,9	19	8200
0,17	0,20	$\approx 10^{-3}$	7	–
0,036	0,13	8,1	6,5	19000
0,047	0,014	$\approx 10^{-3}$	17	4000
0,126	0,036	1,8	8,5	11000
0,120	0,074	4	8,3	15000
0,034	0,020	0,94	12,4	3500
0,032	0,32	18,2	4,4	41500
0,092	0,27	16,9	29	9400
0,054	0,16	8,7	21	4200
0,067	0,035	2,45	6,2	7800

Literatur

Zu Kapitel 1

[1] MÜTZE, K.: Feingerätetechnik **21** (1972) S. 439–452.
[2] GREINER, H.: Plastwerkstoffe in der Feingerätetechnik. Berlin: VEB Verlag Technik 1973.
[3] PETZOLDT, J.: Glastechnische Berichte **43** (1970) S. 127–137.
[4] SPAUSZUS, S.: die Technik **25** (1970) S. 450–454.

Zu Kapitel 2

[1] RACHO, R.; KRAUSE, K.: Werkstoffe der Elektrotechnik. Berlin: VEB Verlag Technik 1968.
[2] Autorenkollektiv: Halbleiterwerkstoffe. Leipzig: VEB Deutscher Verlag für Grundstoffindustrie 1972.
[3] DIERGARTEN, H.: Gefügerichtreihen im Dienste der Werkstoffprüfung. 4. Aufl. Düsseldorf: VDI-Verlag 1960.
[4] RADTKE, D.: SCHREIBER, D.: Stahl und Eisen **86** (1966) S. 89–99.
[5] Qualitäts- und Edelstähle der Deutschen Demokratischen Republik, Bd.I. Leipzig: VEB Deutscher Verlag für Grundstoffindustrie 1971.
[6] Wöhlerlinien-Katalog. Herausgegeben vom Institut für Leichtbau Dresden. Dresden 1964.
[7] Autorenkollektiv: Baustähle der Welt, Bd. II. Leipzig: VEB Deutscher Verlag für Grundstoffindustrie 1968.
[8] Mitteilung Nr. 99 der Stahlberatungsstelle Freiberg. Freiberg 1972.
[9] Anonym: Iron age metalworking international (1972) May, S. 39.
[10] JÄHNIG, W.: Metallographie der Gußlegierungen. Leipzig: VEB Deutscher Verlag für Grundstoffindustrie 1971.
[11] TIMMERBEIL, H.: Giesserei **42** (1955) S. 7–15.
[12] NICKEL, O.: Giesserei **51** (1964) S. 509–518.
[13] Prospekt „Sintermetall" vom Eisen- und Hüttenwerk Thale, 11. Ausgabe.
[14] Prospekt „Sinterteile" von den Vereinigten Deutschen Metallwerken A. G.
[15] SILBEREISEN, H.: Metall **22** (1968) S. 1245–1251.
[16] GRAHL, F.: Tabellenbuch für Aluminiumverbraucher. Leipzig: VEB Deutscher Verlag für Grundstoffindustrie 1967.
[17] SCHMIDT, W.: Metall **21** (1967) S. 259–262.
[18] ALDINGER, F.; PETZOW, G.: Radex-Rundschau (1972) 3/4, S. 275–283.
[19] FEATHER, R.: Metall **26** (1972) S. 74–75.
[20] FISCHER, B.: Beitrag zur Warmumformung bleihaltiger α-β-Messinge. Dissertation, Technische Hochschule Karl-Marx-Stadt 1971.
[21] HANNESEN, R.; HEUBNER, U; SCHUMACHER, V.: Metallkunde **58** (1967) S. 423–433.
[22] ZEIGER, H.: Metall **13** (1959) S. 1025–1027.
[23] BUTTS, A.; REIBER, P. L.: Proc. A. S. T. M. **49** (1949) S. 857-886.
[24] BBC-Information 0115/72 für die Fachpresse.

[25] CHEVENARD, P.: Rev. Métallurgie **25** (1928) S. 14–34.
[26] Informationsschrift „Einschmelz- und Ausdehnungslegierungen" des VEB Halbzeugwerk Auerhammer.
[27] Die physikalischen Eigenschaften der Nickel-Eisen-Legierungen. Nickel-Informationsbüro G.M.B.H. Düsseldorf.
[28] Anonym: Metalloved. i. term. obrab. met. (1969) 3, S. 65–66.
[29] Anonym: Aluminium **48** (1972) S. 258.
[30] FREHN, F.; DOBERITZSCH, H.: Industrial Diamond Review **2** (1968) S. 167 bis 181.
[31] FREHN, F.; HOH, P.: Industrie Diamanten Rundschau **7** (1973) S. 14–17.

Zu Kapitel 3

[1] CHRISTIAN, H.: Härterei-Techn. Mitt. **26** (1971) S. 180–198.
[2] LINDENBECK, D. A.; WITT, E.: Industrie Diamanten Rundschau **6** (1972) S. 127–136.
[3] Werkstoff-Handbuch Nichteisenmetalle. Düsseldorf: VDI-Verlag 1960.
[4] VOGT, E.: Physikalische Eigenschaften der Metalle, Bd. I. Leipzig: Akademische Verlagsgesellschaft Geest & Portig K.-G. 1958.
[5] FELLER, H. G.; WEVER, H.: Metall **17** (1963) S. 414–419.
[6] THELNING, K.-E.: Härterei-Techn. Mitt. **25** (1970) S. 271–281.
[7] GERGELY, M.: Härterei-Techn. Mitt. **27** (1972) S. 184–186.
[8] ROSE, A.: Härterei-Techn. Mitt. **21** (1966) S. 1–6.
[9] Die Wärmebehandlung von Bau- und Werkzeugstählen, Bd. II. Herausgegeben von der Schweizerischen Gesellschaft für Wärmebehandlung. Lausanne: MICROTECNIC Scriptar S. A. 1971.
[10] BERNS, H.: Zeitschrift für wirtschaftliche Fertigung **66** (1971) S. 292–295.
[11] SCHUMANN, H.: Diskusssionsbeitrag auf der 3. Gemeinschaftskonferenz „Metall" am 19. 3. und 20. 3. 1964 in Berlin.
[12] KURDJUMOV, G. V.: J. Iron Steel Inst. **195** (1960) S. 26–48.
[13] KRISEMENT, O.: Archiv Eisenhüttenwesen **29** (1958) S. 723–729 und **31** (1960) S. 677 – 686.
[14] RUPP, P.; WELLISCH, E.: Archiv Eisenhüttenwesen **36** (1965) S. 125–132.
[15] SAVICKIJ, J. A.; FRIDMAN, V. C.: Metalloved. i term. obrab. met. (1972) 3, S. 14–16.
[16] Anonym: Inco Nickel (1971) 33, S. 3.
[17] WÜNNING, J.: Techn. Z. prakt. Metallbearb. **66** (1972) S. 89–93.
[18] CHATTERJEE-FISCHER, R.; CHRISTIAN, H.; SCHAABER, O.: Härterei-Techn. Mitt. **18** (1963) S. 82–85.
[19] KLUPSCH, R.: VEB Carl Zeiss Jena Nachrichten **10. Folge** (1966) 3/4, S. 68–110.
[20] LUTY, W.: Härterei-Techn. Mitt. **27** (1972) S. 27–31.
[21] KOCH, H.: Vortrag zum 15jährigen Bestehen des WTZ Dieselmotoren am 23. 10. 1965 in Dessau.
[22] ECKSTEIN, H. J.: Wärmebehandlung von Stahl. Leipzig: VEB Deutscher Verlag für Grundstoffindustrie 1971.
[23] THELNING: Formföränderung vid nitering Bofors Handbok, p. 437. Maskinaktiebolaget Karlebo, Stockholm, Bofors 1967.
[24] Metals Handbook, vol. 2, p. 155. Cleveland 1964.
[25] CZIKEL, J.: Giesserei **47** (1960) S. 167.
[26] GUT, K.; WALTER, H.: Giesserei **19** (1964) S. 167–174.

[27] Krempe, M.; Pusch, G.: Neue Hütte **15** (1970) S. 561–565.
[28] Gußeisen-Handbuch. Düsseldorf: Giesserei-Verlag 1963.
[29] Lihl, F.; Lawatzsch, H.: Archiv Eisenhüttenwesen **31** (1960) S. 173–175.
[30] Jeglitsch, F.; Scheidl, H.: Prakt. Metallographie **8** (1971) S. 135–157.
[31] Riemann, W.: Forsch. Ing.-Wes. **34** (1968) S. 115–126, 151–153.
[32] Tauscher, H.: Zulässige Spannungen für standardisierte metallische Werkstoffe. Leipzig: VEB Fachbuchverlag 1962.
[33] Eisenkolb, F.: Einführung in die Werkstoffkunde, Bd. 3. 5. Aufl. Berlin: VEB Verlag Technik 1964.
[34] Piwowarsky, E.: Gußeisen. West-Berlin/Göttingen/Heidelberg: Springer-Verlag 1958.
[35] Baranov, A. A.; Bunin, K. P.: Litejnoe proizvodstvo (1960) 1, S. 33–35.
[36] Riedl, F.: Berg- und Hüttenmännische Monatshefte **113** (1968) S. 26–35.
[37] Schwinning, W.; Flössner, M.: Stahl und Eisen **47** (1927) S. 1075–1079.
[38] Tammann, G.; Ewig, K.: Z. anorg. allg. Chem. (1927) 176, S. 385.
[39] Gmelins Handbuch, Band Eisen A 5 – 8. Weinheim: Verlag Chemie.
[40] Cordier, H.; Detert, K.: Z. Metallkunde **52** (1961) S. 321–328.
[41] Althof, F.-C.: Z. Metallkunde **40** (1949) S. 54–66.
[42] Riederer, K.: Z. Metallkunde **28** (1936) S. 312.
[43] Feller-Kniepmeier, M.; Detert, K.; Thomas, L.: Z. Metallkunde **55** (1964) S. 83–87.
[44] Lankes, J. Ch.; Wassermann, G.: Z. Metallkunde **41** (1950) S. 381–391.
[45] Skalicky, P.; Oppolzer, H.: Z. Metallkunde **63** (1972) S. 73–81.
[46] Mima, G.: Technol. Rep. Osaka Univ. (1954) S. 117.
[47] Jagodic, P.: Aluminium **47** (1971) S. 319–321.
[48] Aluminium-Taschenbuch. 12. Aufl. Düsseldorf: Aluminium-Verlag 1963.
[49] Böhm, H.: Aluminium **39** (1963) S. 360–362.
[50] Hornbogen, E.; Segmüller, A.; Wassermann, G.: Z. Metallkunde **48** (1957) S. 379–384.
[51] Hornbogen, E.: Z. Metallkunde **50** (1959) S. 70–74.
[52] Taprogge, R.: Kunststoff-Rundschau **15** (1968) S. 213–218, 268–272, 324 bis 328, 386–394, 439–445, 497–504, 566–571, 613–619.
[53] Schreyer, G.: Konstruieren mit Kunststoffen. München: Carl Hanser Verlag 1972.
[54] Voigt, J.: Die Stabilisierung der Kunststoffe gegen Licht und Wärme. (West-)Berlin: Springer-Verlag 1966.
[55] Heinrich, W.: Grundsätze der Plastanwendung. Leipzig: VEB Deutscher Verlag für Grundstoffindustrie 1968.

Zu Kapitel 4

[1] Schulze, G. E. R.: Metallphysik. Berlin: Akademie-Verlag 1967.
[2] Köster, W.: Z. Metallkunde **39** (1948) S. 145–158.
[3] Köster, W.; Rauscher, W.: Z. Metallkunde **39** (1948) S. 111–120.
[4] Köster, W.: Z. Metallkunde **39** (1948) S.1–9.
[5] Albert, H.: Feinwerktechnik **72** (1968) S. 244–248.
[6] Informationsblatt „Aurelast“ des VEB Halbzeugwerk Auerhammer.
[7] Benkissen, G.: Neue Hütte **17** (1972) S. 475–478.
[8] Albert, H.; Pfeiffer, J.: Z. Metallkunde **63** (1972) S. 126–131.
[9] Sutton, M. H.; Chorné, J.: Metals Eng. Quat. **3** (1963) S. 1.

[10] Taprogge, R.: Vortrag auf der Tagung „Verbundwerkstoffe“ am 16. 3. und 17. 3. 1972 in Koblenz.
[11] Taprogge, R.: Radex-Rundschau (1972) 3/4, S. 295–304.
[12] Janes, S.; Neumann, K.; Nixdorf, J.: Aluminium **49** (1973) S. 284–288.
[13] Steeb, S.; Gukelberger, A.: Vortrag auf der Tagung „Verbundwerkstoffe“ am 16. 3. und 17. 3. 1972 in Koblenz.
[14] Herzog, A.: Z. Metallkunde **58** (1967) S. 525–529.
[15] Nixdorf, J.; Rochow, H.; Seidelmann, U.: Aluminium **47** (1971) S. 550–553.

Zu Kapitel 5

[1] Wiegand, H.; Heinke, G.: Metall **20** (1966) S. 940–949.
[2] Uetz, H.: Metalloberfläche **23** (1969) S. 199–211.
[3] Kragelski, J. W.: Reibung und Verschleiß. Berlin: VEB Verlag Technik 1971.
[4] Bowden, F. P.; Tabor, D.: Reibung und Schmierung. (West-)Berlin: Springer-Verlag 1959.
[5] Funk, W.: Metalloberfläche **23** (1969) S. 193–198.
[6] Hornbogen, E.: Radex-Rundschau (1972) 3/4, S. 203–211.
[7] Schladitz, H. J.: Oberflächentechnik/Metallpraxis **21** (1972) S. 218–223.
[8] Weiner, R.: Die galvanische Verchromung. Saulgau/Württ.: Eugen G. Lenze Verlag 1961.
[9] Wiegand, H.; Heinke, G.: Metalloberfläche **24** (1970) S. 163–170.
[10] Wiegand, H.; Fürstenberg, U.-H.: Metalloberfläche **25** (1971) S. 123–132.
[11] Stromloses Vernickeln. Druckschrift Nr. 63. Düsseldorf: International Nickel GMBH 1971.
[12] Speckhardt, H.: Industrie-Anzeiger **92** (1970) S. 849–852, 1094–1097.
[13] Klein, H. G.; Niederprüm, H.; Horn, E.-M.: Metalloberfläche **25** (1971) S. 305–317.
[14] Bogenschütz, A. F.; Jostan, J. L.; Mussinger, W.: Glavanotechnik **60** (1969) S. 507–518.
[15] DDR-Patent 65 164.
[16] Gawrilow, G.: Metalloberfläche **25** (1971) S. 118–122, 277–280.
[17] Bergmann, W.: Neue Hütte **15** (1970) S. 175–178.
[18] Grund, H.: Fertigungstechnik und Betrieb **20** (1970) S. 619–620.
[19] Frick, W.: Galvanotechnik **62** (1971) S. 590–600.
[20] Feustel, E.: Veröffentlichungen des Hauses der Technik Essen, Heft 197, S. 28–37.
[21] Hantzsche, H.: Schweißtechnik **22** (1972) S. 512–514.
[22] Haberland, H.; Weber, R.-D.: Wiss. Z. Techn. Hochschule Karl-Marx-Stadt **11** (1969) S. 1–6.
[23] Eisenkolb, F.: Einführung in die Werkstoffkunde, Bd. 3. 5. Aufl. Berlin: VEB Verlag Technik 1964.
[24] Houdremont, E.: Handbuch der Sonderstahlkunde, Bd. 1 und Bd. 2. (West-)Berlin/Göttingen/Heidelberg: Springer-Verlag 1956.
[25] Haufe, W.: Werkzeugstähle und ihre Wärmebehandlung. Füssen: C. F. Wintersche Verlagshandlung.
[26] Ruhfus, H.: Wärmebehandlung der Eisenwerkstoffe. Düsseldorf: Verlag Stahleisen 1958.
[27] Wever, F.; Rose, A.; Peter, W.: Atlas zur Wärmebehandlung der Stähle. Düsseldorf: Verlag Stahleisen 1954.

[28] ECKSTEIN, H.-J.: Wärmebehandlung von Stahl, Bd.1. 2. Aufl. Leipzig: VEB Deutscher Verlag für Grundstoffindustrie 1971.

[29] Autorenkollektiv: Baustähle der Welt. Leipzig: VEB Deutscher Verlag für Grundstoffindustrie.
Bd. 1 Großbaustähle. 1964.
Bd. 2 Maschinenbaustähle. 1968.
Bd. 3 Sonderstähle. 1972.

[30] WERNER, K.: Arbeitsstähle der Welt. Leipzig: VEB Deutscher Verlag für Grundstoffindustrie 1973.

[31] Qualitäts- und Edelstähle der Deutschen Demokratischen Republik. Leipzig: VEB Deutscher Verlag für Grundstoffindustrie.
Bd. 1. 1971.
Bd. 2. 1972.

[32] DUBININ, G. N.: Diffusionnoe chromirowanie splawow. Moskwa: Isdatelstwo maschinostroenie 1964.

[33] BERNST, R.: Jenaer Jahrbuch 1967, S. 87–188.

[34] DUBININ, G. N.; RUSINOW, L. P.: Metalloved. i term. obrab. met. (1964) 3, S. 44–48.

[35] DUBININ, G. N.: Neue Hütte **15** (1970) S. 351–355.

[36] BERNST, R.: Neue Hütte **16** (1971) S. 362–365.

[37] MINKEWITSCH, A. N.: Metalloved. i term. obrab. met. (1964) 3, S. 4–9.

[38] BERNST, R.: Wiss. Z. Univ. Dresden **17** (1968) 4, S. 981–985.

[39] KINDIN, J. N., und Mitarbeiter: Metalloved. i term. obrab. met. (1967) 3, S. 33–36.

[40] KINDIN, J. N.; ANDRJUSCHETSCHKIN, W. I.: Metalloved. i term. obrab. met. (1964) 3, S. 53–57.

[41] ZEMSKOW, G. W.; GUSCIN, L. K.: Metalloved. i term. obrab. met. (1965) 10, S. 26–28.

[42] KLÄUSLER, J.: VDI-Nachrichten (1967) 17, S. 41.

[43] BUTENKO, O. J.; KRYMSKIJ, JU. N.; LACHTIN, J. M.: Metalloved. i term. obrab. met. (1967) 3, S. 7–10.

[44] BOKSCHTEIN, S. Z.: Metalloved. i term. obrab. met. (1965) 7, S. 8–10.

[45] ERDMANN-JESNIZER, F.; MAY, M.: Fertigungstechnik (1957) 5, S. 234.

[46] PCELKINA, M. A.; LACHTIN, J. M.: Metalloved. i term. obrab. met. (1960) 7, S. 40–42.

[47] KUNST, H.; SCHAABER, O.: Härterei-Techn. Mitt. **22** (1967) S. 1–25.

[48] KRIULIN, A. W.: Metalloved. i term. obrab. met. (1960) 7, S. 31–40.

[49] MEYER, L.; BÜHLER, H.-E.: Aluminium **43** (1967) S. 733–738.

[50] SCHNEIDER, A.; SIEGFRIEDT, J. P.: Metall **13** (1959) S. 546–551.

[51] STEINHÄUSER, S.; WÜNSCH, R.: Fachberichte für Oberflächentechnik **5** (1967) S. 111–116.

[52] GLUCHOW, W. P.; GRISTIN, JA. W.: Metalloved. i term. obrab. met. (1970) 6, S. 64–65.

[53] RICHTER, W.: Wiss. Z. Techn. Hochschule Karl-Marx-Stadt **11** (1969) 1, S. 15–19.

[54] BIRK, P.: Härterei-Techn. Mitt. **25** (1970) S. 185–189.

[55] WIEGAND, H.: Härterei-Techn. Mitt. **21** (1966) S. 263–270.

[56] FINNERN, B.: Metalloberfläche **22** (1968) S. 330–335.

[57] KRZYMINSKI, H.: Härterei-Techn. Mitt. **26** (1971) S. 2–8.

[58] POLKOVA, A. Z.; TATEVOSJAN, M. A.; IVANOVA, E. K.: Ismeritelnaja Technika (1965) 1, S. 27.

[59] KELLER, K.: Härterei-Techn. Mitt. **26** (1971) S. 120–130.
[60] KELLER, K.: Härterei-Techn. Mitt. **25** (1970) S. 106–107.
[61] CABLE, J. W.; ROGERS, R. D.: Härterei-Techn. Mitt. **26** (1971) S. 375–378.
[62] BERNST, R.: Neue Hütte **13** (1968) S. 352–356.
[63] MÜLDERS, O.; MEYER-RHOTERT, R.: DEW-Techn. Berichte **3** (1963) S. 68–91.
[64] MAY, M.; BERTRAM, C.-H.: Neue Hütte **17** (1972) S. 328–333.
[65] RUPPEL, W.; SCHLAMP, G.: Bänder Bleche Rohre (1964) S. 553–559.
[66] KUNST, H.; SCHAABER, O.: Härterei-Techn. Mitt. **22** (1967) S. 275–292.
[67] DEGER, M.; RIEHLE, M.; SCHATT, W.: Neue Hütte **17** (1972) S. 341–346.
[68] KUNST, M.; SCHAABER, O.: Härterei-Techn. Mitt. **26** (1971) S. 18–20.
[69] SCHEIBER, E.; RIEHLE, M.: Vortrag am 23. 11. 1972 in Dresden.
[70] MINKEWITSCH, A. N.: Metalloved. i term. obrab. met. (1971) 12, S. 38–40.

Zu Kapitel 6

[1] OEHME, H.-D.: IfL-Mitteilungen **11** (1972) S. 189–194.
[2] VOGEL, W.: Struktur und Kristallisation der Gläser. Leipzig: VEB Deutscher Verlag für Grundstoffindustrie 1965.
[3] Prospekt „Zerodur", Spezial-Glas GMBH, Mainz.
[4] PETZOLDT, J.: Glastechnische Berichte **43** (1970) S. 127–137.
[5] BEALL, G. H.; MONTIERTH, M. R.; SMITH, G. P.: Feinwerktechnik + micronic **76** (1972) S. 107–111.
[6] SCHLAGE, K.: die Technik **25** (1970) S. 781–784.

Sachregister

FSC
www.fsc.org
MIX
Papier | Fördert gute Waldnutzung
FSC® C083411

Zeitfracht Medien GmbH
Ferdinand-Jühlke-Straße 7
99095 Erfurt, Deutschland
produktsicherheit@kolibri360.de